土壤水运移
——土壤水势与渗流的动态演化理论及应用

荆恩春 韩双平 荆继红 著

中国地质科学院水文地质环境地质研究所

U0345561

科 学 出 版 社

北 京

内 容 简 介

　　本书是研究和探索土壤水运移领域非饱和带土壤水势与渗流动态演化理论的一部专著。书中系统介绍了土壤水势函数动态分段单调性理论、土壤水渗流动态分带单向性理论、入渗蒸发连续动态演化过程土壤水运移、季节性冻结冻融期土壤水运移、土壤水盐运移机理与动态调控、土壤水分通量法、潜水上渗损耗极限深度与土壤水势梯度分带性、非饱和土壤导水率原位测定方法、土壤水势监测技术与土壤水取样技术、土壤温度与水汽运移等。

　　本书可供从事水文地质、水文、土壤、农业、水利、生态与环境等专业领域的科技人员以及高等院校相关专业的师生参考使用。

图书在版编目（CIP）数据

土壤水运移：土壤水势与渗流的动态演化理论及应用 / 荆恩春，韩双平，荆继红著. —北京：科学出版社，2025.1.

　ISBN 978-7-03-081147-9

　Ⅰ. S152.7

中国国家版本馆 CIP 数据核字第 20254QT066 号

责任编辑：彭胜潮 / 责任校对：郝甜甜
责任印制：徐晓晨 / 封面设计：图阅盛世

科学出版社 出版
北京东黄城根北街 16 号
邮政编码：100717
http://www.sciencep.com
北京中科印刷有限公司印刷
科学出版社发行　各地新华书店经销
*
2025 年 1 月第 一 版　　开本：787×1092　1/16
2025 年 1 月第一次印刷　　印张：21
字数：495 000
定价：198.00 元
（如有印装质量问题，我社负责调换）

作 者 简 介

荆恩春　研究员，曾任中国地质科学院水文地质环境地质研究所水文地质实验研究中心副主任、主任，原地质矿产部环境地质研究实验室副主任、主任等职。享受国务院政府特殊津贴。1938年1月生于山西省阳泉市，1964年毕业于山西大学数学系，同年分配到中国地质科学院水文地质工程地质研究所，从事地下水动力学专业研究工作，其间曾参加长达一年的成昆铁路地基的地质勘察工作。20世纪70年代参加"DL-1型地质雷达研制""SWY-1型遥测水位仪研制"等新技术方法的科研工作。20世纪80年代以来长期从事水文地质环境地质专业研究工作，主要致力于非饱和带土壤水运移、土壤水盐运移、土壤水汽运移等方面的应用基础研究和土壤水势监测技术、土壤水溶液提取技术、土壤水分通量法和原位测参技术等研究工作。组织物理模拟科研组，设计并建成土壤水运移的大型物理模拟实验系统、土壤水运移的基本参数测试实验室、石家庄非饱和带土壤水运移试验场、设计研制完成WM-1型负压计监测系统和TQ-1型、TQ-2型土壤水取样器。负责或主要参加完成近20项科研项目，其中有"黄淮海平原地下水资源评价""浅层地下水入渗补给试验研究""深化瞬时剖面法计算土壤水分通量研究""WM-1型负压计研制""WM-1型负压计推广""TQ-1型 TQ-2型土壤水取样器研制""零通量面法应用基础研究""江南村盐改试验研究""天津市万军套试点包气带水盐运移机理研究""原位测定非饱和带土壤导水率研究""开采条件下地下水参数试验研究"等十余项与土壤水研究相关的项目。进入21世纪以来，在大量的科学知识渐进积累基础上，潜心于非饱和带土壤水势和渗流动态演化理论的研究和探索，提出了非饱和带土壤水势函数动态分段单调性理论、土壤水渗流动态分带单向性理论及其多项联动创新理论等，完成了《土壤水运移——土壤水势与渗流的动态演化理论及应用》专著的撰写。主要著作有《土壤水分通量法实验研究》，发表论文30篇。曾获得原地质矿产部科技成果奖二等奖2项、三等奖5项，原国土资源部科学技术奖二等奖1项，河北省地质学会优秀论文奖二等奖1项。

前　　言

　　非饱和带土壤水在自然界水文循环系统中有极其重要作用，也是大气-作物-土壤-地下水的物质能量传输系统的一个重要环节，它与人类的生活和生产活动关系极为密切。由于土壤水运移问题的复杂性，在很长时期内采用定性描述或经验方法处理实际遇到的土壤水运移问题。1907 年白金汉（Buckingham）提出毛管势理论，1931 年理查兹（Richards）将达西定律引入非饱和带土壤水运移研究领域，将数学物理方法引入土壤水的定量研究中。国际上土壤水运移的研究，逐步形成由能态观点取代形态学观点和方法的趋势。1977 年土壤水分的能量观点首次介绍到国内，我国科技工作者在吸收国际学术界各种有益的学术观点和引进先进技术方法，结合我国的实际情况，采用现场观测试验、数学模拟、物理模拟实验等方法，开展了土壤水运移的理论研究、应用研究和技术方法研究，使我国土壤水研究逐步进入快速发展期（雷志栋等，1999）。国内除大量学术论文发表外，有关土壤水的学术专著或著作也陆续出版，例如，《土壤水动力学》（雷志栋等，1988）、《土壤-植物-大气连续体水分传输理论及其应用》（康绍忠等，1994）、《土壤水分通量法实验研究》（荆恩春等，1994）、《地下水与土壤水动力学》（张蔚榛等，1996）、《土壤水热运动模型及其应用》（杨邦杰和隋红建，1997）、《土壤水溶质运移》（李韵珠等，1998）、《农田土壤水的动态模型及应用》（李保国等，2000）、《多孔介质中水分及溶质运移的随机理论》（杨金忠等，2000）。这些专著或著作反映了我国在土壤水运移研究及其相关领域的理论研究和应用研究等方面已取得可喜进展。

　　进入 21 世纪以来，随着土壤水运移研究的不断拓展、深化和多学科或多领域的交叉融合汇聚，基础研究也由过去 20 年的引进消化吸收再创新为主的跟随创新模式，逐步向原始创新与跟随创新并行，或以原始创新为核心的模式转变。在土壤水运移的实际研究工作中，往往更多关注的是大气水、地表水、非饱和带水和地下水界面之间的水分转化关系的研究，以及土壤水运移的相关领域许多应用问题的研究等，使土壤水运移的研究取得很多重要进展。但是也应该看到，由于缺少更多新的理论支持，在不少研究中只好忽略或简化了极其重要的非饱和带内部土壤水运移的动力学过程。因此研究中描述土壤水运移的外在特征较多，缺少对非饱和带内部土壤水运移的本质和内在规律的深入系统认识，在一定程度上制约了非饱和带土壤水运移机理的认识提升到更高的层次上。显然，非饱和带土壤水势分布的动态演化规律和土壤水渗流状态的动态演化规律及其两者之间的内在关系的理论研究，就成为尚需研究和探索的重要内容之一。

　　本书正是在土壤水运移领域，研究和探索非饱和带土壤水势与渗流的动态演化理论的一部专著。作者在负责或主要参与的十多项与土壤水相关领域的研究项目过程中，技术方法和实验设施的创新、大量的基础资料的积累和科学知识渐进积累及创新能力的提升等，是本书实现理论创新研究的基础，特别是基础技术方法和实验设施的创新。

　　（1）WM-1 型负压计监测系统的设计研制成功（荆恩春等，1987；1990），突破了非饱和带土壤水运移实验研究中的土壤剖面水势测量技术的瓶颈,提高了非饱和带土壤剖面水势分布 $\psi(z,t)$ 测量的精确性、一致性、可靠性和适用性,保证了土壤水势分布数据的质量。

(2)为了确保土壤水运移的基础理论和应用基础研究成果,能反映客观规律和具有实用价值,设计组建成室内土壤水运移的大型物理模拟实验系统,提供了独特的土壤水运移基础研究的大型实验平台。在长期大量不同条件下的实验研究和观测试验研究过程中,积累大量的大型物理模拟实验资料和野外观测资料,是理论创新研究的基础,也是对创新理论成果检验或拓展深化研究的依据。

本书是作者在多方面科学渐进积累基础上,应用能态观点和数学原理,对非饱和带土壤水势与渗流的动态演化理论研究和探索最新进展的总结,主要有以下内容。

1. 非饱和带土壤水势函数动态分段单调性和土壤水渗流动态分带单向性理论

(1)非饱和带土壤水势函数动态分段单调性理论,是土壤水渗流动态分带单向性理论的基础,两者密不可分。非饱和带土壤水势函数动态分段单调性和土壤水渗流动态分带单向性等新理论的产生,全面、系统地揭示了整个非饱和带土壤水势和渗流的动态演化形式和动态转化规律。

(2)非饱和带土壤水势函数和土壤水渗流状态的动态分类归纳总结为 4 大类型,细化为 9 种(常见 8 种)基本类型,涵盖了非饱和带常见的土壤水势函数和土壤水渗流状态动态演化过程的基本类型。

(3)新的理论揭示了非饱和带土壤水势函数类型和土壤水渗流状态的类型动态转化规律;并归纳出 8 组土壤水势函数与相应土壤水渗流状态,以及基本类型转化条件和对应关系,已涵盖了非饱和带常见的土壤水势函数和渗流的基本类型的转化条件及其对应关系。

(4)新的理论揭示了非饱和带土壤水势动态分段单调性函数与动态分带单向性渗流类型之间的内在逻辑关系:土壤水渗流带与单调性函数段的定义域(单调区间)相对应;单向性渗流带的带数与单调性函数段的段数相等(极值面数 $n+1$);土壤水渗流带的渗流方向与土壤水势函数段的单调性相对应,即上渗与函数段的单调递减性相对应,下渗与函数段的单调递增性相对应;土壤水渗流带的分界面(渗流方向的转折面)与土壤水势函数的极值面(极大值面或极小值面)相对应。

(5)新的理论在应用时可以通过土壤水势和土壤水渗流动态演化图,直观显示非饱和带的土壤水势和渗流状态的连续动态演化过程。

2. 新理论带动了许多方面理论的联动创新

(1)新的理论揭示了土壤水势函数极值面与零通量面的关系。实验和理论分析证明,在函数的极值面处,无论导数存在(驻点)或导数不存在(尖点),都具有土壤水分通量为 0 的性质。零通量面本质上是土壤水势函数的极值面,零通量面方法实质上就是以土壤水势函数极值面为已知边界的土壤水分通量法。因此,以往用零通量面理论和零通量面方法能解决的理论问题和应用问题,完全可以由土壤水势函数动态分段单调性理论的应用涵盖,并且有严密的数学理论依据,分析问题更深入,应用范围更广。

（2）新的理论揭示了潜水上渗损耗极限深度与土壤水势函数极大值面动态演化规律的关系。潜水上渗损耗极限深度（或称潜水蒸发极限深度），是地下水生态环境临界指标之一，与水资源利用和生态环境保护密切相关。在潜水深埋条件下，将非饱和带土壤水势函数极大值面向下发育的动态演化规律理论，用于潜水上渗损耗极限深度的理论研究，导出了潜水上渗损耗极限深度的计算公式，并得到实验验证。它与传统的地渗仪方法相比较，具有严密的数学理论依据、方法简捷、研究周期短、应用范围广、经济、易推广和原位应用等优点。

（3）新的理论揭示了非饱和带土壤水势梯度的分带性规律。潜水深埋条件下，非饱和带的土壤水势梯度垂向分布，具有明显的分带性特征，将非饱和带分为三个亚带，即土壤水势梯度强烈变化带、单向性土壤水势梯度缓变带和土壤水势梯度基本不变带（微变带）。在潜水浅埋条件下，缺失单向性土壤水势梯度缓变带，非饱和带分为两个亚带。非饱和带土壤水势梯度的分带性理论，对推动非饱和土壤水流达西定律和质量守恒原理的直接应用、非饱和土壤导水率的原位测定、土壤水分通量法的创新与应用、分析不同潜水埋深条件下的土壤水运移机理等，都具有理论意义和实用价值。

3. 新理论带动了土壤水运移及其相关领域大量科学问题的拓展和深化研究

（1）入渗蒸发连续动态演化过程土壤水运移。土壤水入渗过程和蒸发过程往往是交替或同时存在的，对分析土壤水运移而言，很难把两者严格分开，只是在不同时段两者对土壤水运移所起的作用有所差异。应用非饱和带土壤水势函数动态分段单调性理论和土壤水渗流动态分带单向性理论，拓展和深化研究入渗蒸发连续动态演化过程的土壤水运移问题，既能揭示非饱和带内部的土壤水势分布和土壤水渗流的连续动态演化规律，又能揭示土壤水与大气水、土壤水与潜水相互转化的连续动态演化规律。与传统的理论分析方法相比，它不需要对非饱和带土壤水运移连续动态演化复杂过程中的有关环节简化、忽略或分别单独进行研究，即可全面、准确地揭示非饱和带土壤水运移连续动态演化的复杂过程的真实情况。

（2）季节性冻结冻融期土壤水运移。季节性冻土期是非饱和带土壤水与地下水进行水分相互转换的重要时期。应用非饱和带土壤水势函数动态分段单调性理论和土壤水渗流动态分带单向性理论，可以揭示不同潜水埋深条件下，在地面积雪和冻土层形成前、后和冻融期，非饱和带土壤水势函数和土壤水渗流状态的连续动态变化规律，以及地下水、非饱和带水、大气水之间的相互转化关系。因此，新的理论也将非饱和带土壤水运移研究范围由非冻结期拓展延伸到季节性冻结冻融期。

（3）土壤水盐运移机理与动态调控。应用新的理论，可以全面、系统地揭示研究区和对照区在各种天然条件下和人为影响或动态调控条件下，非饱和带土壤水势函数和土壤水盐运行的连续动态演化规律，并为土壤水盐动态调控模式的建立和优化提供理论和方法。因此，将土壤水势函数动态分段性理论与土壤水渗流动态分带单向性理论拓展到土壤水盐运移的研究领域，同样具有重要意义和实用价值。

（4）新理论的研究思路和方法，拓展到非饱和带土壤温度场的热量传导、土壤水汽运移和凝结水的探索研究中，对沙漠区生态环境问题的研究和治理同样具有重要意义。

综上，非饱和带土壤水势函数动态分段单调性理论与土壤水渗流动态分带单向性理论，及其多项联动创新理论等，对整个非饱和带内部土壤水运移的本质和内在规律的深入系统认识，以及大气水、地表水、非饱和带水和地下水界面之间的物质、能量的传输和连续动态演化过程的理论认识与定量分析等，提供了新的理论和分析方法，对非饱和带土壤水运移研究领域理论体系的不断发展完善和推动土壤水学科发展，具有重要意义与应用价值。

由于目前尚未有系统介绍非饱和带土壤水势与渗流动态演化理论及其应用研究方面的论著公开出版，本书意在向读者系统介绍非饱和带土壤水势函数动态分段单调性理论与土壤水渗流动态分带单向性理论，及其联动创新和拓展深化应用基础研究进展的总结，也是为了促进土壤水运移相关领域的研究进一步深化和拓展。本书由荆恩春执笔，韩双平、荆继红参与资料的收集、整理、部分图件编制和出版过程的整理校核等工作。全书共分 11 章：第一章介绍土壤水运移的有关基础知识；第二章介绍土壤水势函数动态分段单调性理论；第三章介绍土壤水渗流动态分带单向性理论；第四章介绍入渗蒸发连续动态演化过程土壤水运移；第五章介绍季节性冻结冻融期土壤水运移；第六章介绍土壤水盐运移机理与动态调控；第七章介绍土壤水分通量法；第八章介绍潜水上渗损耗极限深度与土壤水势梯度分带性；第九章介绍非饱和土壤导水率原位测定方法；第十章介绍土壤水势监测技术与土壤水取样技术；第十一章介绍土壤温度与水汽运移。

为便于不同背景和专业水平的读者更好地理解和阅读，本书除采用大量图表外，还详尽论述了土壤水势函数和土壤水渗流的连续动态演化和类型转化过程等。

本书可供从事水文地质、水文、土壤、农业、水利、生态与环境等专业领域的科技人员以及高等院校相关专业的师生参考使用。

曾参与过与本书内容相关的土壤水运移实验和野外观测试验工作的人员有：荆恩春、张孝和、韩双平、许文锟、夏树森、王骥、郑香林、张光辉、荆继红、周金荣、彭玉荣、刘志明、李国建等。参加野外试验工作的协作单位和人员有：宁夏地质矿产局水文地质工程队崔洪民、柴尔慧、殷国继、杨占利、贺宗泉等；原国土资源部新疆第二水文地质工程地质大队周金龙、侯光才、白铭、王新中、朱建民等；原天津市地质矿产局天津市地热勘查开发设计院张鹤龄、曹淑苹、高宝珠、石光荣等。谨此表示谢意。

我们在筹建和开展土壤水运移的大型物理模拟实验和观测试验过程中，得到了中国地质科学院水文地质环境地质研究所张宗祜院士、任福弘先生、费瑾先生、董风岐先生的指导和支持。最初学习应用能量观点研究土壤水运移时，得到武汉水利水电学院张蔚榛院士和清华大学雷志栋院士、杨诗秀教授、谢森传教授的指导与帮助。在此表示衷心的感谢。

最后十分感谢中国地质科学院水文地质环境地质研究所对本书的出版资助和所领导及部分同事的大力支持。

书中不足之处在所难免，恳请读者批评指正。

荆恩春

2024 年 2 月

目 录

第一章 土壤水运移概述

第一节 土 壤 水

在水循环过程中，储存和运移于地表至潜水面之间土壤中的水分(包括液态水、固态水和气态水)，称为土壤水。土壤水的组成如图1.1所示。当土壤孔隙没有被水充满时，称为非饱和土壤水。当土壤全部孔隙被水充满时，称为饱和土壤水。在非饱和带(包气带)土壤水多处于非饱和状态；但在降水或灌溉等条件下，可能在土壤表层出现暂时性或局部范围内的饱和土壤水状态。至于潜水面以下的饱和土壤水，通常称地下水(潜水)。

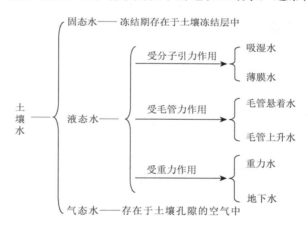

图 1.1 土壤水组成

土壤水来源于降水、灌溉入渗或地下水的上渗等。土壤水并非纯水，而是在不同程度上溶解有多种有机物和无机物的土壤水溶液。土壤水与大气水、地表水、地下水等处于动态变化和相互转换过程中。土壤水是生态系统水资源的重要组成部分，土壤水运移也是自然界水循环系统的一个重要环节。

一、土壤水的数量

土壤水的数量是研究土壤水运移和变化的重要基础。土壤水的含量是土壤主要性状之一，它与土壤的性质有关。土壤水的数量是由土壤水分在土壤三相体中所占相对比例来表示的，主要有以下表示方法。

1. 重量含水量

重量含水量也称土壤含水率，是土壤中水分的重量和相应固相物质重量的比值(水

分占干土重量的百分数），即

$$\theta_g = \frac{\Delta G_w}{\Delta G_g} \times 100\% \tag{1.1}$$

式中，θ_g——土壤水重量含水量；ΔG_g——体积元 ΔV_0 内的固相物质重量；ΔG_w——体积元 ΔV_0 内的水分重量。

2. 体积含水量

体积含水量也称体积含水率，是土壤中水分所占的体积与土壤总体积的比值。

$$\theta = \frac{\Delta V_w}{\Delta V_0} \times 100\% \tag{1.2}$$

式中，θ——土壤体积含水量；ΔV_w——体积元 ΔV_0 内水分所占有的体积。

土壤的体积含水量（θ）与重量含水量（θ_g）之间有如下关系：

$$\theta = \theta_g \gamma_d$$

式中，γ_d——土壤干容重。

3. 土壤水层厚度

土壤水层厚度是指单位面积的土层厚度内的土壤中所含的水量，相当于在此单位面积上的水层厚度（mm）。

$$H = \frac{V_w}{S} \tag{1.3}$$

式中，H——土壤水层厚度（mm）；V_w——土层所含水量的体积；S——土层面积。

用土壤水层厚度表示土壤的水分含量，有利于累加计算，对计算土壤储水量及其变化量非常方便。

此外，土壤水的数量表示方法还有如饱和度、相对含水量等。

二、土壤水的形态

进入土壤的水分受到土粒表面分子引力、土粒间水和空气接触的弯月面上的毛管力及重力的作用，这些对土壤水分的作用力也会随着土壤含水量的动态变化而变化。根据土壤水所受作用力，土壤中的液态水可分为以下四种形态（雷志栋等，1988）。

1. 吸湿水

土壤颗粒特别是胶体表面具有很强的吸附力（分子引力），可将周围环境中的水分子吸附在其表面，这种被紧紧束缚在土粒表面的水分称吸湿水，亦称吸着水。据一些文献介绍，土粒对水分子的吸附力，最内层高达几千至上万个大气压，最外层大约为31个大气压。

吸湿水特性：吸湿水接近固态水的性质，其密度可达 1.4～1.7 g/cm^3。吸湿水对溶质没有溶解能力，导电性能极弱甚至不导电。冰点下降到 $-78\ ℃$，不能呈液体流动，是不能被植物吸收的无效水。

吸湿水量主要取决于单位质量土壤的表面积、胶体及可溶性物质的数量，土壤质地愈黏重，胶体愈分散，吸附力愈强，吸湿水含量就愈高。土壤的吸湿水含量与空气的相对湿度成正比。当土粒周围空气湿度达到饱和时，土壤吸湿水的含量达到最大值。这时的土壤含水量称为最大吸湿量或吸湿系数。

2. 薄膜水

当吸湿水达到最大值后，分子引力已经不能再吸附空气中的水分子，但是土粒表面仍有剩余的分子引力，可以吸引周围环境中的液态水分子，在土粒周围形成连续水膜，在吸湿水外围形成的这层水膜称为薄膜水。薄膜水达到最大值时的土壤含水量称为最大分子持水量。薄膜水的内层紧靠吸湿水，受到的引力大约为 31 个大气压，薄膜水的外层受到的引力约为 6.25 个大气压。

薄膜水的特性：薄膜水的性质介于吸湿水与自由的液态水之间，水分子因受土粒的引力而排列比较紧，其密度大于 1 g/cm^3。冰点约为 –15 ℃，具有较高的黏滞性和非溶解性。重力不能使薄膜水移动，仅在相邻土粒接触处在分子引力的驱动下，水分从水膜厚的土粒表面向水膜薄的土粒表面上移动，但是移动的速度相当缓慢，一般为 0.2～0.4 mm/h。不能及时提供植物生长需要，植物仅可利用部分薄膜水。

3. 毛管水

土壤颗粒之间形成的孔隙，可以近似地看作为细小的毛管。当土壤与液态水接触时，毛管中水气界面成一弯月面，在此面以下的液态水因表面张力作用承受吸持力，该力称为毛管力。土壤中依靠毛管力保持在土壤孔隙中的水分称为毛管水。当毛管孔隙都充满水分时的土壤含水量称为最大毛管水量。毛管力的大小与土壤孔隙的直径成反比。茹林公式给出了毛管力与土壤孔隙直径的关系：

$$T = 3/D \tag{1.4}$$

式中，T——毛管力（hPa）；D——孔隙直径（mm）。

一般认为，当土壤孔隙直径大于 8 mm 时，毛管力作用不明显。当毛管直径为 0.03～0.000 6 mm 时，毛管力最明显。当毛管直径小于 0.000 6 mm 时，土壤孔隙被薄膜水所充填。毛管水又分为毛管上升水和毛管悬着水。

毛管上升水：潜水在毛管力作用下沿着土壤中细小孔隙上升，由此保存在毛管孔隙中的水分称为毛管上升水。

毛管悬着水：当潜水埋深足够大时，毛管上升水远远不能接近或达到表层土壤，此时降水或灌溉保持在土壤孔隙中的水分称为毛管悬着水。形成毛管悬着水的原因是土壤毛管各处的截面的直径不等，因此在不同位置的弯月面产生的毛管力是不相等的。毛管悬着水实际上是毛管中水分形成的上下弯月面曲率半径不等引起的毛管力之间差异造成的。当毛管悬着水达到最大值时的土壤含水量，称为田间持水量。

毛管水的主要特性：毛管水所受吸力为 6.25～0.3 个大气压。毛管水既能在土壤中保持又可被植物利用的有效水分。它有溶解养分的能力，能在毛管力作用下移动，其速度约 10～30 mm/h，具有输送养分至植物根部的能力。

4. 重力水

当土壤含水量超过田间持水量时，多余的水分超过土粒分子引力和毛管力的作用范围，在重力作用下将沿着非毛管孔隙下渗，这部分水称为重力水，又称多余水。当土壤中孔隙都充满水时的土壤含水量称为饱和含水量或全蓄水量。重力水有利于补给浅层地下水(潜水)，增加地下水资源量。

但是重力水在土壤中存留时间短，作物吸收利用率低，也容易引起肥料流失，或抬高地下水位造成土壤盐渍化等负面效应。

以上所述吸湿系数、最大分子持水量、田间持水量、最大毛管水量、全蓄水量等是与土壤水分形态相关的土壤特征含水量，称为水分常数。另一个与植物生长相关的水分常数是凋萎系数。它是土壤水分不能再被植物根系吸收，植物发生永久性凋萎的土壤含水量。由于土壤的组成与性质的复杂性、测定条件和方法的差异，使土壤水分常数并不是一个常数值，而是较固定的一个数值范围。

土壤水分常数、水分形态、水分受力类型、水分有效性、吸力等之间关系如图1.2所示。

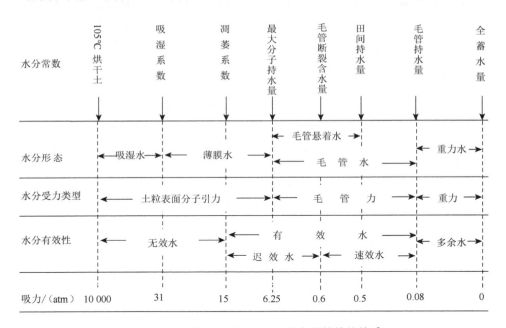

图 1.2　水分常数与水分形态及水分有效性等的关系

三、土壤水的能态

土壤水的形态分类是对土壤水的一种类型的定性描述，只能表明土壤水的存在状态和存在数量，很难反映土壤水分运动的规律性，无法定量研究大气水-地表水-土壤水-地下水之间的相互转换关系。也难描述土壤-水分-植物-大气系统的水循环过程。因此，必须以能量的观点用于研究土壤水运移的理论和应用问题。

土壤水的能量由动能和势能两部分组成，土壤水的动能为 $\frac{1}{2}mv^2$，其中 m 为土壤水的质量，v 为土壤水的运移速度。一般情况下，土壤水的运移速度是非常缓慢的，其动能可以被忽略不计。因此通常所说的土壤水能量是指土壤水的势能，简称土壤水势或土水势。在标准参考状态下的土壤水势为零。单位数量的土壤水从标准参考状态下移动到某一状态时，若环境对土壤水做了功，则该状态下的土壤水势为正值；若土壤水对环境做了功，则该状态下的土壤水势为负值。土壤水势也可以这样定义，将单位数量的土壤水从某一状态移动到标准参考状态时；若环境对土壤水做了功，则该状态下的土壤水势为负值；若土壤水对环境做了功，则该状态下的土壤水势为正值。土壤水势的两种定义结果完全一致的。在数值上，土壤水势的值和所做功的值是相等的。

在实际研究土壤水运移时，并不十分重视土壤水势的绝对值，而是注重对于土壤水运移具有驱动力的土壤水势的差值或土壤水势梯度。土壤水的总土壤水势（也称总水势或总水头）由以下 5 个分水势组成（雷志栋等，1988）：

$$\psi = \psi_m + \psi_g + \psi_p + \psi_s + \psi_t \tag{1.5}$$

式中，ψ——总水势；ψ_m——基质势；ψ_g——重力势；ψ_p——压力势；ψ_s——溶质势；ψ_t——温度势。

总水势和各分势的单位都相同。

单位容积土壤水的土壤水势的单位，常以 Pa、bar、atm、mmHg、cmH₂O 等表示。土壤水势单位换算见表 1.1 所列（荆恩春等，1994）。

表 1.1　单位容积土壤水的土壤水势单位换算

Pa	bar	atm	mmHg	cmH₂O
1	1×10^{-5}	9.87×10^{-6}	7.50×10^{-3}	1.02×10^{-2}
1×10^5	1	9.87×10^{-1}	7.50×10^2	1.02×10^3
1.01×10^5	1.01	1	7.60×10^2	1.03×10^3
1.33×10^2	1.33×10^{-3}	1.32×10^{-3}	1	1.36
9.80×10	9.80×10^{-4}	9.68×10^{-4}	7.35×10^{-1}	1

土壤总水势（土壤水势）的各个分水势分述如下。

1. 基质势 ψ_m

土壤水基质势表征土壤基质对土壤水分的吸持能力，基质势是由于土壤的毛管作用和吸附作用引起的。由于自由水存在土壤基质的作用，故而以自由水为标准参考状态。单位数量的土壤水分从非饱和土壤中某一点移动到标准参考状态，除了土壤基质作用外，其他各项保持不变，则土壤水所做的功为该点土壤水分的基质势。由于在上述土壤水移动时，为了反抗土壤基质的吸持作用，必须对土壤水分做功，所以土壤水所做的功为负值。显然非饱和土壤水的基质势永远是负值（即 $\psi_m < 0$）。而在土壤水饱和的情况下，土壤水基质势 $\psi_m = 0$。可见土壤水基质势的大小与土壤含水量的关系十分密切，它是土壤含水量 θ 的函数。土壤水基质势可以用负压计（张力计）等仪器测定。土壤水基质势是总

水势的一个非常重要的分势，它对非饱和土壤水运移的研究有着重要的作用。

2. 重力势 ψ_g

重力势是由于重力场的存在引起的，其大小取决于所论土壤水在重力场的垂直位置。将单位数量的土壤水分从某一位置移动到参考状态平面处，其他各项保持不变时，土壤水所做的功即为该位置的重力势。由于土壤水始终都受到重力场的作用，因此任何时间土壤水重力势都存在。在实际研究工作中，通常将参考平面选在地表（或潜水面）处，垂直坐标 z 的原点设在参考平面上，并根据需要取向上为正或向下为正。参考平面选定后，土壤水重力势可写为

$$\psi_g = \pm Mgz \tag{1.6}$$

式中，M——土壤水的质量；g——重力加速度。

当 z 坐标向上取正时，上式取正号；当 z 坐标向下取正时，上式取负号。可见，位于参考平面以上各点的重力势为正值（$\psi_g > 0$），而位于参考平面以下各点的重力势为负值（$\psi_g < 0$）。

单位质量土壤水分的重力势为

$$\psi_g = \pm gz \tag{1.7}$$

单位容积土壤水分的重力势为

$$\psi_g = \pm \rho_w gz \tag{1.8}$$

单位重量土壤水分的重力势为

$$\psi_g = \pm z \tag{1.9}$$

式中，ρ_w——土壤水密度。

3. 压力势 ψ_p

压力势是由压力场中压力差的存在引起的。标准参考状态下的压力定义为标准大气压或当地大气压。若土壤中任意一点的土壤水所受压力与标准参考状态下的压力存在一个压力差 Δp，那么单位数量的土壤水由该点移至标准参考状态下，其他各项不变时，该压力差对土壤水分所做的功称为该点压力势。

一般情况下，对于非饱和土壤水，考虑到通气孔隙的连通性，各点所受的压力均为大气压，各点之间的压力差为零，即压力势 $\psi_p = 0$，但是在非饱和带土壤含水量比较高的位置，可能存在未充水的闭塞孔隙，其中与土壤水相平衡的气压与大气压不同，存在不等于零的压力势。目前在非饱和带土壤水气运移的研究中，一般忽略此项。

对于饱和土壤水，在潜水面以下 h 深度位置，土壤水所受压力与标准参考状态下的大气压之间存在压力差。该处单位质量土壤水压力势为

$$\psi_p = gh \tag{1.10}$$

单位容积土壤水的压力势为

$$\psi_p = \rho_w gh \tag{1.11}$$

单位重量土壤水的压力势为

$$\psi_p = h \tag{1.12}$$

因此，对于饱和土壤水，其压力势 $\psi_p \geqslant 0$。虽然土壤水的压力势与基质势在机理方面有着本质的区别，为了将饱和带和非饱和带作为一个完整的系统进行研究，有时把基质势也称为负压势或负压水头，而把土壤水的压力势和基质势统称为压力水头 h，在非饱和带 $h < 0$，在饱和带 $h \geqslant 0$。

4. 溶质势 ψ_s

土壤水的溶质势是土壤水溶液中所有溶质离子和水分子之间存在吸引力引起的，以不含溶质的纯水作为标准参考状态，即溶质势为零。若土壤中某一点的土壤水含有溶质时，该点的土壤水分就具有一定溶质势。单位数量的土壤水分从土壤中某一点移至标准参考状态时，其他各项保持不变，仅仅由于土壤水溶液中溶质离子的作用，土壤水所做的功，称为该点土壤水的溶质势。由于在实施土壤水移动时，必须克服土壤水溶液溶质离子和水分子之间的引力对土壤水做功，所以溶质势 $\psi_s < 0$。

溶质势的表达式为

$$\psi_s = -\frac{c}{\mu}RT \tag{1.13}$$

式中，c——土壤水溶液浓度（g/cm³）；R——气体常数；T——热力学温度；μ——溶质的摩尔质量（g/mol），数值上等于溶质的分子量；c/μ——摩尔表示的溶液浓度（mol/cm³）。

由溶质势表达式可知，溶质势与溶液浓度和热力学温度成正比，而与溶液的种类无关。一般情况下，土壤中不存在半透膜，所以土壤水溶质势对土壤水分的运移无显著影响。

5. 温度势 ψ_t

温度势是由温度场的温度差引起的，土壤中某一点土壤水的温度势取决于该点与标准参考状态之间的温度差。土壤水的温度势 ψ_t 表示为

$$\psi_t = -S_e \Delta T \tag{1.14}$$

式中，S_e——单位数量土壤水分的熵值；ΔT——温度差。

由于温度差对土壤水运移通量的影响很小，因此在研究土壤水运移时，通常对土壤水温度势忽略不计。

在研究土壤水运移的实际工作中，土水势的五个分势并非同等重要，分析土壤水运移时，溶质势和温度势通常都可以不考虑。对于非饱和土壤水运移的研究，一般也不考虑压力势，总水势由基质势和重力势组成，即

$$\psi = \psi_m \pm \psi_g \tag{1.15}$$

或

$$\psi = \psi_m \pm z \tag{1.16}$$

对于饱和土壤水分运动的研究，基质势 $\psi_m = 0$，总水势（总水头）由压力势（压力水头 h）和重力势组成，即

$$\psi = \psi_p \pm z \tag{1.17}$$

或

$$\psi = h \pm z \tag{1.18}$$

由式 (1.15) 和式 (1.16) 可知，在非饱和土壤水运移的研究中，计算土壤水总水势时，关键是精确可靠地测量土壤水的基质势 ψ_m。关于土壤水势的测量技术将在以后的第十章介绍。

第二节　土壤水运移基本方程

一、土壤水运动达西定律

在自然界水循环过程中，地表以下的水会在土壤孔隙中存储和运移，当土壤孔隙全部被水充满时，土壤水为饱和状态，称此区域为饱和带或饱水带 (如潜水含水层)。当土壤孔隙未被水充满时，土壤水呈非饱和状态，称此区域为非饱和带或包气带。

1. 饱和土壤水流运动的达西定律

1856 年，达西 (Darcy) 通过饱和沙层的渗透试验获得了水分通量 q 和水力梯度成正比的达西定律：

$$q = K_s \frac{\Delta H}{L} \tag{1.19}$$

式中，q——通量，即单位时间内通过单位面积的水量；L——渗流路径的直线长度；ΔH——渗流路径 L 始末断面的总水头差；K_s——孔隙介质透水性能综合比例系数，称为介质的渗透系数或饱和导水率。

式 (1.19) 是在均质介质恒定流条件下取得的，对于非均质的土壤或非恒定流情况，由于水势沿流程是非线性变化，达西定律可表示为微分形式：

$$q = -K_s \frac{dH}{dL} \tag{1.20}$$

式中，负号表示水流方向与水势梯度方向相反。

对于三维空间，达西定律表示为

$$q = -K_s \nabla H \tag{1.21}$$

式中，∇——哈密顿算子，即

$$\nabla = i \frac{\partial}{\partial x} + j \frac{\partial}{\partial y} + k \frac{\partial}{\partial z} \tag{1.22}$$

式中，x, y, z——垂直坐标系中三个坐标；i, j, k——三个坐标方向的单位向量。

达西定律是地下水运动遵循的一个基本定律，适用于层流状态；当水流呈紊流状态时，通量和水势梯度的关系不再是线性的，上述达西定律表达式不再适用。另外，当流速极低和在微细孔中流动时，也可能出现偏离达西定律的情况。

2. 非饱和土壤水运移达西定律

非饱和土壤水运移和饱和土壤水分运动一样，水分从水势高处向水势低处流动，土壤水势梯度决定土壤水运移的方向，而且是土壤水运移的驱动力。在许多情况下，达西定律同样适用于非饱和土壤水运移。这一事实早在 1931 年被 Richards 的实验所证明。非饱和水流达西定律形式为

$$q = -K(\theta)\nabla\psi \tag{1.23}$$

或

$$q = -K(\psi_{\mathrm{m}})\nabla\psi \tag{1.24}$$

式中，$K(\theta)$、$K(\psi_{\mathrm{m}})$ 分别是以土壤含水量和基质势为自变量的非饱和土壤导水率。

式 (1.23) 和式 (1.24)，从形式上看，饱和水流的达西定律与非饱和水流达西定律是相同的，但是两者的水势和导水率的含义和特点有较大差异。

虽然非饱和土壤水运移和饱和土壤水分运动都是由土壤水势梯度引起的，但是两种土壤水的水势组成是不同的。对于饱和带任意一点的水势由重力势和压力势组成，它们分别由该点相对参考平面的高度和水位以下的深度来确定。对于非饱和土壤水，一般不考虑溶质势、温度势和压力势。任一点的水势由重力势和基质势组成。土壤水势除了与相对参考平面的高度有关外，还与土壤的干湿程度相关。

导水率也是非饱和土壤水运移和饱和土壤水运动的重要区别之一。对于饱和土壤水运动，所有土壤孔隙都充满水，并可以导水，因此土壤导水率是饱和土壤导水率，其数值高并且是常数。对于非饱和土壤水运移，土壤中一部分孔隙充气，特别是较大的孔隙首先充气，使导水孔隙减少，即水流通道减少（实际过水断面面积缩小），水流的实际流程增加，水流在小孔隙中流动时，受到薄膜水层的黏滞作用，土壤导水率显著下降。因此非饱和土壤导水率的值低于饱和导水率的值，并且是土壤含水量或基质势的函数，随着土壤含水量或基质势的减小，非饱和土壤导水率的值急剧减小。当土壤基质势由零减小至 –100 kPa 时，非饱和土壤导水率的值会减小几个数量级，远远低于土壤饱和导水率的值。

二、土壤水运移基本方程

土壤水运移遵循达西定律和质量守恒原理。质量守恒原理在多孔介质中水流动的具体应用是连续方程。当土壤水不可压缩时，其密度 ρ_{w} 为常数，连续方程表示如下：

$$\frac{\partial\theta}{\partial t} = -\left(\frac{\partial q_x}{\partial x} + \frac{\partial q_y}{\partial y} + \frac{\partial q_z}{\partial z}\right) \tag{1.25}$$

或

$$\frac{\partial\theta}{\partial t} = -\nabla\cdot q \tag{1.26}$$

将非饱和水流达西定律 [式 (1.23)] 代入上式，即可得到非饱和土壤水运移基本方程：

$$\frac{\partial\theta}{\partial t} = \nabla\cdot\left[K(\theta)\nabla\psi\right] \tag{1.27}$$

即

$$\frac{\partial \theta}{\partial t} = \frac{\partial}{\partial x}\left[K_x(\theta)\frac{\partial \psi}{\partial x}\right] + \frac{\partial}{\partial y}\left[K_y(\theta)\frac{\partial \psi}{\partial y}\right] + \frac{\partial}{\partial z}\left[K_z(\theta)\frac{\partial \psi}{\partial z}\right] \quad (1.28)$$

假定土壤为各向同性，则 $K_x(\theta) = K_y(\theta) = K_z(\theta) = K(\theta)$。对于非饱和土壤水运移，土壤水势由基质势和重力势组成，取单位重量土壤水分的水势，则 $\psi = \psi_m \pm z$，将其代入式(1.28)得：

$$\frac{\partial \theta}{\partial t} = \frac{\partial}{\partial x}\left[K(\theta)\frac{\partial \psi_m}{\partial x}\right] + \frac{\partial}{\partial y}\left[K(\theta)\frac{\partial \psi_m}{\partial y}\right] + \frac{\partial}{\partial z}\left[K(\theta)\frac{\partial \psi_m}{\partial z}\right] \pm \frac{\partial K(\theta)}{\partial z} \quad (1.29)$$

式(1.29)即为非饱和土壤水运移方程式。为了适用于各种实际问题，使问题分析比较简单，非饱和土壤水运移方程可表示为以基质势 ψ_m 或含水量 θ 等为因变量的形式。

1. 基质势 ψ_m 为因变量的基本方程

因变量选用基质势的土壤水运移的基本方程为

$$C(\psi_m)\frac{\partial \psi_m}{\partial t} = \frac{\partial}{\partial x}\left[K(\psi_m)\frac{\partial \psi_m}{\partial x}\right] + \frac{\partial}{\partial y}\left[K(\psi_m)\frac{\partial \psi_m}{\partial y}\right] + \frac{\partial}{\partial z}\left[K(\psi_m)\frac{\partial \psi_m}{\partial z}\right] + \frac{\partial K(\psi_m)}{\partial z} \quad (1.30)$$

或

$$C(\psi_m)\frac{\partial \psi_m}{\partial t} = \nabla \cdot \left[K(\psi_m)\nabla \psi_m\right] + \frac{\partial K(\psi_m)}{\partial z} \quad (1.31)$$

对于一维垂向流，可以简化为

$$C(\psi_m)\frac{\partial \psi_m}{\partial t} = \frac{\partial}{\partial z}\left[K(\psi_m)\frac{\partial \psi_m}{\partial z}\right] + \frac{\partial K(\psi_m)}{\partial z} \quad (1.32)$$

以上各式中，$K(\psi_m)$——非饱和土壤导水率(表示为基质势的函数)；$C(\psi_m)$——非饱和土壤比水容量(表示为基质势的函数)：$C(\psi_m) = \frac{\partial \theta}{\partial \psi_m}$。

2. 土壤含水量 θ 为因变量的基本方程

以土壤含水量 θ 为因变量，基本方程(1.29)可以改写为以下形式：

$$\frac{\partial \theta}{\partial t} = \frac{\partial}{\partial x}\left[D(\theta)\frac{\partial \theta}{\partial x}\right] + \frac{\partial}{\partial y}\left[D(\theta)\frac{\partial \theta}{\partial y}\right] + \frac{\partial}{\partial z}\left[D(\theta)\frac{\partial \theta}{\partial z}\right] + \frac{\partial K(\theta)}{\partial z} \quad (1.33)$$

或表示为

$$\frac{\partial \theta}{\partial t} = \nabla \cdot \left[D(\theta)\nabla \theta\right] + \frac{\partial K(\theta)}{\partial z} \quad (1.34)$$

对于一维垂向流，可以简化为

$$\frac{\partial \theta}{\partial t} = \frac{\partial}{\partial z}\left[D(\theta)\frac{\partial \theta}{\partial z}\right] + \frac{\partial K(\theta)}{\partial z} \quad (1.35)$$

式中，$D(\theta)$为非饱和土壤水扩散率，定义为非饱和土壤导水率与比水容量的比值，即

$$D(\theta) = \frac{K(\theta)}{C(\theta)} = K(\theta) / \frac{d\theta}{d\psi_m} \qquad (1.36)$$

上述两种形式的基本方程表达式，有其各自的特点和应用条件。以基质势为因变量的基本方程，其优点是适用于饱和-非饱和系统水流问题的求解，也用于分层土壤水运移的计算。但是非饱和土壤导水率$K(\psi_m)$随着土壤基质势的变化范围太大，增加了方程运用的难度和容易引起误差。以土壤含水量θ为因变量的基本方程，非饱和土壤水扩散率$D(\theta)$的值随土壤含水量的变化范围比非饱和土壤导水率要小得多。用方程求解土壤含水量的时空变化，也符合人们使用习惯。但是对于层状土壤，由于土壤含水量在不同土壤层间界面处的不连续性，因此以土壤含水量θ为因变量的基本方程不适用；同时对求解饱和-非饱和土壤水运移问题也不适用。

由于滞后作用，土壤含水量与基质势之间的关系不是单值函数，土壤吸湿过程和土壤脱湿过程不相同。所以土壤水运移基本方程应当仅用于吸湿或脱湿的单一过程。此外在推导土壤水运移基本方程过程中作了某些假定，上述方程仅适用于土壤骨架不变形，且计算域内的土壤水是不可压缩的连续流，不考虑温度和电化学的影响，以及在土壤是均质、各向同性条件下应用。

三、土壤水运移通量基本方程

在非饱和土壤水运移分析研究工作中，由于土壤水运移基本方程的应用条件和适用范围的局限性，有些情况下不便使用土壤水运移基本方程，而是应用土壤水运移通量法定量分析土壤水运移问题(雷志栋等，1988；荆恩春等，1994)。如大气水、地表水、土壤水、地下水的相互转化关系，地下水资源评价，土壤水盐运移与调控，非饱和带-潜水系统的污染与防治等研究方面，土壤水运移通量法都有重要的应用价值。

实际上，土壤水运移通量的基本方程就是非饱和土壤水流达西定律和质量守恒原理的直接应用。由于受测试技术的限制，它的应用范围受到较大影响。因此需要在达西定律基础上研究适用范围更广的土壤水分通量方法(荆恩春等，1994)。

在研究非饱和土壤水运移时，可以近似为一维垂向的土壤水运移。此时，连续性方程(1.25)可以简化为

$$\frac{\partial \theta}{\partial t} = -\frac{\partial q_z}{\partial z} \qquad (1.37)$$

上式由z^*至z积分，得

$$q(z) - q(z^*) = -\int_{z^*}^{z} \frac{\partial \theta}{\partial t} dz \qquad (1.38)$$

式中，$q(z)$、$q(z^*)$分别表示地表以下深度为z、z^*处的土壤水分通量。

若计算时段为t_1至t_2，并且以$Q(z)$、$Q(z^*)$分别表示在此时段通过z、z^*处，单位断面面积上的水量，由式(1.38)积分可以得到土壤水量平衡方程：

$$Q(z) - Q(z^*) = \int_{z^*}^{z} \theta(z,t_1)dz - \int_{z^*}^{z} \theta(z,t_2)dz \tag{1.39}$$

或

$$Q(z) = Q(z^*) + \int_{z^*}^{z} \theta(z,t_1)dz - \int_{z^*}^{z} \theta(z,t_2)dz \tag{1.40}$$

式中，$\theta(z,t_1)$、$\theta(z,t_2)$ 分别表示计算时段始(t_1)、末(t_2)的土壤剖面含水量分布。式(1.38)～式(1.40)为土壤水分通量的基本方程。方程中 $\theta(z,t)$ 可用中子水分仪、TDR时域反射仪或其他方法在田间或现场测定。如果能获得某一断面 z^* 处的土壤水分通量 $q(z^*)$ 或水量 $Q(z^*)$，那么任一断面 z 处的土壤水分通量 $q(z)$ 或水量 $Q(z)$，便可通过土壤水分通量基本方程获得。

根据确定断面 z^* 处的土壤水分通量 $q(z^*)$ 或水量 $Q(z^*)$ 的方法不同，形成了不同的土壤分通量方法。土壤水分通量法的实验研究进展将在以后相关章节中介绍。

第三节 土壤水运移实验方法

虽然在天然条件下，通过观测试验对土壤水运移相关的许多问题的研究、用地中渗透仪模拟试验方法对潜水蒸发和降雨入渗补给等参数的规律性研究、实验室通过中小型实验土柱开展土壤水基本参数测试方法和应用研究等等，对推动土壤水运移研究有着重要作用。但是对于应用能量观点更加深入系统地对土壤水运移理论和应用的基础性研究有较大难度和局限性，难以达到理想的效果。因此，探讨更加有效的土壤水运移研究的实验方法同样具有重要意义。例如中国地质科学院水文地质环境地质研究所对此作了如下探索。

基本思路是，在田间不管自然条件和人为影响因素多么复杂，影响土壤水运移的因素如何千变万化，但是这些因素对土壤水运移的综合影响，主要集中体现在土壤剖面水势分布 $\psi(z,t)$ 和土壤剖面含水量分布 $\theta(z,t)$ 这两个基本要素的变化上。在实验研究中，如无特殊需要，可以不去探究具体的每一项影响因素(如日照、风速、温度、潜水埋深等等)是如何起作用的。因此在土壤水运移的理论和应用的基础问题研究中，准确测定并系统研究土壤水势分布 $\psi(z,t)$ 和土壤含水量分布 $\theta(z,t)$ 动态演化规律，是土壤水运移的理论研究和应用基础研究的关键所在。因此，采用人为控制条件下开展大型物理模拟实验研究和现场(田间)观测试验研究，以及地中渗透仪等天然条件下的模拟试验研究相结合的方法，可能是一个行之有效的方法。根据这一思路，荆恩春、张孝和等利用中国地质科学院水文地质环境地质研究所，水文地质实验大厅物理模拟实验区的有利条件，设计并组建了非饱和土壤水运移的大、中型物理模拟实验系统(图1.1)，并建立了石家庄非饱和土壤水运移试验场及非饱和土壤水运移基本参数测试实验室等。

以下仅对土壤水运移大型物理模拟实验系统作一概略介绍。

为了使实验研究理论成果和基础应用成果能反映客观规律和具有实用价值，此物理模拟实验系统由以下几部分组成。

图 1.1　土壤水运移大中型物理模拟实验系统

1. 物理模拟砂箱模型

考虑到砂箱物理模拟装置内填装的试土有效高度，应适合开展整个非饱和带的土壤水运移试验研究，模拟装置的截面积应保证土壤水各种监测仪器设备的安装和正常运行，相互之间不受影响，同时不会扰动非饱和带土壤水运移的水分条件。砂箱模型的高度为 4.5 m，截面积为 2.4 m×2.4 m。模型底部装 40 cm 厚滤料层，滤料层以上为试土。试验土壤为均质扰动轻亚砂土。

2. 模型的土壤水势监测系统

负压计是测定土壤水势(或基质势)的基础仪器，由于大型物理模拟实验在一个剖面上需要安装数十支负压计，对负压计的精度、一致性、可靠性、测量量程、观测仪表位置和负压计的处理等都要求较高。国内外负压计虽然种类繁多，各有其优缺点和适用范围，但是均无法满足此土壤水运移大型物理模拟实验的设计要求。因此土壤水势监测技术问题成了土壤水运移大型物理模拟实验系统的技术瓶颈，是必须首要解决的难题。为此，物理模拟组研制成功 WM-1 型负压计监测系统(荆恩春等，1987；1990)，解决了物理模拟实验中土壤水势测量技术的瓶颈问题。在砂箱模型的三个侧面分别安装了容量为 50 支的 WM-1 型负压计监测系统、水柱式负压计监测系统和压力传感式负压计监测系统(图 1.2 和图 1.3)。

3. 模型的土壤含水量监测系统

土壤剖面含水量的测量采用英国水文所生产的中子水分仪，在砂箱模型的中央位置安装中子水分仪测管；并对中子水分仪进行了标定，建立了标定方程，并进行了方程的检验。即使在模拟降水试验期间，也能正常进行中子水分仪的观测工作(图 1.4)。

图 1.2   大型物理模拟实验系统

左：水银式负压计系统；

右：压力传感式负压计系统

图 1.3   大型物理模拟实验系统

左：水柱式负压计系统、土壤气压观测板；

右：水银式负压计系统、补排水装置

图 1.4   大型物理模拟实验系统在模拟降水实验过程进行中子水分仪观测

4. 模型的模拟降水装置

自行设计了专门供模拟实验的模拟降水装置，此装置由 9 个相同规格的微细水滴式模拟降水模块集成，降水控制总面积与实验模型的土面面积完全吻合，降水实验过程中保持很好的均匀度，且不会出现死角。降水实验时将模拟降水装置吊装在实验装置顶部，可通过调整供水压力和供水量，实现控制降水强度和降水量的目的(图 1.4 和图 1.5)。

图 1.5　大型物理模拟实验系统集成式模拟降水实验装置(调试)

5. 实验模型的其他配备

模型还配备马里奥特瓶控制潜水水位装置、水位测压管、排泄测量装置、土壤气压监测系统和自动数据采集与控制系统等(图 1.6)。

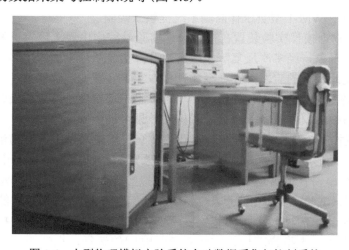

图 1.6　大型物理模拟实验系统自动数据采集与控制系统

为了确保大型物理模拟实验系统安装和运行质量,在安装大型物理模拟实验系统前,建成 4 个中型物理模拟实验装置(图 1.7),实验装置高 4 m,截面积为 706 cm²,配备模拟降水装置(图 1.8)、模拟蒸发和潜水位控制等装置,试验土壤和滤料层与大型物理模拟实验系统设计一致,实验装置剖面安装有 WM-1 型负压计系统。利用中型物理模拟实验装置进行了多项前提实验,为大型物理模拟实验系统的安装和正常运行取得了许多可以借鉴的经验和教训。

<table>
<tr><td>图 1.7　中型物理模拟实验装置</td><td>图 1.8　中型物理模拟实验的模拟降水装置</td></tr>
</table>

例 1　通过中型物理模拟实验，对 WM-1 型负压计监测系统的应用进行了全面的检验，包括仪器的精确性、一致性、可靠性、实用性；负压计安装间距、安装和调试方法；运行中易产生的问题和处理方法；如何取得最佳土壤水势测量效果等。为大型物理模拟实验系统安装应用 WM-1 型负压计监测系统提供了经验。

例 2　中型物理模拟实验装置在模拟降水实验过程中出现土壤容重发生变化使实验土体小幅下沉的现象，经多次反复降水或潜水升降实验后，土壤容重趋于稳定，对负压计重新安装。受此教训的启发，在大型物理模拟实验装置安装仪器前，实验模型经过较长时间多次大幅度升降潜水位预处理，土壤容重趋于稳定后，方进行安装和调试 WM-1 型负压计监测系统等仪器设备，取得了很好的效果。

例 3　中型物理模拟实验装置在降水和蒸发交替实验过程中，容易沿装置内壁与实验土壤之间缝隙处形成优先流，为了使这一现象在大型物理模拟实验中不再重现，通过试验找到了简单易行的方法，即大型物理模拟实验装置内壁涂防锈漆时，在防锈漆尚未干时将干土(试验土壤)喷射上去，待防锈漆完全干透后就会形成能与实验土壤相容的毛面，这样装填的试验土壤与装置内壁的接触就类似于和土壤相接，不用担心出现优先流的问题了，大型物理模拟实验系统长时间的运行，也证明了这一方法是非常简单有效的。

还有许多问题都是在通过中型物理模拟装置的前提实验过程中发现和认识到的，对大型物理模拟实验系统各个组成部分最初的设计改进和完善起了很大作用。

大型物理模拟实验系统的建成，为土壤水运移基础研究和应用基础研究提供了重要的手段，如：

(1)动态条件下非饱和带土壤水能量分布的基本规律和相互转化机理研究；

(2)动态条件下非饱和带土壤水运移与能量分布的内在联系研究；

(3)新理论新技术的引进消化吸收再创新研究；

(4)土壤水运移通量法创新及其应用基础实验研究；

(5)动态条件下土壤水的入渗、蒸发规律及其环境意义研究；

(6)非饱和带土壤水原位测参基础研究；

(7)四水转化关系的机理研究；

(8)非饱和达西定律的应用基础研究；

(9)非饱和土壤水运移相关的新技术创新的试验研究等。

第二章　土壤水势函数动态分段单调性理论

土壤水和其他所有物质一样，它所具有的能量由动能和势能组成。由于水分在土壤孔隙中流动速度甚小，其动能通常可忽略不计，所以土壤水势(土水势)是土壤水所具有的势能。任意两点之间的土壤水势差(或水势梯度)，不仅决定土壤水在此两点之间的运移方向，而且是土壤水运移的驱动力。因此非饱和带土壤水势函数(土壤水势分布)动态演化规律的研究，对土壤水运移机理和定量分析研究极其重要。

本章将系统介绍的土壤水势函数动态分段单调性理论，是近期在非饱和带土壤水势的动态演化理论研究取得的新进展。

第一节　土壤水势函数及其性质

一、土壤水势函数

非饱和带土壤水势受土壤结构、地下水动态变化、降水(灌溉)、蒸发蒸腾、耕作制度等许多天然和人为因素的综合影响，使土壤水势变得十分复杂。非饱和带土壤水势分布是深度 z 的连续函数，记作 $\psi(z)$ (荆恩春等，1994)。

在土壤水运移的研究工作中，土壤水势 $\psi(z)$ 的各分水势并不同等重要，通常是忽略掉土壤溶质势和温度势。对于非饱和土壤水，土壤水势 $\psi(z)$ 由基质势 $\psi_m(z)$ 和重力势 $\psi_g(z)$ 组成[式(2.1a)、式(2.1b)]，即

$$\psi(z) = \psi_m(z) \pm \psi_g(z) \tag{2.1a}$$

或

$$\psi(z) = \psi_m(z) \pm z \tag{2.1b}$$

对于饱和土壤水，由于基质势 $\psi_m(z) = 0$，土壤水势 $\psi(z)$ 由压力势(压力水头) $\psi_p(z)$ 和重力势(位置水头)组成[式(2.2a)、式(2.2b)]，即

$$\psi(z) = \psi_p(z) \pm \psi_g(z) \tag{2.2a}$$

或

$$\psi(z) = h \pm z \tag{2.2b}$$

式中，h 为压力水头，即潜水面以下的深度；z 为位置水头，正负号视 z 轴的方向而定。在本书中，设地面为 z 轴原点(即 $z = 0$)，规定向上为正。

例如，图 2.1 是大型物理模拟实验的实测土壤水势 $\psi(z)$、基质势 $\psi_m(z)$、压力势 $\psi_p(z)$ 在土壤剖面的分布曲线图。如图中所示，地表($z=0$)至潜水面($z=-h_0$)之间是非饱和土壤水，土壤水势 $\psi(z)$ 由式(2.1a)或式(2.1b)计算获得，在潜水面位置，基质势 $\psi_m(z) = 0$

和压力势 $\psi_p(z) = 0$。土壤水势 $\psi(z)$ 与重力势 $\psi_g(z)$ 两者的分布曲线在潜水面位置相交 [即：$\psi(z) = \psi_g(z)$]。

在潜水面以下是饱和土壤水，基质势 $\psi_m(z) = 0$，压力势 $\psi_g(z) > 0$，土壤水势 $\psi(z)$ 由式(2.2a)或式(2.2b)计算获得；不难看出，在潜水面及其以下的土壤水势 $\psi(z)$ 值为常数。从图 2.1 中可以看出，土壤水势 $\psi(z)$ 在非饱和带，甚至在非饱和带-潜水系统，都具有连续性特征。

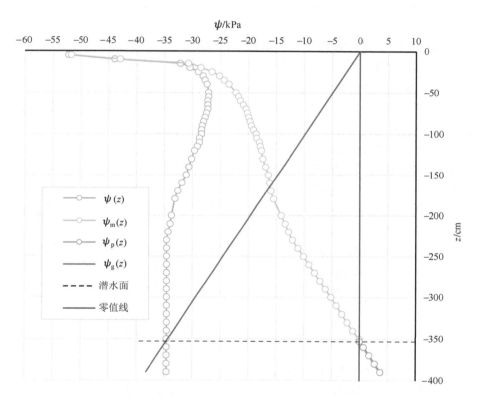

图 2.1 土壤水势基质势压力势重力势剖面分布

顺便指出，在土壤水运移的研究工作中，许多情况涉及潜水变动带。利用土壤水势 $\psi(z)$ 与重力势 $\psi_g(z)$ 两条分布曲线的交点[$\psi(z) = \psi_g(z)$]是潜水面位置的这一性质，在研究区通过土壤水势监测资料分析，就可以较准确地原位确定潜水埋深值和研究时段内的潜水埋深动态变化(荆恩春等，1994)。它在土壤水盐运移机理分析和土壤水盐动态调控等许多方面的研究工作中具有很好的应用价值。

二、土壤水势函数的极值与极值面

大量的大型物理模拟实验和田间观测试验表明，许多情况下土壤水势函数 $\psi(z)$ 图像在土壤剖面的某一位置或多个位置出现土壤水势函数的极值(极大值或极小值)。

设 z_0 是土壤水势函数 $\psi(z)$ 定义域的一个内点，并且土壤水势函数 $\psi(z)$ 在 z_0 某一领域内，对任何异于 z_0 的 z 都有

$$\psi(z) < \psi(z_0)\,[\text{或}\,\psi(z) > \psi(z_0)]$$

称 $\psi(z_0)$ 是土壤水势函数 $\psi(z)$ 的极大值(或极小值)。

使土壤水势函数 $\psi(z)$ 取极值的点统称为函数 $\psi(z)$ 的极值点，记作 z_0。由极值点(极大值点或极小值点)构成的面称为土壤水势函数 $\psi(z)$ 的极值面(通常在非饱和带将其近似地作为一个水平面处理)，并且将土壤水势函数 $\psi(z)$ 的极大值面和极小值面分别记作 z_d 和 z_x。

土壤水势函数 $\psi(z)$ 的极值和极值面有以下性质：

(1)土壤水势函数 $\psi(z)$ 的极值是一个局部性的概念，是局部的最大(最小)值。并不意味一定是土壤水势函数在整个定义域内的最大值或最小值。

(2)土壤水势函数 $\psi(z)$ 的极值面的位置，一定是定义域的内点。而定义域的端点(地面，$z=0$；潜水面，$z=-h_0$)不会成为土壤水势函数的极值面。

(3)土壤水势函数 $\psi(z)$ 的极值在整个定义域内不一定唯一，在函数 $\psi(z)$ 定义域内可能函数没有极值，也可能土壤水势函数 $\psi(z)$ 出现有限个极值；若有两个及两个以上极值，必然是极大值与极小值间隔分布。

(4)土壤水势函数的极值面(极大值面或极小值面)的形成、迁移、消失演化过程遵循一定规律(第三节将专门介绍)。

(5)土壤水势函数 $\psi(z)$ 的最大值面(或最小值面)可能是土壤水势函数的极大值面(或极小值面)，也可能是定义域的端点(即地面或潜水面)。

(6)土壤水势函数 $\psi(z)$ 的极值面出现在函数的驻点(导数为0)或尖点(不可导)。

三、土壤水势函数的分段单调性

非饱和带土壤水势函数的定义域是 $[-h_0, 0]$，根据大量的土壤水势实验数据或土壤水势函数 $\psi(z)$ 图像及土壤水运移的理论分析表明，有的土壤水势函数 $\psi(z)$ 在 $(-h_0, 0)$ 上是一个单调函数(增函数或减函数)；有的土壤水势函数 $\psi(z)$ 在定义域内的部分子区间上的函数段是单调递增函数，而在另外子区间上的函数段则是单调递减函数，这些子区间统称为单调区间，称土壤水势函数 $\psi(z)$ 在单调区间上的函数段具有单调性。因此，在整个定义域上的土壤水势函数 $\psi(z)$ 就是一个分段单调性函数，土壤水势函数 $\psi(z)$ 的分段数与单调区间数相等，均等于土壤水势函数 $\psi(z)$ 的极值个数(极大值和极小值个数之和)加1。土壤水势函数 $\psi(z)$ 的极值面是土壤水势单调性函数段的分段面和函数段单调性方向的转折面。对于土壤水势函数 $\psi(z)$ 在 $(-h_0, 0)$ 上是一个单调函数的情况 $(-h_0, 0)$ 是函数的单调区间，可以理解为函数极值个数是0，函数的分段数和单调区间数均为1。

判断土壤水势函数 $\psi(z)$ 的单调性的方法，可根据土壤水势函数的具体情况，用定义法、图像法或求导法。

例如，图2.2是大型物理模拟实验实测的土壤水势分布曲线，t_1、t_2 和 t_3 时刻的土壤

水势函数图像，分别记作 $\psi(z,t_1)$、$\psi(z,t_2)$、$\psi(z,t_3)$。土壤水势函数的定义域是 $[-h_0, 0]$，$z=0$ 为地面，$z=-h_0$ 为潜水面。图中标签所示的数字分别为土壤水势函数的极值（单位：kPa）和极值面的位置（单位：cm）的具体数据。

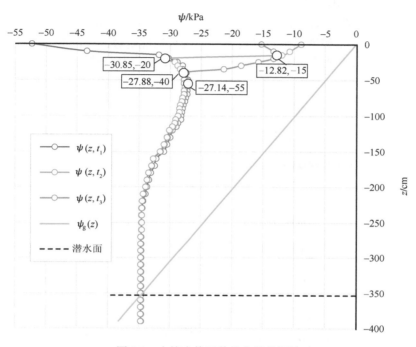

图 2.2　土壤水势函数的分段单调性

$\psi(z,t_1)$ 是 t_1 时刻土壤水势函数，有 1 个极大值面（$z_d= -55$），将整个非饱和带分成 2 个单调区间，$(-h_0, -55)$ 和 $(-55, 0)$。由土壤水势函数 $\psi(z,t_1)$ 可知，在单调区间 $(-h_0, -55)$ 上，土壤水势函数段具有 $\dfrac{\partial\psi}{\partial z}>0$ 的性质，所以土壤水势函数 $\psi(z,t_1)$ 在此单调区间的函数段呈单调增函数段。为分析方便，将其记为单调增函数段 $\psi_1(z,t_1)$；在单调区间 $(-55, 0)$ 上，土壤水势函数段具有 $\dfrac{\partial\psi}{\partial z}<0$ 的性质，土壤水势函数 $\psi(z,t_1)$ 在此单调区间上的函数段呈单调减函数段，记作 $\psi_2(z,t_1)$。

$\psi(z,t_2)$ 是 t_2 时刻土壤水势函数，有 2 个极值面，即：1 个极小值面（$z_x=-20$）和 1 个极大值面（$z_d =-55$），将整个非饱和带分成 3 个单调区间 $(-h_0, -55)$、$(-55, -20)$ 和 $(-20, 0)$。土壤水势函数 $\psi(z,t_2)$ 在 3 个单调区间分别有 $\dfrac{\partial\psi}{\partial z}>0$、$\dfrac{\partial\psi}{\partial z}<0$、$\dfrac{\partial\psi}{\partial z}>0$ 的性质，因此土壤水势函数 $\psi(z,t_2)$ 在此 3 个单调区间上相应的函数段分别为：单调增函数段、单调减函数段、单调增函数段，分别记作 $\psi_1(z,t_2)$、$\psi_2(z,t_2)$ 和 $\psi_3(z,t_2)$。

$\psi(z,t_3)$ 是 t_3 时刻土壤水势函数，有 3 个极值面，即：1 个极小值面（$z_x= -40$）和 2 个极大值面（$z_{d1}=-55$）、（$z_{d2}=-15$），将整个非饱和带分成 4 个单调子区间 $(-h_0, -55)$、$(-55, -40)$、$(-40, -15)$ 和 $(-15, 0)$。土壤水势函数 $\psi(z,t_3)$ 在 4 个单调区间上分别有：

$\dfrac{\partial \psi}{\partial z} > 0$、$\dfrac{\partial \psi}{\partial z} < 0$、$\dfrac{\partial \psi}{\partial z} > 0$ 和 $\dfrac{\partial \psi}{\partial z} < 0$ 的性质，因此土壤水势函数 $\psi(z, t_3)$ 在此 4 个单调区间上的函数段分别为：单调增函数段、单调减函数段、单调增函数段、单调减函数段，分别记作 $\psi_1(z, t_3)$、$\psi_2(z, t_3)$、$\psi_3(z, t_3)$ 和 $\psi_4(z, t_3)$。

图 2.2 中的土壤水势函数 $\psi(z, t_1)$、$\psi(z, t_2)$ 和 $\psi(z, t_3)$，在定义域 $[-h_0, 0]$ 上都是连续函数，而且都是分段单调性函数，极值面为分段单调性函数的分段面和函数段单调性方向的转折面。土壤水势函数 $\psi(z, t_1)$、$\psi(z, t_2)$ 和 $\psi(z, t_3)$ 分别由式 (2.3)、式 (2.4) 和式 (2.5) 表示。

$$\psi(z, t_1) = \begin{cases} \psi(-h_0, t_1) & & z = -h_0 \\ \psi_1(z, t_1) & \dfrac{\partial \psi}{\partial z} > 0 & -h_0 < z < -55 \\ \psi(-55, t_1) & & z = z_d = -55 \\ \psi_2(z, t_1) & \dfrac{\partial \psi}{\partial z} < 0 & -55 < z < 0 \\ \psi(0, t_1) & & z = 0 \end{cases} \tag{2.3}$$

$$\psi(z, t_2) = \begin{cases} \psi(-h_0, t_2) & & z = -h_0 \\ \psi_1(z, t_2) & \dfrac{\partial \psi}{\partial z} > 0 & -h_0 < z < -55 \\ \psi(-55, t_2) & & z = z_d = -55 \\ \psi_2(z, t_2) & \dfrac{\partial \psi}{\partial z} < 0 & -55 < z < -20 \\ \psi(-20, t_2) & & z = z_x = -20 \\ \psi_3(z, t_2) & \dfrac{\partial \psi}{\partial z} > 0 & -20 < z < 0 \\ \psi(0, t_2) & & z = 0 \end{cases} \tag{2.4}$$

$$\psi(z, t_3) = \begin{cases} \psi(-h_0, t_3) & & z = -h_0 \\ \psi_1(z, t_3) & \dfrac{\partial \psi}{\partial z} > 0 & -h_0 < z < -55 \\ \psi(-55, t_3) & & z = z_{d1} = -55 \\ \psi_2(z, t_3) & \dfrac{\partial \psi}{\partial z} < 0 & -55 < z < -40 \\ \psi(-40, t_3) & & z = z_x = -40 \\ \psi_3(z, t_3) & \dfrac{\partial \psi}{\partial z} > 0 & -40 < z < -15 \\ \psi(-15, t_3) & & z = z_{d2} = -15 \\ \psi_4(z, t_3) & \dfrac{\partial \psi}{\partial z} < 0 & -15 < z < 0 \\ \psi(0, t_3) & & z = 0 \end{cases} \tag{2.5}$$

以上分析看出，对于复杂的土壤水势函数 $\psi(z)$，可以看作是一个分段单调性函数，对于自变量 z 的不同单调区间的函数段有不同的单调性，非饱和带剖面上的土壤水势函数 $\psi(z)$ 是一个函数，而不是几个函数，因此土壤水势函数的定义域是各单调性函数段的定义域（单调区间）、各极值面、$z=-h_0$ 和 $z=0$ 的并集，其值域是各单调性函数段的值域、极值、$\psi(-h_0)$ 和 $\psi(0)$ 的并集。

对于土壤水势函数的极大值面而言，其上相邻的单调区间上的土壤水势函数段的单调性为单调减函数，$\dfrac{\partial \psi}{\partial z}<0$；其下相邻的单调区间上的函数段的单调性为单调增函数，$\dfrac{\partial \psi}{\partial z}>0$；极大值面是单调增函数段与单调减函数段之间的分界面，也是两个函数段的单调性转折面。

同样，对于土壤水势函数的极小值面而言，其上相邻的单调区间上的函数段为单调增函数，$\dfrac{\partial \psi}{\partial z}>0$；其下相邻的单调区间上的函数段为单调减函数，$\dfrac{\partial \psi}{\partial z}<0$；极小值面是单调减函数段与单调增函数段之间的分界面和两个函数段单调性转折面。

一个完整的非饱和带土壤水势函数的定义域是 $[-h_0, 0]$，$z=-h_0$ 为潜水面位置，$z=0$ 为地面。假如非饱和带土壤剖面上土壤水势函数极值面数为 n，如 $n=3$，极值面分别在 z_1、z_2 和 z_3，并且相互之间的位置关系为：$-h_0 < z_1 < z_2 < z_3 < 0$，则非饱和带土壤水势函数的定义域 $[-h_0, 0]$ 是由 4 个单调区间 $(-h_0, z_1)$、(z_1, z_2)、(z_2, z_3)、$(z_3, 0)$ 和 $-h_0$、z_1、z_2、z_3、0 组成的。土壤水势函数在 4 个单调区间上的函数段具有不同的单调性，且相邻子区间上的函数段的单调性相反，极值面是其单调性的转折面。而且单调区间的个数等于 $n+1$。土壤水势函数的分段数与单调区间数相等（均为 $n+1$）。

关于土壤水势分段函数单调区间和函数分段单调性，将在第三节和第四节的论述中从理论上得到进一步证实。

第二节　土壤水势函数的类型

一、土壤水势函数的分类

经过大量土壤水运移的大型物理模拟实验和野外原位观测试验研究和理论分析，根据上述土壤水势函数分段单调性理论和函数的极值理论，将非饱和带土壤水垂向运移过程中的土壤水势函数 $\psi(z)$（或称土壤水势分布）总结归纳为以下 4 大类型，并可细化为 9 种基本类型。

（一）无极值型土壤水势函数（无极值型土壤水势分布）
- 1. 单调递增型土壤水势函数（单调递增型土壤水势分布）
- 2. 单调递减型土壤水势函数（单调递减型土壤水势分布）

$$
（二）单极值型土壤水势函数
（单极值型土壤水势分布）
\begin{cases}
3.\ 极大值型土壤水势函数 \\
\quad（极大值型土壤水势分布） \\
\\
4.\ 极小值型土壤水势函数 \\
\quad（极小值型土壤水势分布）
\end{cases}
$$

$$
（三）双极值型土壤水势函数
（双极值型土壤水势分布）
\begin{cases}
5.\ 极大-极小值型土壤水势函数 \\
\quad（极大-极小值型土壤水势分布） \\
\\
6.\ 极小-极大值型土壤水势函数 \\
\quad（极小-极大值型土壤水势分布）
\end{cases}
$$

$$
（四）多极值型土壤水势函数
（多极值型土壤水势分布）
\begin{cases}
7.\ 双极大值型土壤水势函数 \\
\quad（双极大值型土壤水势分布） \\
\\
8.\ 双极小值型土壤水势函数 \\
\quad（双极小值型土壤水势分布） \\
\\
9.\ 三个以上极值型土壤水势函数 \\
\quad（三个以上极值型土壤水势分布）
\end{cases}
$$

二、土壤水势函数基本类型

在研究土壤水运移过程中，由于三个以上极值型的土壤水势函数基本类型极少出现，因此在本书中未作论述，仅将常见的 8 种土壤水势函数基本类型分述如下。

1. 单调递增型土壤水势函数

在非饱和带土壤剖面上的土壤水势函数 $\psi(z)$，若在定义域 $[-h_0, 0]$ 内所有的点都具有

$$
\frac{\partial \psi}{\partial z} > 0
$$

在地面 $z=0$ 处，$\psi(0)$ 为非饱和带土壤剖面上的土壤水势函数的最大值，而在潜水面 $z=-h_0$ 处 $\psi(-h_0)$ 为土壤水势函数的最小值。具有此种特性的土壤水势函数 $\psi(z)$，称为单调递增型土壤水势函数[式(2.6)]。

例如，图 2.3 是土壤水运移的大型物理模拟实验实测的土壤水势函数，可以看出，土壤水势函数 $\psi(z)$ 在定义域 $[-h_0, 0]$ 内所有的点都具有单调递增型土壤水势函数的特征，即

$$
\frac{\partial \psi}{\partial z} > 0
$$

由图 2.3 中标签所示,在地面 $z=0$ 处,为土壤水势函数 $\psi(z)$ 的最大值面,函数 $\psi(z)$ 的最大值为 $\psi(0)=-15.53\,(\text{kPa})$。在潜水面 $z=-353\,\text{cm}$ 处,为土壤水势函数 $\psi(z)$ 的最小值面,函数 $\psi(z)$ 的最小值为 $\psi(-353)=-34.54\,(\text{kPa})$。

$$\psi(z)=\begin{cases} \psi(-h_0) & z=-h_0 \\ \psi(z) & \dfrac{\partial\psi}{\partial z}>0 \quad -h_0<z<0 \\ \psi(0) & z=0 \end{cases} \tag{2.6}$$

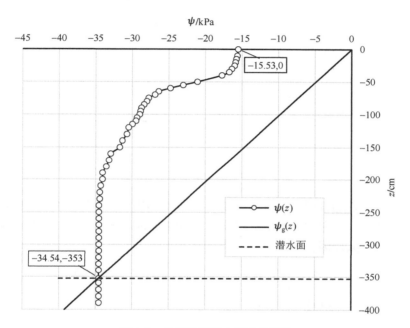

图 2.3 单调递增型土壤水势函数

2. 单调递减型土壤水势函数

若土壤水势函数 $\psi(z)$ 在定义域 $[-h_0,0]$ 内所有的点都具有

$$\frac{\partial\psi}{\partial z}<0$$

在地面 $z=0$ 处,$\psi(0)$ 为土壤水势函数 $\psi(z)$ 的最小值,而在潜水面 $z=-h_0$ 处,$\psi(-h_0)$ 为土壤水势函数 $\psi(z)$ 的最大值。具有此种特性的土壤水势函数 $\psi(z)$,称为单调递减型土壤水势函数[式(2.7)]。例如,图 2.4 是土壤水运移的大型物理模拟实验实测的土壤水势函数,可以看出,土壤水势函数 $\psi(z)$ 具有单调递减型分布特征,即:$\dfrac{\partial\psi}{\partial z}<0$,由图 2.4 中标签所示,在 $z=-5$ 处,为土壤水势函数 $\psi(z)$ 的最小值面,$\psi(z)$ 的最小值为 $\psi(-5)=-65.56\,(\text{kPa})$。在潜水面 $z=-353\,(\text{cm})$ 处为 $\psi(z)$ 的最大值面,$\psi(z)$ 的最大值为 $\psi(-353)=-34.69\,(\text{kPa})$。

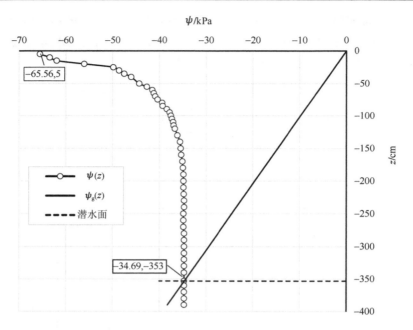

图 2.4　单调递减型土壤水势函数

研究表明，单调递减型土壤水势函数，在潜水埋深小于潜水上渗损耗极限深度的区域可能出现，在潜水埋深大于潜水上渗损耗极限深度的区域，就绝对不会出现单调递减型土壤水势函数，其原因将在以后的章节中论述。

$$
\psi(z) = \begin{cases} \psi(-h_0) & & z = -h_0 \\ \psi(z) & \dfrac{\partial \psi}{\partial z} < 0 & -h_0 < z < 0 \\ \psi(0) & & z = 0 \end{cases} \tag{2.7}
$$

3. 极大值型土壤水势函数

非饱和带土壤水势函数 $\psi(z)$ 的定义域为 $[-h_0, 0]$，若土壤水势函数存在唯一的一个极大值 $\psi(z_d)$，z_d 是极大值面。土壤水势函数 $\psi(z)$ 在子区间 $(-h_0, z_d)$ 上的函数段呈单调递增函数，记作 $\psi_1(z)$。土壤水势函数 $\psi(z)$ 在子区间 $(z_d, 0)$ 上的函数段呈单调递减函数，记作 $\psi_2(z)$。因此，土壤水势函数 $\psi(z)$ 是一个具有分段单调性特征的分段函数[见式(2.8)]。此种仅有一个极大值面出现的土壤水势分段单调性函数，称之为极大值型土壤水势函数。

例如，图 2.5 是土壤水运移的大型物理模拟实验实测土壤水势函数，图中标签所示，土壤水势函数 $\psi(z)$ 出现一个极大值为 $\psi(z_d) = -27.35\,(\text{kPa})$，极大值面为 $z_d = -60\,(\text{cm})$。土壤水势函数 $\psi(z)$ 在子区间 $(-352, -60)$ 的函数段呈单调递增函数（即 $\dfrac{\partial \psi}{\partial z} > 0$）；在子区间 $(-60, 0)$ 的函数段呈单调递减函数（即 $\dfrac{\partial \psi}{\partial z} < 0$）。

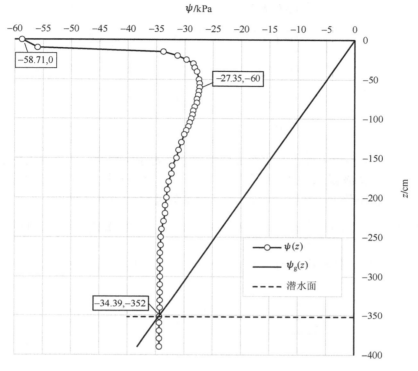

图 2.5　极大值型土壤水势函数

在此例中，极大值 $\psi(-60) = -27.35$（kPa），同时是非饱和带土壤水势函数的最大值，这也是极大值型土壤水势函数的一个特征。但是在其他土壤水势函数类型中土壤水势函数的极大值不一定是最大值，极大值仅是一个局部性的概念。

$$\psi(z) = \begin{cases} \psi(-h_0) & & z = -h_0 \\ \psi_1(z) & \dfrac{\partial \psi}{\partial z} > 0 & -h_0 < z < z_d \\ \psi(z_d) & & z = z_d \\ \psi_2(z) & \dfrac{\partial \psi}{\partial z} < 0 & z_d < z < 0 \\ \psi(0) & & z = 0 \end{cases} \tag{2.8}$$

4. 极小值型土壤水势函数

土壤水势函数 $\psi(z)$ 在定义域 $[-h_0, 0]$ 上，若土壤水势函数存在唯一的一个极小值 $\psi(z_x)$，z_x 是极小值面。土壤水势函数 $\psi(z)$ 在子区间 $(-h_0, z_x)$ 上的函数段呈单调递减函数，记为 $\psi_1(z)$。土壤水势函数 $\psi(z)$ 在子区间 $(z_x, 0)$ 上的函数段呈单调递增函数，记为 $\psi_2(z)$。因此，土壤水势函数 $\psi(z)$ 是一个具有分段单调性特征的分段函数 [见式（2.9）]。此种仅有一个极小值的土壤水势分段单调性函数，称之为极小值型土壤水势函数。

$$\psi(z)=\begin{cases}\psi(-h_0) & & z=-h_0\\ \psi_1(z) & \dfrac{\partial\psi}{\partial z}<0 & -h_0<z<z_x\\ \psi(z_x) & & z=z_x\\ \psi_2(z) & \dfrac{\partial\psi}{\partial z}>0 & z_x<z<0\\ \psi(0) & & z=0\end{cases}\qquad(2.9)$$

例如，图 2.6 给出土壤水运移的大型物理模拟实验实测的一条土壤水势函数的图像 $\psi(z)$。由土壤水势函数图像标签的数据表明，土壤水势函数 $\psi(z)$ 的极小值为 $-40.95(\text{kPa})$，极小值面为 $z_x=-70(\text{cm})$。土壤水势函数 $\psi(z)$ 在子区间 $(-h_0,-70)$ 的函数段呈单调递减函数（即 $\dfrac{\partial\psi}{\partial z}<0$），在子区间 $(-70,0)$ 的函数段呈单调递增函数（即 $\dfrac{\partial\psi}{\partial z}>0$）。此土壤水势函数 $\psi(z)$ 具有式(2.9)特征，是典型的极小值型土壤水势函数。

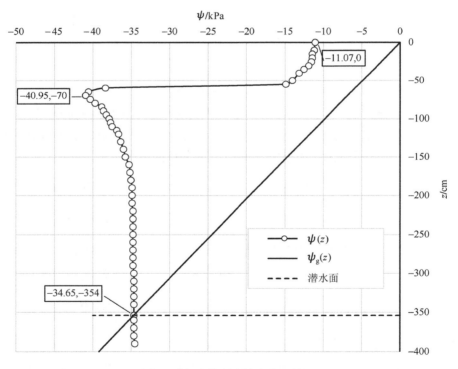

图 2.6　极小值型土壤水势函数

在此例中，土壤水势函数的极小值 $\psi(z_x)=-40.95(\text{kPa})$，同时土壤水势函数 $\psi(z)$ 在其定义域 $[-h_0,0]$ 内也是最小值，这一属性是由式(2.9)所决定的，这也是极小值型土壤水势函数的一个特征。但是在其他土壤水势函数类型中土壤水势函数的极小值不一定是最小值，极小值仅是一个局部性的概念。

5. 极大-极小值型土壤水势函数

土壤水势函数 $\psi(z)$ 在定义域 $[-h_0, 0]$ 上，如果土壤水势函数存在一个极大值 $\psi(z_d)$，z_d 为极大值面，同时还存在一个极小值 $\psi(z_x)$，z_x 为极小值面，并且 $z_d < z_x$，土壤水势函数 $\psi(z)$ 在子区间 $(-h_0, z_d)$ 上的函数段呈单调递增函数（即 $\dfrac{\partial \psi}{\partial z} > 0$），记作 $\psi_1(z)$，土壤水势函数 $\psi(z)$ 在子区间 (z_d, z_x) 上的函数段呈单调递减函数（即 $\dfrac{\partial \psi}{\partial z} < 0$），记作 $\psi_2(z)$，土壤水势函数 $\psi(z)$ 在子区间 $(z_x, 0)$ 上的函数段呈单调递增函数（即 $\dfrac{\partial \psi}{\partial z} > 0$），记作 $\psi_3(z)$。因此，土壤水势函数 $\psi(z)$ 是一个具有分段单调性特征的分段函数[见式(2.10)]。此类土壤水势分段单调性函数，称之为极大—极小值型土壤水势函数。

$$
\psi(z) = \begin{cases}
\psi(-h_0) & & z = -h_0 \\
\psi_1(z) & \dfrac{\partial \psi}{\partial z} > 0 & -h_0 < z < z_d \\
\psi(z_d) & & z = z_d \\
\psi_2(z) & \dfrac{\partial \psi}{\partial z} < 0 & z_d < z < z_x \\
\psi(z_x) & & z = z_x \\
\psi_3(z) & \dfrac{\partial \psi}{\partial z} > 0 & z_x < z < 0 \\
\psi(0) & & z = 0
\end{cases}
\tag{2.10}
$$

例如，图 2.7 给出的物理模拟实测土壤水势函数的函数，图中标出了土壤水势函数 $\psi(z)$ 的极大值 $\psi(z_d) = -27.512\,(\text{kPa})$，极大值面 $z_d = -55\,(\text{cm})$，极小值 $\psi(z_x) = -30.846\,(\text{kPa})$，极小值面 $z_x = -20\,(\text{cm})$，以及地面、潜水面的位置和函数值。很明显，土壤水势函数在子区间 $(-353, -55)$ 和 $(-20, 0)$ 上，土壤水势函数段呈单调递增函数（即 $\dfrac{\partial \psi}{\partial z} > 0$），而在子区间 $(-55, -20)$ 上，土壤水势函数段呈单调递减函数（即 $\dfrac{\partial \psi}{\partial z} < 0$）。可见，此土壤水势分段单调性函数 $\psi(z)$ 是极大-极小值型土壤水势函数。

6. 极小-极大值型土壤水势函数

土壤水势函数 $\psi(z)$ 在定义域 $[-h_0, 0]$ 上，如果土壤水势函数存在一个极小值 $\psi(z_x)$，z_x 为极小值面，同时还存在一个极大值 $\psi(z_d)$，z_d 为极大值面，并且 $z_x < z_d$。土壤水势函数 $\psi(z)$ 在子区间 $(-h_0, z_x)$ 上的函数段呈单调递减函数，记作 $\psi_1(z)$，土壤水势函数 $\psi(z)$ 在子区间 (z_x, z_d) 上的函数段呈单调递增函数，记作 $\psi_2(z)$，土壤水势函数 $\psi(z)$ 在子区间 $(z_d, 0)$ 上的函数段呈单调递减函数，记作 $\psi_3(z)$。因此，土壤水势函数 $\psi(z)$ 是一个

具有分段单调性特征的分段函数[见式(2.11)]。此类土壤水势函数称之为极小-极大值型土壤水势函数。

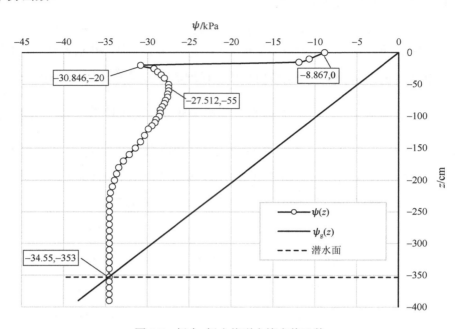

图 2.7　极大-极小值型土壤水势函数

$$\psi(z)=\begin{cases}\psi(-h_0) & & z=-h_0\\ \psi_1(z) & \dfrac{\partial\psi}{\partial z}<0 & -h_0<z<z_x\\ \psi(z_x) & & z=z_x\\ \psi_2(z) & \dfrac{\partial\psi}{\partial z}>0 & z_x<z<z_d\\ \psi(z_d) & & z=z_d\\ \psi_3(z) & \dfrac{\partial\psi}{\partial z}<0 & z_d<z<0\\ \psi(0) & & z=0\end{cases} \tag{2.11}$$

　　例如，图 2.8 所示为土壤水运移实验中实测的土壤水势函数，土壤水势函数的极小值为 $\psi(z_x)=-35.87(\mathrm{kPa})$，极小值面为 $z_x=-140(\mathrm{cm})$，极大值为 $\psi(z_d)=-16.11(\mathrm{kPa})$，极大值面为 $z=-25(\mathrm{cm})$。土壤水势函数 $\psi(z)$ 在子区间 $(-h_0,-140)$ 和子区间 $(-25,0)$ 上的函数段呈单调递减函数。土壤水势函数 $\psi(z)$ 在子区间 $(-140,-25)$ 上的函数段呈单调递增函数。所以，此土壤水势函数图像是极小-极大值型土壤水势函数。

7. 双极大值型土壤水势函数

土壤水势函数 $\psi(z)$ 在定义域 $[-h_0,0]$ 上，如果土壤水势函数 $\psi(z)$ 存在 2 个极大值，

即 $\psi(z_{d1})$ 和 $\psi(z_{d2})$，z_{d1} 和 z_{d2} 是极大值面，在 2 个极大值之间必有 1 个极小值 $\psi(z_x)$，z_x 是极小值面，并且有以下关系：$-h_0 < z_{d1} < z_x < z_{d2} < 0$。

土壤水势函数 $\psi(z)$ 在子区间 $(-h_0, z_{d1})$ 和子区间 (z_x, z_{d2}) 上的函数段呈单调递增函数，分别记为 $\psi_1(z)$ 和 $\psi_3(z)$。

土壤水势函数 $\psi(z)$ 在子区间 (z_{d1}, z_x) 和子区间 $(z_{d2}, 0)$ 上的函数段呈单调递减函数，分别记为 $\psi_2(z)$ 和 $\psi_4(z)$。

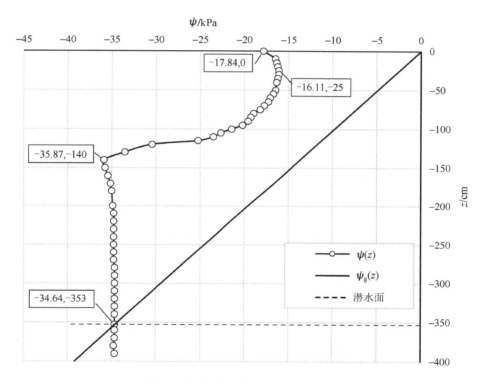

图 2.8　极小-极大值型土壤水势函数

土壤水势函数 $\psi(z)$ 是一个具有分段单调性特征的分段函数[见式 (2.12)]。此类土壤水势的分布称为双极大值型土壤水势函数（见图 2.9）。

从双极大值型土壤水势函数图像可以看出，在 2 个极大值之间必有 1 个极小值存在，因此也可以将双极大值型土壤水势函数理解为"极大-极小-极大值型土壤水势函数"。

例如，图 2.9 所示为土壤水运移实验中实测土壤水势函数图像，土壤水势函数有 2 个极大值面分别为 $z_{d1} = -60\,(\mathrm{cm})$ 和 $z_{d2} = -15\,(\mathrm{cm})$，在两者之间有 1 个极小值面为 $z_x = -40\,(\mathrm{cm})$。土壤水势函数在子区间 $(-353, -60)$ 和子区间 $(-40, -15)$ 上的函数段，呈单调递增函数。土壤水势函数在子区间 $(-60, -40)$ 和子区间 $(-15, 0)$ 上的函数段，呈单调递减函数。显然，此土壤水势函数为双极大值型土壤水势函数。

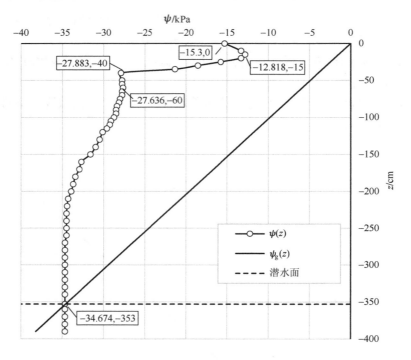

图 2.9　双极大值型土壤水势函数

$$\psi(z)=\begin{cases}\psi(-h_0) & z=-h_0 \\ \psi_1(z) & \dfrac{\partial\psi}{\partial z}>0 & h_0<z<z_{d1} \\ \psi(z_{d1}) & z=z_{d1} \\ \psi_2(z) & \dfrac{\partial\psi}{\partial z}<0 & z_{d1}<z<z_x \\ \psi(z_x) & z=z_x \\ \psi_3(z) & \dfrac{\partial\psi}{\partial z}>0 & z_x<z<z_{d2} \\ \psi(z_{d2}) & z=z_{d2} \\ \psi_4(z) & \dfrac{\partial\psi}{\partial z}<0 & z_{d2}<z<0 \\ \psi(0) & z=0\end{cases} \qquad (2.12)$$

8. 双极小值型土壤水势函数

土壤水势函数 $\psi(z)$ 在定义域 $[-h_0, 0]$ 上，如果土壤水势函数 $\psi(z)$ 存在 2 个极小值，即 $\psi(z_{x1})$ 和 $\psi(z_{x2})$、z_{x1}、z_{x2} 是极小值面，在 2 个极小值之间必有 1 个极大值 $\psi(z_d)$，z_d 是极大值面，并且有以下关系： $-h_0<z_{x1}<z_d<z_{x2}<0$ 。

土壤水势函数 $\psi(z)$ 在子区间 $(-h_0, z_{x1})$ 和子区间 (z_d, z_{x2}) 上的函数段均呈单调递减函数，分别记为 $\psi_1(z)$ 和 $\psi_3(z)$。

土壤水势函数 $\psi(z)$ 在子区间 (z_{x1}, z_d) 和子区间 $(z_{x2}, 0)$ 上的函数段均呈单调递增函数，分别记为 $\psi_2(z)$ 和 $\psi_4(z)$。

土壤水势函数 $\psi(z)$ 是一个具有分段单调性特征的分段函数[式(2.13)]。此类土壤水势函数称为双极小值型土壤水势函数，也可称之为"极小-极大-极小值型土壤水势函数"（如图 2.10 所示）。

$$\psi(z) = \begin{cases} \psi(-h_0) & & z = -h_0 \\ \psi_1(z) & \dfrac{\partial \psi}{\partial z} < 0 & h_0 < z < z_{x1} \\ \psi(z_{x1}) & & z = z_{x1} \\ \psi_2(z) & \dfrac{\partial \psi}{\partial z} > 0 & z_{x1} < z < z_d \\ \psi(z_d) & & z = z_d \\ \psi_3(z) & \dfrac{\partial \psi}{\partial z} < 0 & z_d < z < z_{x2} \\ \psi(z_{x2}) & & z = z_{x2} \\ \psi_4(z) & \dfrac{\partial \psi}{\partial z} > 0 & z_{x2} < z < 0 \\ \psi(0) & & z = 0 \end{cases} \tag{2.13}$$

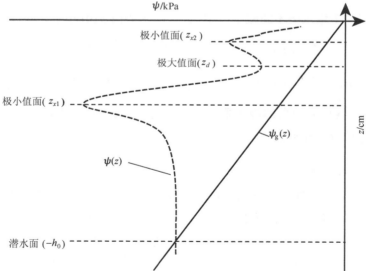

图 2.10　双极小值型土壤水势函数示意图

由于土壤水分运移的复杂性，各种因素的动态变化对土壤水势函数影响非常大，因此土壤水势函数在不断的变化，而且在一定条件下土壤水势函数类型之间进行相互转化。有关土壤水势函数类型的形成与转化分析将在第三章中论述。

第三节　土壤水势函数极值面形成迁移演化规律

土壤水势函数极值面(极大值面或极小值面)对确定非饱和带土壤水势函数类型、土壤水运移的理论分析、参数测定、非饱和土壤水达西定理应用研究、土壤水运移通量计算等许多方面都有重要理论意义和实用价值。因此,分析研究土壤水势函数极值面的形成演化规律,是土壤水运移的理论研究一项重要的内容。通过大量大型物理模拟实验、天然条件下田间观测试验和理论分析研究,对土壤水势函数极值面的形成演化规律归纳如下。

一、土壤水势函数极大值面形成迁移演化规律

1. 土壤水势函数极大值面在土壤表层形成迁移演化规律

1)极大值面的成因

由于降水或灌溉等过程,都会引起非饱和带的土壤水势函数发生较大的变化,即使降水或灌溉结束后,非饱和带土壤水势函数仍在持续变化。当非饱和带土壤剖面水势函数 $\psi(z)$ 呈单调递增型、极小值型或极大-极小值型等类型时,即在非饱和带全剖面,或地表处的一个子区间内具有 $\frac{\partial \psi}{\partial z} > 0$,这时如果表土受到蒸发作用,那么水汽向大气扩散,引起土壤表层的土壤水势不断减小,当地面土壤水势值 $\psi(0)$ 小于无限接近土壤表层的某一深度 z^* 处的 $\psi(z^*)$ 时,则在 $(z^*, 0)$ 上土壤水势梯度 $\frac{\partial \psi}{\partial z} < 0$,在 z^* 下方仍保持有 $\frac{\partial \psi}{\partial z} > 0$。显然 z^* 为 $\frac{\partial \psi}{\partial z} < 0$ 和 $\frac{\partial \psi}{\partial z} > 0$ 的转折面,是土壤水势函数新形成的一个极大值面,记作 z_d, $\psi(z_d)$ 为土壤水势函数的极大值,$(z_d, 0)$ 为新形成的一个单调区间,其相应的函数段的单调性为单调递减型。

2)极大值的递减性

因为极大值面 z_d 同时受到上方土壤水蒸发和下方土壤水下渗的双重作用,在极大值面 z_d 处的土壤水形成双向损耗,必然引起土壤水势函数 $\psi(z)$ 的极大值 $\psi(z_d)$ 减少。而且在极大值面形成初期受蒸发和下渗作用都较强,极大值减小的速率较大,随着时间的推移,极大值减小的速率逐渐变缓或趋小。因此土壤水势函数的极大值 $\psi(z_d)$ 具有随时间变化而逐渐减小的动态变化特性。

3)极大值面位置向下迁移演化趋势

极大值面 z_d 的位置并不是固定不变的,由极大值面形成机理可以看出,极大值面的

位置会随时间增长而向下移动，而且土壤水势函数极大值面形成初期，因受蒸发作用较强的影响，极大值面向下移动速度相对较快，随着时间的推移和极大值面的位置变深，在潜水埋深大于潜水上渗损耗极限深度的条件下，极大值面的下移速度逐渐减缓，并趋于相对稳定的深度。随着土壤水势函数极大值面 z_d 向下迁移演化，单调区间 $(z_d, 0)$ 随之增大，相应的单调性函数段增长，且单调性仍保持单调递减型。

　　例如，图 2.11 给出了大型物理模拟实验(11 月 2 日～12 月 17 日)的一组极大值面形成迁移演化的土壤水势函数图像。图中土壤水势函数图像表明，在 11 月 2 日土壤水势函数呈单调递增型，之后由于受蒸发作用，在土壤表层形成一个土壤水势函数极大值面，于 11 月 4 日已经迁移至 $z = -20$ cm 的位置。图中各曲线的标签显示了土壤水势函数的极大值和极大值面的位置的具体数据。另外，图 2.12 给出了石家庄试验场田间在天然条件下(4 月 22 日～5 月 22 日)的一组土壤水势函数极大值面形成迁移演化过程的土壤水势曲线。同样各曲线的标签显示了土壤水势函数极大值和极大值面的位置的具体数据。

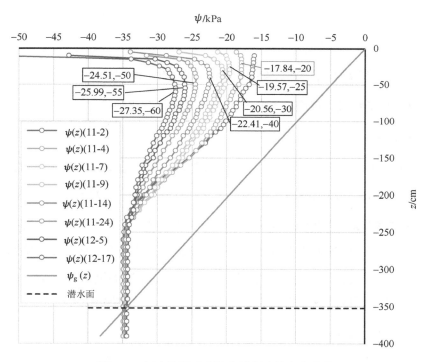

图 2.11　极大值面形成演化过程土壤水势曲线

　　从以上两例看出，尽管室内物理模拟实验和田间观测试验，所处的蒸发和土壤水分运移等环境条件有较大的差异，但是在土壤水蒸发和土壤水下渗双重作用下，两者都具有土壤水势函数的极大值面在近地表处形成，随时间增长而逐渐向下迁移的趋势，并且土壤水势函数极大值的数值，随时间增长逐渐减小等基本规律是完全一致的。

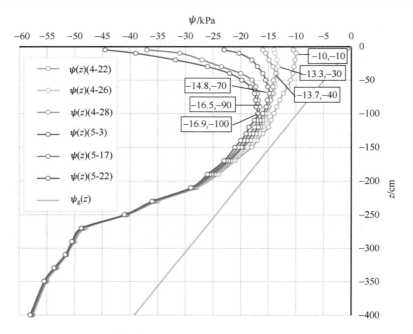

图 2.12　石家庄试验场极大值面形成演化过程土壤水势曲线

2. 土壤水势函数极大值面在潜水面附近形成迁移演化规律

1）极大值面的成因

当非饱和带初始土壤水势函数呈单调递减型，或极小值型时，在非饱和带整个土壤剖面或在潜水面以上一定范围内土壤水势梯度具有 $\frac{\partial \psi}{\partial z} < 0$。在这种情况下，若潜水位因某种原因（如潜水井抽水）引起潜水快速下降，那么土壤水首先从毛细带下部开始向下运移补给潜水，土壤水势梯度由原先的 $\frac{\partial \psi}{\partial z} < 0$，转化为 $\frac{\partial \psi}{\partial z} > 0$，这时在土壤水势梯度方向的转折处，必然形成一个新的极大值面 z_d，土壤水势函数的极大值为 $\psi(z_d)$。$(-h_0, z_d)$ 是新形成的一个单调区间，其相应的函数段的单调性为单调递增型。

2）极大值的递减性

由于极大值面 z_d 上部和其下部分别受到土壤水势梯度 $\frac{\partial \psi}{\partial z} < 0$ 和 $\frac{\partial \psi}{\partial z} > 0$ 的共同作用，极大值面处的土壤水形成双向损耗，引起土壤水势函数 $\psi(z)$ 的极大值 $\psi(z_d)$ 逐渐减小的动态特性。

3）极大值面位置向上迁移演化趋势

在潜水下降过程中，在近潜水面处形成的土壤水势函数的极大值面 z_d，随时间变化逐渐向上迁移，移动速度由快变慢并逐渐趋于相对稳定的位置。随着极大值面 z_d 向上迁移演化，单调区间 $(-h_0, z_d)$ 随之增大，相应的单调性函数段增长，且单调递增性保持不变。

例如，图 2.13 所示为大型物理模拟实验在人为降低 40 cm 潜水水位前后的一组土壤水势函数图像。$\psi(z)$ (3-26 9:00) 表示在 3 月 26 日 9:00，实验装置降低潜水水位之前的土壤水势函数图像，此时土壤水势函数呈单调递减型，土壤水势梯度 $\frac{\partial \psi}{\partial z} > 0$。之后是降低潜水水位后不同时刻的土壤水势函数图像，这些土壤水势函数图像都是极大值型的，图中标签的数据标明土壤水势函数极大值面的位置。可以看出降低潜水位后，在潜水面附近形成土壤水势函数极大值面，并随时间向上迁移演化过程。

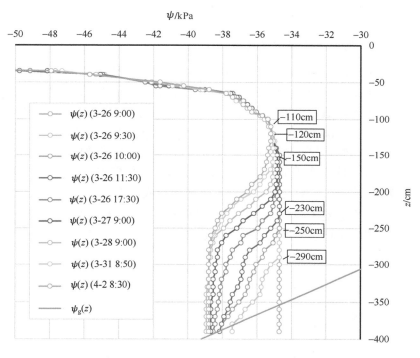

图 2.13　潜水下降形成极大值面迁移演化过程土壤水势曲线

二、土壤水势函数极小值面形成迁移演化规律

1. 土壤水势函数极小值面在土壤表层形成迁移演化规律

1）极小值面成因

当非饱和带初始土壤水势函数呈单调递减型、极大值型或极小-极大值型时，在非饱和带全剖面，或地面以下一定范围内土壤水势梯度具有 $\frac{\partial \psi}{\partial z} < 0$。此时若降水（或灌溉）使地面土壤水势增加，当地面土壤水势值 $\psi(0)$ 大于无限接近土壤表层的某一深度 z^* 处的 $\psi(z^*)$ 时，则在 $(z^*, 0)$ 上土壤水势梯度 $\frac{\partial \psi}{\partial z} > 0$，在 z^* 下方仍保持有 $\frac{\partial \psi}{\partial z} < 0$，显然 z^* 为

$\dfrac{\partial \psi}{\partial z} > 0$ 和 $\dfrac{\partial \psi}{\partial z} < 0$ 的转折面,是土壤水势函数新形成的一个极小值面,记作 z_x, $\psi(z_x)$ 为土壤水势函数的极小值,$(z_x,0)$ 为新形成的一个单调区间,其相应的函数段的单调性为单调递增型。此时极小值面 z_x 和湿润锋位置完全一致的(但是两者并不等同,见后文)。

2)极小值的递增性

由于在土壤水势函数的极小值面 z_x 以上和以下的土壤水都向 z_x 处运移,因此土壤水势极小值面 z_x 处的土壤水得到其上下双向的补充,引起土壤水势函数的极小值增加,并随着时间的推移而递增。

3)极小值面位置向下迁移演化趋势

降水或灌溉形成的土壤水势函数的极小值面 z_x 的发育趋势向下,其向下移动的速率与降水或灌溉的水量大小和持续时间的长短、土壤结构、初始土壤剖面的含水量和土壤水势函数等因素相关。随着土壤水势函数极小值面 z_x 向下迁移,新的单调区间 $(z_x, 0)$ 随之增大,相应的单调性函数段也增长,且单调性保持单调递增型不变。

例如,图 2.14 是物理模拟降水入渗实验的一组土壤水势函数图像,$\psi(z)$ (6-19 8:00) 是 6 月 19 日 8:00,降水实验前的单调递减型土壤水势函数图像。$\psi(z)$ (6-19 11:00) 至 $\psi(z)$ (6-21 20:00) 是降水实验过程,土壤水势函数形成极小值面 z_x 后的不同时刻的土壤水势函数图像,图中标签所示数据是相应时刻的土壤水势函数的极小值和极小值面的位置的具体数值,表明了极小值面形成并向下迁移和极小值随之逐渐增大的基本规律。

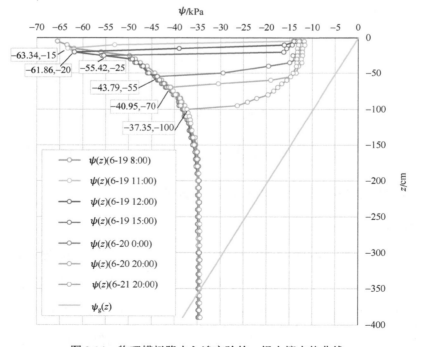

图 2.14　物理模拟降水入渗实验的一组土壤水势曲线

2. 土壤水势函数极小值面在潜水面附近形成迁移演化规律

1）极小值面成因

当非饱和带土壤水势函数呈单调递增型、极大值型或极大-极小值型等情况下，在整个非饱和带土壤剖面或在潜水面以上某一范围内土壤水势梯度$\frac{\partial \psi}{\partial z} > 0$，此时若因某种原因（如潜水井注水或侧向补给潜水等）引起潜水面快速上升时，使潜水面至其上某一位置 z^* 之间的土壤水势梯度方向发生改变，即土壤水势梯度由$\frac{\partial \psi}{\partial z} > 0$变为$\frac{\partial \psi}{\partial z} < 0$，在 z^* 上方的土壤水势梯度仍然保持$\frac{\partial \psi}{\partial z} > 0$。这时的土壤水势梯度方向转折面 z^*，即为新形成的一个土壤水势函数的极小值面z_x，其极小值为$\psi(z_x)$，$(-h_0, z_x)$是新形成的一个单调区间。

2）极小值的递增性

由于在土壤水势函数的极小值面z_x以上和以下的土壤水都向z_x处运移，因此土壤水势极小值面z_x处的土壤水得到其上下双向的补充，引起土壤水势函数的极小值增加，并随着时间的推移而递增。

3）极小值面位置向上迁移演化趋势

潜水面快速上升形成的土壤水势函数的极小值面z_x随着时间的变化向上迁移，迁移速度也逐渐由快变缓。随着极小值面z_x的向上迁移演化，单调区间$(-h_0, z_x)$随之增大，相应的单调性函数段增长，且单调性仍保持单调递减性。

上述分析不难看出，在降水（灌溉）和蒸发的交替作用的过程中可能形成极大值面或极小值面，其迁移方向向下。某些特殊原因引起的潜水水位上升或下降也可形成极大值面或极小值面，其迁移方向向上。但是两种情况都是土壤水势极大值$\psi(z_d)$的数值在逐渐减小，而土壤水势极小值$\psi(z_x)$的数值在逐渐增大。

三、引起土壤水势函数极值面消失原因

1. 降水（灌溉）入渗引起土壤水势函数极大值面的消失

如果在降水（灌溉）之前，土壤剖面上部土壤水势函数已存在一个极大值面z_d，那么发生降水（灌溉）入渗后，就会在土壤表层形成一个土壤水势极小值面z_x，并且逐渐向下迁移，由于土壤水势极小值面之上的土壤水势梯度$\frac{\partial \psi}{\partial z} > 0$，在原土壤水势函数极大值面$z_d$之下土壤水势梯度$\frac{\partial \psi}{\partial z} > 0$，所以当两个不同类型的极值面$z_x$与$z_d$相遇时，在相遇位置之上和之下的土壤水势梯度$\frac{\partial \psi}{\partial z} > 0$，土壤水势极大值面$z_d$和极小值面$z_x$同时消失。

例如，图 2.15 是物理模拟降水实验前后的一组土壤水势函数图像，$\psi(z)$ (8-31 8:00) 是降水之前为极大值型土壤水势函数，函数的极大值 $\psi(z_d) = -28.38(\text{kPa})$，极大值面 $z_d = -55(\text{cm})$，降水之后土壤表层形成极小值型土壤水势函数，并且函数的极小值面向下迁移，如图中土壤水势函数 $\psi(z)$ (8-31 12:00)、$\psi(z)$ (8-31 16:00)，函数的极小值与极小值面如函数的图像标签所示。土壤水势函数的极小值面与原极大值面相遇时两者同时消失，土壤水势函数转化为单调递增型土壤水势函数，如 $\psi(z)$ (9-1 8:00) 以后各时刻的土壤水势函数的图像所示。

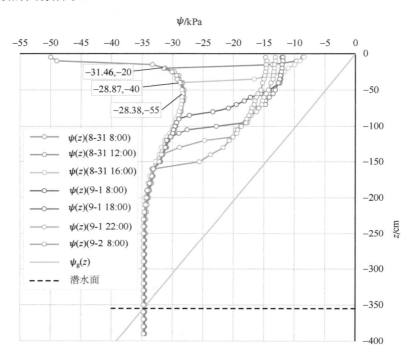

图 2.15　极小值面形成迁移演化过程土壤水势曲线

降水（灌溉）入渗虽然是引起土壤水势函数极大值面 z_d 消失的主要原因，但是并不是每次降水都一定会引起极大值面 z_d 的消失。例如，在潜水深埋条件下，如果先前形成的极大值面 z_{d1} 迁移到较深的位置，这种情况下出现了较小的降水，在土壤表层显然会形成一个土壤水势函数的极小值面 z_x，且向下迁移速度比较缓慢。降水停止后，由于蒸发作用在土壤水势函数极小值面 z_x 的上方，又形成了一个新的土壤水势函数的极大值面 z_{d2} 逐渐向下迁移。如果它的迁移速度比较快，那么可能在极小值面 z_x 与原极大值面 z_{d1} 相遇之前，极大值面 z_{d2} 与极小值面 z_x 先相遇而同时消失，原先的极大值面 z_{d1} 依然存在。

2. 土壤水势函数极大值面与潜水面相遇而消失

当潜水埋深较浅时，往往在降水或灌溉过程或之后，非饱和带土壤水势函数会形成单调递增型，降水或灌溉停止后，因蒸发作用使土壤表层形成一个向下发育的土壤水势

函数的极大值面 z_d，使土壤水势函数由单调递增型转化为极大值型，在土壤水势函数极大值面 z_d 向下迁移演化过程中，若与潜水面相遇时，极大值面 z_d 便立即消失，非饱和带整个土壤剖面的土壤水势梯度 $\dfrac{\partial \psi}{\partial z} < 0$，土壤水势函数转化为单调递减型。

3. 潜水面上升引起土壤水势函数极大值面消失

非饱和带土壤水势函数为极大值型时，在土壤水势函数极大值面 z_d 向下迁移演化过程中，除土壤水入渗补给潜水引起水位上升外，由于某种原因引起潜水位上升，在毛细带形成一个向上迁移演化的土壤水势函数的极小值面 z_x，当其与上部土壤水势函数极大值面 z_d 相遇时，两者同时消失。

从以上土壤水势函数极值面形成迁移演化直至消失的全过程可以看出，土壤水势函数极值面形成演化过程具有连续性，不会出现间断性的跳动或在同一深度位置时有时无。这一规律对研究分析土壤水势资料时判断实验观测数据优劣和识别土壤水势函数极值面的真伪十分重要。

四、非饱和带可能同时存在多个土壤水势函数极值面

在潜水深埋条件下，一个土壤剖面上有时存在多个土壤水势函数极值面，并且是极大值面和极小值面相间分布的。土壤水势函数极大值面 z_d 和极小值面 z_x 的形成不可能同时发生，但是在土壤水势函数极大值面 z_d 和极小值面 z_x 发育迁移演化过程中，如果发生极大值面 z_d 和极小值面 z_x 相遇的情况，必然同时消失。每个土壤水势函数极值面（极大值面或极小值面）的形成迁移演化过程必然保持着连续动态性的特征。

土壤剖面上同时存在多个土壤水势极值面的情况下，土壤水势极值面的消失往往是极大值面 z_d 和极小值面 z_x 相遇时两者同时消失，或者与潜水面相遇而消失。一般情况下，在一个土壤剖面上同时存在四个以上的土壤水势极值面并不多见，而且一个土壤剖面上土壤水势函数维持多个极值面的时间不会很长，这一点从上述土壤水势函数极值面的形成演化规律很容易理解。

但是在实际实验研究工作中，常常因为某支或多支负压计的工作失常或读数错误等原因，造成土壤水势观测资料失真，使绘制的土壤剖面的土壤水势函数图也会出现许许多多不符合极值面形成迁移演化规律的假"极值面"，而且这些假"极大值面"和假"极小值面"也是相间存在的。在对土壤水势函数极值面形成演化规律缺乏深刻认识的情况下，就会误认为是在一个土壤剖面上出现了多个土壤水势函数极值面，结果对土壤水势函数的分析出现严重误判，对土壤水运移也就无法正确认识。

五、土壤水势函数极大值面迁移演化深度

在土壤表层形成的土壤水势函数极大值面 z_d，其向下迁移过程受蒸发（蒸腾）能力和土壤向上输水能力等因素的制约。在潜水浅埋条件下，土壤水势函数极大值面在向下迁移演化过

程中，若与潜水面相遇时即刻消失，显然潜水埋深就是极大值面 z_d 向下迁移演化达到的最大深度。

在潜水深埋条件下，极大值面 z_d 并不是无止境向下迁移演化，而是迁移演化速率由快变缓，极大值面逐渐趋于某一稳定深度。例如，室内外实(试)验表明，由于室内蒸发作用小，土壤(轻亚砂土)向上输水能力较差，极大值面向下迁移的最大深度较浅(图2.16)。室外试验田由于蒸发(蒸腾)作用较强，土壤(黏土)向上输水能力较强，因此极大值面向下迁移演化深度，远大于室内模拟实验的情况，田间裸地与作物种植区也有差异(图2.17和图2.18)。

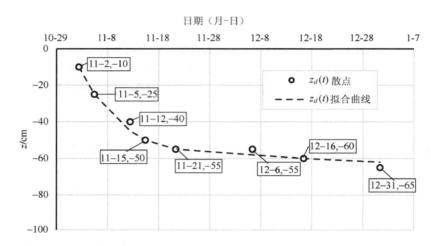

图2.16 大型物理模拟土壤水势极大值面迁移演化深度过程线

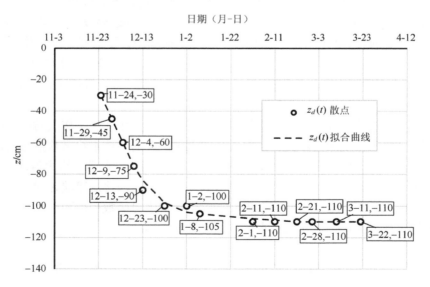

图2.17 石家庄裸地土壤水势极大值面迁移演化深度过程线

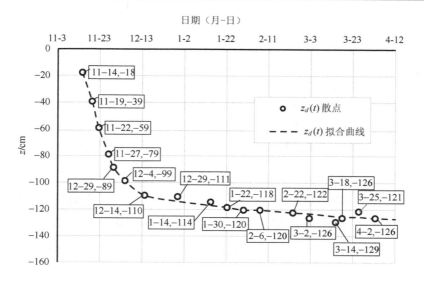

图 2.18　石家庄小麦田土壤水势极大值面迁移演化深度过程线

六、极大值面 z_d 的存在期

极大值面 z_d 的存在期与土壤结构、气象条件、潜水埋深、植被、农田管理等因素有关。大量室内外实验研究表明，在潜水深埋的干旱半干旱气象条件下，非饱和带在一年内有可能在较长时间存在着极大值型土壤水势函数，只有在降水(灌溉)量较大或降水比较频繁的时期，会因极大值面消失而出现间断的情况。在其他条件相同的情况下，一般黏土比砂土更有利于极大值面的形成迁移演化。

石家庄试验场田间观测资料表明，每年的 4 月至 12 月在玉米田的土壤剖面上一直有土壤水势极大值面存在。从 4 月到 8 月(玉米成熟期)，土壤水势极大值面 z_{d1} 由 60 cm 迁移演化至 220 cm 深度位置。8 月份在 220 cm 处的极大值面 z_{d1} 消失之前(即 z_{d1} 上方的土壤水势极小值面与之相遇之前)，在土壤剖面上部形成一个新的土壤水势极大值面 z_{d2} 并已迁移至 40 cm 深度，至 12 月初迁移演化到 160 cm 的深度位置，并且玉米从幼苗期到成熟期极大值面始终位于玉米的根系带以下。

但是在潜水浅埋的盐渍化地区，即使在干旱半干旱的气象条件下，土壤水势函数极大值面的存在期也是十分短暂的。

七、土壤水势函数极值面与零通量面的关系

零通量面(zero flux plane，ZFP；通常把它近似地作为一个平面处理)，是指非饱和带任一深度的土壤水分通量由达西定律 $q = -k(\theta)\dfrac{\partial \psi}{\partial z}$ 给出，当某一位置的土壤水势梯度 $\dfrac{\partial \psi}{\partial z} = 0$ 时，该处的土壤水分通量 $q = 0$，称此点为零通量点，由零通量点构成的面称为零

通量面，ZFP 的位置记作 z_0。

零通量面 ZFP 分两种类型，即发散型零通量面 DZFP（divergent zero flux plane）和收敛型零通量面 CZFP（convergent zero flux plane）（荆恩春等，1994）。

在前面已介绍土壤水势函数的极值面，土壤水势函数的极值面（极大值面或极小值面）是相邻不同单调性区间之间的分界面，极值面（极大值面或极小值面）之上下的土壤水势函数的单调性方向相反，土壤水势梯度下正上负为极大值面，下负上正为极小值面。土壤水势函数的极值面与零通量面 ZFP 既有相同之处，又有相异之处。

当土壤水势函数极值面处导数存在时，则必然有 $\dfrac{\partial \psi}{\partial z}=0$，即该处的土壤水运移通量 $q=0$。这时土壤水势函数的极值面与零通量面 ZFP 的定义一致。例如图 2.19 中 $\psi(z)$（6-27 7:00）的土壤水势函数图像的极大值面（驻点）所示，根据非饱和土壤水达西定律 $q=-k(\theta)\dfrac{\partial \psi}{\partial z}$，极值面处的土壤水分通量 $q=0$，此时土壤水势函数的极值面和零通量面 ZFP 完全一致。可见零通量面实质上是导数为 0 的极值面。

当土壤水势函数的极值面处导数不存在（如尖点）时，如图 2.19 中 $\psi(z)$（6-19 12:00）的土壤水势函数图中极小值面（尖点）数据标签所示。由于该极小值面处的导数不存在，因此土壤水分通量不能直接应用达西定律公式计算，很显然，该极小值面不符合上述用达西定律定义的零通量面 ZFP。这是土壤水势函数极值面和零通量面 ZFP 的相异之处。

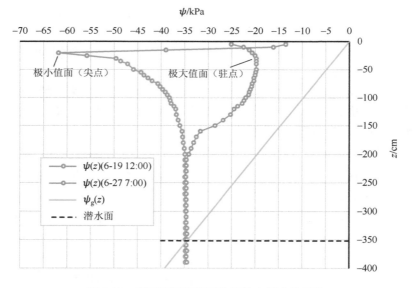

图 2.19　实测不同极值面类型的土壤水势函数

但是从另一角度分析，由于土壤水势函数的极值面是土壤水势函数的不同单调性区间之间的分界面，并且在极值面之上和之下的土壤水势函数的单调性方向相反，因此土壤水势函数极值面处上下之间土壤水的渗流方向相反，土壤水势函数极值面处上方的土壤水不能渗流到其下方，同样其下方的土壤水也不能渗流到其上方。因此虽然土壤水势函数极值面处的导数不存在，但是对研究该处的土壤水通量而言，实际上极值面处也可理解为具有土壤水分通量 q 为 0 的性质，此时该极值面可以理解为广义零通量面。

在实际的科学实验研究工作中，非饱和带土壤水势函数的散点图有时采用光滑曲线进行拟合处理，经过这样处理后，土壤剖面的土壤水势函数就成为处处可导的连续函数，自然所有极值面处都具有导数 $\frac{\partial \psi}{\partial z} = 0$，根据非饱和土壤水达西定律，极值面处的土壤水分通量 $q = 0$，所以土壤水势函数的极值面具有零通量面的特征。

土壤水势函数的极大值面 z_d 和极小值面 z_x 分别与发散型零通量面 DZFP 和收敛型零通量面 CZFP 相互对应。

上述分析表明，零通量面 ZFP 本质上是土壤水势函数的极值面，零通量面方法的应用实质是应用了土壤水势函数极值面的一个重要性质。零通量面土壤水运移通量法实质上就是以土壤水势函数极值面为已知边界的土壤水运移通量法。以往零通量面和零通量面法的许多成果，如零通量面预测潜水上渗损耗极限深度、零通量面法原位测定非饱和土壤导水率等（荆恩春，1994），实质上也都可以理解为极大值面和极大值面通量法的外延研究结果。土壤水势函数的极值面（极大值面或极小值面）有严密的数学理论依据，它对土壤水势函数动态分段单调性理论研究和应用具有重要的理论意义和应用价值。特别是分析研究非饱和带土壤水势函数类型和动态演化规律、土壤水渗流状态和动态演化规律、入渗和蒸发条件下土壤水运移、土壤水盐运移机理和动态调控、季节性冻土条件下土壤水运移、原位测定基本参数等许多方面有很好的应用效果。因此，为了全书内容论述的连贯性，书中对于采用"零通量面或零通量面法"和"极值面或极值面法"均可的地方，均采用后者。

第四节　土壤水势函数的动态分段单调性及其动态转化规律

一、土壤水势函数的动态分段单调性

非饱和带土壤水势函数极大值面和极小值面形成迁移演化规律表明，非饱和带土壤水势函数的极大值面 z_d、极小值面 z_x 和潜水面都是时间的函数，分别记作 $z_d(t)$ 和 $z_x(t)$ 和 $-h_0(t)$。在动态条件下，由于土壤水势函数极大值面 $z_d(t)$、极小值面 $z_x(t)$、潜水面 $-h_0(t)$ 都是随着时间动态变化的，必然引起土壤水势函数的单调区间的大小、位置和相应的单调性函数段发生动态变化。因此，非饱和带土壤水势函数不仅是分段单调性函数，而且是随时间变化的分段单调性函数，故称为动态分段单调性函数。

非饱和带土壤水势动态分段单调性函数的分类，与稳态条件下土壤水势函数分类一致，但是函数的定义域和值域均具有动态演化特征。

为了更好地描述土壤水势函数的动态分段单调性的规律，非饱和带土壤水势函数的定义域改写为 $[-h_0(t), 0]$。非饱和带常见的 8 种土壤水势函数基本类型，可以改写为相应的动态分段单调性函数形式。

(1) 单调递增型土壤水势动态分段单调性函数

$$\psi(z,t)=\begin{cases}\psi\left(-h_0(t),t\right) & & z=-h_0(t)\\ \psi(z,t) & \dfrac{\partial\psi}{\partial z}>0 & -h_0(t)<z<0\\ \psi(0,t) & & z=0\end{cases} \tag{2.14}$$

(2) 单调递减型土壤水势动态分段单调性函数

$$\psi(z,t)=\begin{cases}\psi\left(-h_0(t),t\right) & & z=-h_0(t)\\ \psi(z,t) & \dfrac{\partial\psi}{\partial z}<0 & -h_0(t)<z<0\\ \psi(0,t) & & z=0\end{cases} \tag{2.15}$$

(3) 极大值型土壤水势动态分段单调性函数

$$\psi(z,t)=\begin{cases}\psi\left(-h_0(t),t\right) & & z=-h_0(t)\\ \psi_1(z,t) & \dfrac{\partial\psi}{\partial z}>0 & -h_0(t)<z<z_d(t)\\ \psi\left(z_d(t),t\right) & & z=z_d(t)\\ \psi_2(z,t) & \dfrac{\partial\psi}{\partial z}<0 & z_d(t)<z<0\\ \psi(0,t) & & z=0\end{cases} \tag{2.16}$$

(4) 极小值型土壤水势动态分段单调性函数

$$\psi(z,t)=\begin{cases}\psi\left(-h_0(t),t\right) & & z=-h_0(t)\\ \psi_1(z,t) & \dfrac{\partial\psi}{\partial z}<0 & -h_0(t)<z<z_x(t)\\ \psi\left(z_x(t),t\right) & & z=z_x(t)\\ \psi_2(z,t) & \dfrac{\partial\psi}{\partial z}>0 & z_x(t)<z<0\\ \psi(0,t) & & z=0\end{cases} \tag{2.17}$$

(5) 极大-极小值型土壤水势动态分段单调性函数

$$\psi(z,t)=\begin{cases}\psi\left(-h_0(t),t\right) & & z=-h_0(t)\\ \psi_1(z,t) & \dfrac{\partial\psi}{\partial z}>0 & -h_0(t)<z<z_d(t)\\ \psi\left(z_d(t),t\right) & & z=z_d(t)\\ \psi_2(z,t) & \dfrac{\partial\psi}{\partial z}<0 & z_d(t)<z<z_x(t)\\ \psi\left(z_x(t),t\right) & & z=z_x(t)\\ \psi_3(z,t) & \dfrac{\partial\psi}{\partial z}>0 & z_x(t)<z<0\\ \psi(0,t) & & z=0\end{cases} \tag{2.18}$$

(6) 极小-极大值型土壤水势动态分段单调性函数

$$\psi(z,t)=\begin{cases} \psi\left(-h_0(t),t\right) & & z=-h_0(t) \\ \psi_1(z,t) & \dfrac{\partial\psi}{\partial z}<0 & -h_0(t)<z<z_x(t) \\ \psi\left(z_x(t),t\right) & & z=z_x(t) \\ \psi_2(z,t) & \dfrac{\partial\psi}{\partial z}>0 & z_x(t)<z<z_d(t) \\ \psi\left(z_d(t),t\right) & & z=z_d(t) \\ \psi_3(z,t) & \dfrac{\partial\psi}{\partial z}<0 & z_d(t)<z<0 \\ \psi(0,t) & & z=0 \end{cases} \quad (2.19)$$

(7) 双极大值型土壤水势动态分段单调性函数

$$\psi(z,t)=\begin{cases} \psi\left(-h_0(t),t\right) & & z=-h_0(t) \\ \psi_1(z,t) & \dfrac{\partial\psi}{\partial z}>0 & -h_0(t)<z<z_{d1}(t) \\ \psi\left(z_{d1}(t)\right) & & z=z_{d1}(t) \\ \psi_2(z,t) & \dfrac{\partial\psi}{\partial z}<0 & z_{d1}(t)<z<z_x(t) \\ \psi\left(z_x(t),t\right) & & z=z_x(t) \\ \psi_3(z,t) & \dfrac{\partial\psi}{\partial z}>0 & z_x(t)<z<z_{d2}(t) \\ \psi\left(z_{d2}(t),t\right) & & z=z_{d2}(t) \\ \psi_4(z,t) & \dfrac{\partial\psi}{\partial z}<0 & z_{d2}(t)<z<0 \\ \psi(0,t) & & z=0 \end{cases} \quad (2.20)$$

(8) 双极小值型土壤水势动态分段单调性函数

$$\psi(z,t)=\begin{cases} \psi\left(-h_0(t),t\right) & & z=-h_0(t) \\ \psi_1(z,t) & \dfrac{\partial\psi}{\partial z}<0 & (-h_0(t)<z<z_{x1}(t)) \\ \psi\left(z_{x1}(t),t\right) & & z=z_{x1}(t) \\ \psi_2(z,t) & \dfrac{\partial\psi}{\partial z}>0 & (z_{x1}(t)<z<z_d(t)) \\ \psi\left(z_d(t),t\right) & & z=z_d(t) \\ \psi_3(z,t) & \dfrac{\partial\psi}{\partial z}<0 & (z_d(t)<z<z_{x2}(t)) \\ \psi\left(z_{x2}(t),t\right) & & z=z_{x2}(t) \\ \psi_4(z,t) & \dfrac{\partial\psi}{\partial z}>0 & (z_{x2}(t)<z<0) \\ \psi(0,t) & & z=0 \end{cases} \quad (2.21)$$

二、土壤水势函数类型的动态转化规律

根据土壤水势函数极值面形成、迁移、消失等过程的动态演化规律，可导出以下规律。

(1)土壤表层新的极大值面 $z_d(t)$ 的形成，伴生一个新的单调区间 $(z_d(t), 0)$ 和相应新的单调性函数段，函数段的单调性一定是单调递减性的，并且在 $z_d(t)$ 迁移演化过程中，单调区间 $(z_d(t), 0)$ 上的函数段的单调性保持不变。

(2)土壤表层新的极小值面 $z_x(t)$ 的形成，伴生一个新的单调区间 $(z_x(t), 0)$ 和相应的新的单调性函数段，函数段的单调性一定是单调递增性的，并且在 $z_x(t)$ 迁移演化过程中，单调区间 $(z_x(t), 0)$ 上的函数段的单调性保持不变。

(3)近潜水面处新的极大值面 $z_d(t)$ 的形成，伴生一个新的单调区间 $(-h_0(t), z_d(t))$ 和相应的新的单调性函数段，函数段的单调性一定是单调递增性的，在 $z_d(t)$ 迁移演化过程中，单调区间 $(-h_0(t), z_d(t))$ 上的函数段的单调性保持不变。

(4)近潜水面处新的极小值面 $z_x(t)$ 的形成，伴生一个新的单调区间 $(-h_0(t), z_x(t))$ 和相应的新的单调性函数段，函数段的单调性一定是单调递减性的，在 $z_x(t)$ 迁移演化过程中，单调区间 $(-h_0(t), z_x(t))$ 上的函数段的单调性保持不变。

(5)当极大值面 $z_d(t)$ 迁移过程中与潜水面相遇消失时，引起单调区间 $(-h_0(t), z_d(t))$ 和相应的单调性函数段一起消失，原极大值面 $z_d(t)$ 上方的单调递减性函数段定义域的下界面扩展至潜水面。

(6)当极小值面 $z_x(t)$ 迁移过程中与潜水面相遇消失时，引起单调区间 $(-h_0(t), z_x(t))$ 和相应的单调性函数段一起消失，原极小值面 $z_x(t)$ 上方的单调递增性函数段定义域的下界面扩展至潜水面。

(7)当极大值面 $z_d(t)$ 与下方极小值面 $z_x(t)$ 相遇而同时消失时，引起单调区间 $(z_x(t), z_d(t))$ 和相应的单调性函数段一起消失，同时原极大值面 $z_d(t)$ 及其以上的单调区间与原极小值面 $z_x(t)$ 及其以下的单调区间合并为一个新单调区间，相应的新单调性函数段呈单调递减性。

(8)当极大值面 $z_d(t)$ 与上方极小值面 $z_x(t)$ 相遇而同时消失时，引起单调区间 $(z_d(t), z_x(t))$ 和相应的单调性函数段一起消失，同时原极大值面 $z_d(t)$ 及其以下的单调区间与原极小值面 $z_x(t)$ 及其以上的单调区间合并为一个新单调区间，相应的新单调性函数段呈单调递增性。

上述理论分析不仅表明前述非饱和带土壤水势函数是分段单调性函数，而且是动态分段单调性函数。在动态条件下，动态分段单调性函数有新的极值面形成，或者极值面与潜水面相遇而消失，或相邻两个极值面相遇而同时消失时，都会引起土壤水势函数的单调性区间的增加或减少，相应的单调性分段数也因此而增加或减少，其结果是引起土壤水势动态分段单调性函数的动态演化或土壤水势函数类型的动态转化。关于土壤水势函数类型的动态转化，还将在第三章中结合土壤水渗流状态基本类型的动态演化进一步论述。

三、土壤水势函数的动态识别

在非饱和带土壤剖面水势分布资料的分析工作中，根据土壤水势函数的极值面形成、迁移、消失的动态演化规律，可以作为鉴别土壤水势函数极值和极值面真伪、识别土壤水势分布观测资料质量可靠性的理论依据。

开展与土壤水运移相关的研究工作中，土壤剖面土壤水势分布的监测非常重要，除需要根据实际情况选择仪器、合理布局、确保安装质量和认真调试外，维持负压计监测系统的正常运行和保证观测资料质量是十分重要的。但是在实际工作中，往往土壤水势观测资料存在较大的问题，直接影响分析研究工作的质量。因此，应用土壤水势函数的极值面形成、迁移、消失的动态演化规律的理论知识，及时鉴别土壤水势资料质量非常重要。若土壤水势分布资料观测工作中存在较大问题，如土壤水势监测系统运行出现不正常状态，应及时查明原因，并采取有效措施加以解决，使后续土壤水势分布资料的观测工作恢复正常，保证土壤水势监测资料的精确性和可靠性，充分反映土壤剖面土壤水势分布的真实性。

第五节　土壤水势函数动态分段单调性理论及意义

本书以整个非饱和带土壤水分运移作为研究对象，田间非饱和带土壤水分运移可近似为一维垂向的流动（雷志栋等，1988），非饱和带土壤水势分布是深度 z 的连续函数（荆恩春等，1994）。在非饱和带土壤剖面上，各个点的土壤水势集合称为非饱和带一维土壤水势场，反映了土壤水势的时空分布。稳态条件下的土壤水势函数表达式为

$$\psi(z) = \psi_m(z) + \psi_g(z) \tag{2.22}$$

非稳态条件下的土壤水势函数表达式为

$$\psi(z,t) = \psi_m(z,t) + \psi_g(z) \tag{2.23}$$

土壤水势函数动态分段单调性理论涵盖了以下基本内容。

稳态条件下：

（1）非饱和带土壤水势函数具有分段单调性。土壤水势函数是一个分段单调性函数，单调性函数段数等于极值面总数 $n+1$，分段面为极值面（极大值面或极小值面）；

（2）由土壤水势函数的极值理论和土壤水势函数分段单调性的理论分析归纳，非饱和带土壤水势函数分为 4 大类型，并细化为 9 种（常见 8 种）基本类型。

非稳态条件下：

（1）非饱和带土壤水势函数极值面的形成、迁移和消失具有以下动态演化规律：① 土壤水势函数极值面有两种成因和两种迁移演化趋势。若土壤水势函数极值面 $z_d(t)$ 或 $z_x(t)$ 在近地面处形成，则迁移演化趋势向下。若土壤水势函数极值面 $[z_d(t)$ 或 $z_x(t)]$ 在近潜水面处形成，则迁移演化趋势向上。② 土壤水势函数在动态演化过程中，土壤水势函数的极大值 $\psi(z_d(t))$，具有随时间变化递减特性，土壤水势函数的极小值 $\psi(z_x(t))$，具有随时间变化递增特性。③ 土壤水势函数极值面 $z_d(t)$ 或 $z_x(t)$，在动态演化过程中与潜水面相遇时消失，

极大值面 $z_d(t)$ 和极小值面 $z_x(t)$ 两者相遇时同时消失。④ 非饱和带土壤水势函数可能没有或同时存在有限个动态迁移演化的极值面，若存在 2 个及以上的动态迁移演化极值面时，则极大值面 $z_d(t)$ 和极小值面 $z_x(t)$ 在剖面上呈动态间隔分布。

(2) 由土壤水势函数分段单调性和土壤水势函数极值面的动态演化理论可知，非饱和带土壤水势函数遵循动态分段单调性规律，它是一个动态分段单调性函数。单调性函数段及其对应的单调区间、极值面（$z_d(t)$ 或 $z_x(t)$）和潜水面（$-h_0(t)$）均随时间发生连续动态演化。

(3) 非饱和带土壤水势动态分段单调性函数的分类，与稳态条件下土壤水势函数分类一致，但是函数的定义域和值域均具有连续动态演化的特征。

(4) 极大值面 $z_d(t)$、极小值面 $z_x(t)$ 的形成或消失的动态演化过程，必然引起土壤水势动态分段单调性函数类型的动态转化。

(5) 土壤水势函数的极值面具有通量为零的性质，零通量面 ZFP 的本质是土壤水势函数的极值面，零通量面法实质上就是极大值面通量法。

土壤水势函数动态分段单调性理论，全面系统地揭示了非饱和带一维垂向土壤水势场的土壤水势函数形式、土壤水势函数的类型和土壤水势函数动态演化等内在规律，大大拓展了应用能量观点研究非饱和带土壤水运移机理的深度和广度，对土壤水学科的发展有理论意义和应用价值。

土壤水势函数动态分段单调性理论有助于推进达西定律和质量守恒原理在非饱和带直接应用，如原位测定与应用非饱和土壤导水率、给水度、潜水上渗损耗极限深度（潜水蒸发极限深度）等参数的研究。特别是极大值面通量法（或 ZFP）、定位通量法、纠偏通量法等土壤水分通量法的拓展和深化研究，为非饱和带土壤水分运移的定量分析提供了重要手段。

随着非饱和带土壤水监测技术方法不断创新和进步，土壤水势函数动态分段单调性理论在农田或各种试验场（点）开展与非饱和带土壤水运移、土壤水溶质运移、土壤水汽运移等许多相关领域的研究可望有很好的应用前景。

第三章　土壤水渗流动态分带单向性理论

非饱和带土壤水是自然界水文循环系统的一个重要组成部分，也是大气-作物-土壤-地下水的物质能量传输系统的一个重要环节。降水或灌溉入渗、土壤蒸发和作物蒸腾、地下水的补耗和动态变化、土壤结构与性质、气象因素以及人为因素等的影响下，非饱和带土壤水的形成、运移、储蓄和相互转化处于一个不断动态演化的连续过程中，土壤水运移动态变化非常复杂。通常田间非饱和带土壤水运移近似看作一维垂向运移，即使是最简单的降水或灌溉过程，土壤水在非饱和带的运移也并不一定是单一向下的，潜水也未必处于入渗补给状态，在非饱和带内土壤水可能存在双向渗流。因此，深入探索研究非饱和带的土壤水渗流动态演化规律，及其与土壤水势函数动态演化规律之间的内在关系，同样是非饱和带土壤水运移基础研究的一项重要内容。本章将介绍近年来作者对此方面理论探索研究的主要进展。

为了论述方便，本书将降水或灌溉水进入地表向下运移称为入渗或下渗，土壤水向下运移补给潜水也称为潜水入渗补给或下渗。土壤水向上运移称为上渗，土壤水向上运移至地表层补充土壤水的蒸发损耗也称为蒸发，土壤水由潜水面向上运移称为潜水上渗或上渗。

第一节　土壤水渗流基本状态

土壤水渗流状态是由非饱和带土壤水势函数 $\psi(z)$ 或习惯上称为土壤水势分布决定的，根据非饱和土壤水流达西定律，前面所述土壤剖面的土壤水势函数常见的 8 种基本类型，可以导出相应的 8 种土壤水渗流基本状态。

一、入渗型土壤水渗流状态

在非饱和带全剖面上的土壤水势函数呈单调递增型，土壤水势梯度具有

$$\frac{\partial \psi}{\partial z} > 0$$

根据非饱和土壤水流达西定律，土壤水分通量 $q(z) < 0$，非饱和带土壤水分呈持续向下运移补给潜水的状态。入渗型土壤水渗流状态也称为下渗型土壤水渗流状态。它又分为以下两种情况。

1. 饱和-非饱和入渗型土壤水渗流状态

当降水（灌溉）强度大于等于土壤表层土壤的入渗能力时，地表形成积水，在地表至某一深度 z^* 的范围内土壤水达到了饱和状态，土壤水的基质势 $\psi_m(z) = 0$，此时，土壤水的压力势 $\psi_p(z) > 0$，因此土壤水势函数的组成为

$$\psi(z) = \psi_p(z) + \psi_g(z)$$

土壤水势函数和土壤水势梯度分别有以下特征：

$$\psi(z) > \psi_g(z)$$

和

$$\frac{\partial \psi}{\partial z} > 0$$

因此 $q(z) < 0$，土壤水分通量向下，在区间 $(z^*, 0)$，土壤水呈饱和入渗状态。

在 z^* 处有 $\psi_m(z^*) = 0$ 和 $\psi_p(z^*) = 0$，在 $(-h_0, z^*)$ 区间，即在 z^* 至潜水面之间，$\psi_m(z) < 0$，土壤水处于非饱和状态，土壤水势函数的组成为

$$\psi(z) = \psi_m(z) + \psi_g(z)$$

土壤水势函数和土壤水势梯度分别有以下特征：

$$\psi(z) < \psi_g(z)$$

和

$$\frac{\partial \psi}{\partial z} > 0$$

因此 $q(z) < 0$，土壤水分通量向下，在区间 $[-h_0, z^*)$ 土壤水渗流状态呈非饱和入渗状态。在 z^* 处土壤水由饱和入渗状态转变为非饱和入渗状态。此类土壤水渗流状态称为饱和-非饱和入渗型。

大的降水、农田积水灌溉、河流、灌渠、水稻田、水池等常常会出现饱和-非饱和入渗型土壤水渗流状态。它是土壤水下渗补给潜水的重要形式之一。

例如，图 3.1 给出了实测土壤水饱和-非饱和入渗型土壤水渗流状态的土壤水势、重力势、基质势、压力势的分布和相互关系。

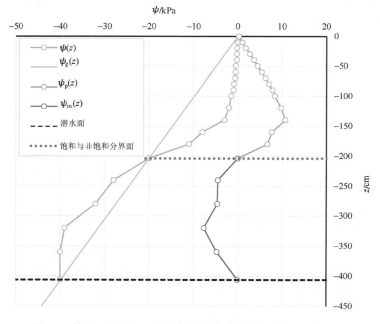

图 3.1　饱和-非饱和入渗型土壤水渗流状态相应的水势分布

图3.2给出了饱和-非饱和入渗型的土壤水渗流状态与相应的非饱和带土壤水势函数（分布）。

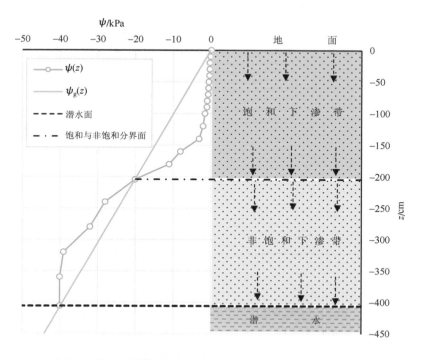

图 3.2 饱和-非饱和入渗型土壤水渗流状态与相应水势分布

2. 非饱和入渗型土壤水渗流状态

在非饱和带土壤剖面上，土壤水势函数具有以下特征：

$$\psi(z) < \psi_g(z)$$

和

$$\frac{\partial \psi}{\partial z} > 0$$

以及

$$q(z) < 0$$

土壤水势函数呈单调递增型，相应的土壤水渗流状态呈非饱和入渗型，非饱和带全剖面为一个完整的下渗带（如图 3.3 所示）。它是农田有较大的降水或灌溉过程可能出现的一种土壤水渗流状态。

在入渗型土壤水渗流状态下，潜水可以获得土壤水的入渗补给，是土壤水向潜水转化的主要方式之一，对土壤水资源的形成、分布、存储和地下水资源形成等具有重要意义。

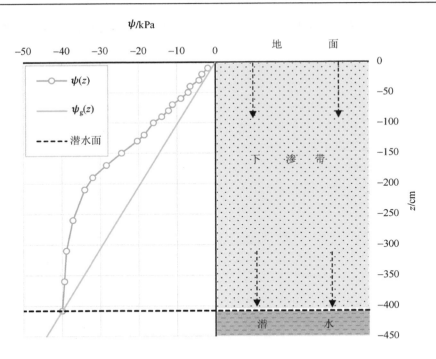

图 3.3　非饱和入渗型土壤水渗流状态与相应水势分布

二、蒸发型土壤水渗流状态

在非饱和带整个土壤剖面上土壤水势函数呈单调递减型，土壤水势梯度和土壤水分通量分别具有以下特征：

$$\frac{\partial \psi}{\partial z} < 0$$

和

$$q(z) > 0$$

因此土壤水向上运移，此类土壤水渗流状态称为蒸发型（或上渗型），如图 3.4 所示。

蒸发型土壤水运移，包括两个过程：一是土壤水向大气水转化过程，由土面蒸发或作物蒸腾，土壤水通过土面或植物叶面汽化向大气扩散损耗（即土壤水蒸散）；二是潜水向土壤水转化过程，由潜水上渗补充土壤水的损耗（习惯上也称"潜水蒸发"）。

蒸发型土壤水渗流状态，是干旱半干旱地区的潜水浅埋区土壤水运移的主要形式之一。虽然由于灌溉或降水常常会引起土壤水渗流状态的类型发生转化，但是因蒸发作用，土壤水渗流状态经常会很快又转化为蒸发型。

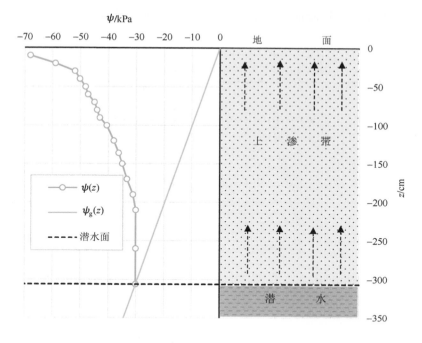

图 3.4　蒸发型土壤水渗流状态与相应水势分布

三、蒸发-入渗型土壤水渗流状态

在非饱和带土壤剖面上，土壤水势函数呈极大值型，z_d 为极大值面，土壤水势梯度和土壤水分通量具有以下特征：

$$q(z) \begin{cases} > 0 & \dfrac{\partial \psi}{\partial z} < 0 & 0 > z > z_d \\ = 0 & & z = z_d \\ < 0 & \dfrac{\partial \psi}{\partial z} > 0 & z_d > z > -h_0 \end{cases} \qquad (3.1)$$

在蒸发作用下，土壤水势函数的极大值面 z_d 至地表（$z = 0$）之间，土壤水渗流状态具有蒸发型特征，土壤水向上运移。在极大值面 z_d 至潜水面（$-h_0$）之间，土壤水渗流状态具有入渗型特征，土壤水向下运移形成潜水入渗补给。

土壤水势函数的极大值面是土壤水运移方向的转折面，将非饱和带分为上、下两个渗流带（如图 3.5 所示）。此类土壤水渗流状态称为蒸发-入渗型或上渗-下渗型。

蒸发-入渗型是潜水深埋区（如潜水埋深大于潜水上渗损耗极限深度）的一种主要土壤水渗流状态，形成蒸发-入渗型土壤水渗流状态的原因是蒸发和入渗综合作用的结果。在潜水浅埋区（如潜水埋深小于潜水上渗损耗极限深度），同样可以形成蒸发-入渗型土壤水渗流状态，但是它不会是土壤水渗流状态的主要形式。因为其存在期比较短，往往是一种土壤水渗流状态的过渡形式，在蒸发作用下土壤水渗流状态很容易转化为蒸发型。

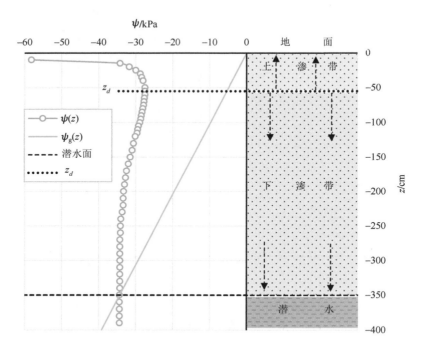

图 3.5　蒸发-入渗型土壤水渗流状态与相应水势分布

四、入渗-上渗型土壤水渗流状态

在非饱和带土壤剖面上，土壤水势函数呈极小值型，z_x 为极小值面，土壤水势梯度和土壤水分通量具有以下特征：

$$q\,(z) \begin{cases} < 0 & \dfrac{\partial \psi}{\partial z} > 0 & 0 > z > z_x \\ = 0 & & z = z_x \\ > 0 & \dfrac{\partial \psi}{\partial z} < 0 & z_x > z > -h_0 \end{cases} \tag{3.2}$$

在降水或灌溉作用下，土壤水势函数在极小值面 z_x 至地面之间，土壤水渗流状态具有入渗型特征，土壤水向下运移。在极小值面 z_x 至潜水面（$-h_0$）之间，土壤水向上渗流，形成潜水上渗损耗。

土壤水势函数的极小值面 z_x 是土壤水运移方向的转折面，将非饱和带分为两个渗流带，即下渗带和上渗带（如图 3.6 所示）。此类土壤水渗流状态称为入渗-上渗型（或下渗-上渗型）。

此土壤水渗流状态，在潜水浅埋区（潜水埋深小于潜水上渗损耗极限深度），是常见的一种土壤水渗流形式。但是在潜水埋深大于潜水上渗损耗极限深度的条件下，不会出现此型土壤水渗流状态。

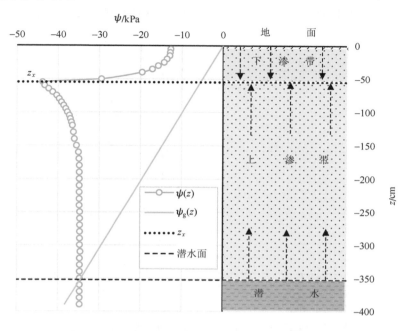

图3.6　入渗-上渗型土壤水渗流状态与相应水势分布

五、蒸发-下渗-上渗型土壤水渗流状态

在非饱和带土壤剖面上，土壤水势函数呈极小-极大值型，z_x 是极小值面，z_d 为极大值面。土壤水势梯度和土壤水分通量具有以下特征：

$$q(z)\begin{cases} >0 & \dfrac{\partial\psi}{\partial z}<0 & 0>z>z_d \\[4pt] =0 & & z=z_d \\[4pt] <0 & \dfrac{\partial\psi}{\partial z}>0 & z_d>z>z_x \\[4pt] =0 & & z=z_x \\[4pt] >0 & \dfrac{\partial\psi}{\partial z}<0 & z_x>z>-h_0 \end{cases} \tag{3.3}$$

在土壤水势函数极大值面 z_d 与地面 $(z=0)$ 之间，土壤水渗流方向向上，土壤水向上运移。土壤水势函数极大值面 z_d 与极小值面 z_x 之间，土壤水向下运移。在极小值面 z_x 与潜水面 $(-h_0)$ 之间，土壤水向上运移。

土壤水势函数极大值面 z_d 和极小值面 z_x 是土壤水运移方向的转折面，将非饱和带分为 3 个渗流带，即 2 个上渗带、1 个下渗带（如图 3.7 所示）。此类土壤水渗流状态称为蒸发-下渗-上渗型（或上渗-下渗-上渗型）。

此类型土壤水渗流状态是潜水浅埋区常见的一种土壤水渗流形式。但是在潜水埋深大于潜水上渗损耗极限深度的条件下，不会出现此类型土壤水渗流状态。

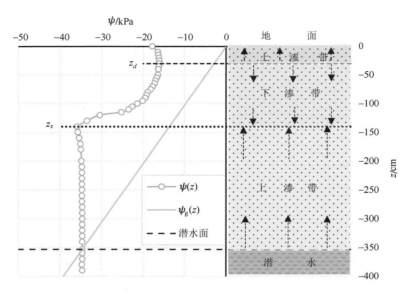

图 3.7　蒸发-下渗-上渗型土壤水渗流状态与相应水势分布

六、入渗-上渗-入渗型土壤水渗流状态

在非饱和带土壤剖面上呈极大-极小值型土壤水势函数，z_d 为极大值面，z_x 是极小值面。土壤水势梯度和土壤水分通量具有以下特征：

$$q(z)\begin{cases} <0 & \dfrac{\partial \psi}{\partial z}>0 & 0>z>z_x \\[2mm] =0 & & z=z_x \\[2mm] >0 & \dfrac{\partial \psi}{\partial z}<0 & z_x>z>z_d \\[2mm] =0 & & z=z_d \\[2mm] <0 & \dfrac{\partial \psi}{\partial z}>0 & z_d>z>-h_0 \end{cases} \tag{3.4}$$

在土壤水势函数极小值面 z_x 与地面($z=0$)之间，土壤水渗流状态具有入渗型特征，土壤水向下运移。土壤水势函数极小值面 z_x 与极大值面 z_d 之间，土壤水向上运移。在极大值面 z_d 与潜水面($-h_0$)之间，土壤水向下运移。

土壤水势函数极大值面 z_d 和极小值面 z_x 是土壤水运移方向的转折面，将非饱和带的分为 3 个渗流带，即 2 个下渗带和 1 个上渗带(如图 3.8 所示)。此类土壤水渗流状态称为下渗-上渗-下渗型或入渗-上渗-入渗型。

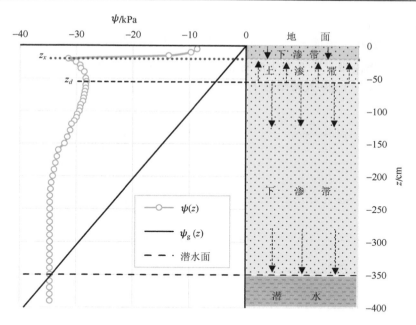

图 3.8 入渗-上渗-入渗型土壤水渗流状态与相应水势分布

下渗-上渗-下渗型土壤水渗流状态是潜水深埋较大的平原区,特别是潜水埋深大于潜水上渗损耗极限深度的区域较常出现的一种土壤水运移形式。

七、蒸发-下渗-上渗-入渗型土壤水渗流状态

在非饱和带土壤剖面上土壤水势函数呈双极大值型,2 个极大值面分别为 z_{d1} 和 z_{d2}, 1 个极小值面为 z_x。土壤水势梯度和土壤水分通量有以下特征:

$$q(z) \begin{cases} > 0 & \dfrac{\partial \psi}{\partial z} < 0 & 0 > z > z_{d2} \\ = 0 & & z = z_{d2} \\ < 0 & \dfrac{\partial \psi}{\partial z} > 0 & z_{d2} > z > z_x \\ = 0 & & z = z_x \\ > 0 & \dfrac{\partial \psi}{\partial z} < 0 & z_x > z > z_{d1} \\ = 0 & & z = z_{d1} \\ < 0 & \dfrac{\partial \psi}{\partial z} > 0 & z_{d1} > z > -h_0 \end{cases} \tag{3.5}$$

在土壤水势函数极大值面 z_{d2} 与地面($z = 0$)之间,土壤水渗流状态具有蒸发型特征, 土壤水向上渗流。在土壤水势函数极小值面 z_x 与极大值面 z_{d2} 之间,土壤水向下渗流。在极大值面 z_{d1} 与极小值面 z_x 之间土壤水向上渗流。在潜水面 $-h_0$ 与极大值面 z_{d1} 之间,

土壤水分向下渗流。

土壤水势函数极大值面 z_{d1}、z_{d2} 和极小值面 z_x 都是土壤水渗流方向的转折面，将非饱和带分为 4 个渗流带，即 2 个下渗带和 2 个上渗带（如图 3.9 所示）。此类土壤水渗流状态称为蒸发-下渗-上渗-入渗型或上渗-下渗-上渗-下渗型。

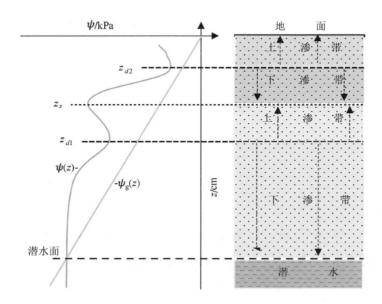

图 3.9　蒸发-下渗-上渗-入渗型土壤水渗流状态与相应水势分布

八、入渗-上渗-下渗-上渗型土壤水渗流状态

在非饱和带土壤剖面上土壤水势函数呈双极小值型，2 个极小值面分别为 z_{x1} 和 z_{x2}，1 个极大值面为 z_d（图 3.10）。土壤水势梯度和土壤水分通量有以下特征：

$$q(z)\begin{cases} <0 & \dfrac{\partial \psi}{\partial z}>0 & 0>z>z_{x2} \\[2mm] =0 & & z=z_{x2} \\[2mm] >0 & \dfrac{\partial \psi}{\partial z}<0 & z_{x2}>z>z_d \\[2mm] =0 & & z=z_d \\[2mm] <0 & \dfrac{\partial \psi}{\partial z}>0 & z_d>z>z_{x1} \\[2mm] =0 & & z=z_{x1} \\[2mm] >0 & \dfrac{\partial \psi}{\partial z}<0 & z_{x1}>z>-h_0 \end{cases} \tag{3.6}$$

土壤水势函数极小值面 z_{x1}、z_{x2} 和极大值面 z_d 都是土壤水渗流方向的转折面，将非饱和带分为 4 个渗流带，即：2 个上渗带，2 个下渗带（如图 3.10 所示）。此类土壤水渗流状态称为入渗-上渗-下渗-上渗型（或下渗-上渗-下渗-上渗型）。

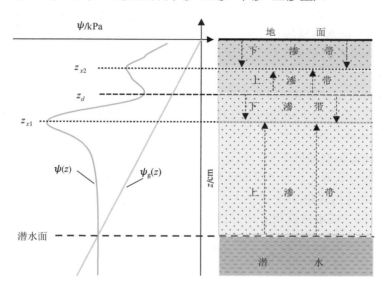

图 3.10 入渗-上渗-下渗-上渗型土壤水渗流状态与相应水势分布

上述分析表明，土壤水渗流基本状态与土壤水势函数的基本类型具有一一对应的关系（见表 3.1；其中，函数分段数=渗流分带数=极值面数+1）。

表 3.1 土壤水渗流基本状态与土壤水势函数类型对应关系

类型	土壤水势函数基本类型	函数分段数	土壤水渗流基本状态	渗流分带数
无极值型	单调递增型	1	入渗型	1
	单调递减型	1	蒸发型	1
单极值型	极大值型	2	蒸发-入渗型	2
	极小值型	2	入渗-上渗型	2
双极值型	极小-极大值型	3	蒸发-下渗-上渗型	3
	极大-极小值型	3	入渗-上渗-入渗型	3
多极值型	双极大值型	4	蒸发-下渗-上渗-入渗型	4
	双极小值型	4	入渗-上渗-下渗-上渗型	4
	……	……	……	……

第二节 土壤水势函数与土壤水渗流状态动态演化规律

前述各个土壤水势函数基本类型和相应的土壤水渗流基本状态时，实际上描述的是稳态条件下，土壤水势函数和相应的土壤水渗流状态，如土壤水势函数的极大值面、极小值面和潜水面的位置都是固定的，因此相应的土壤水运移的渗流带的位置和厚度也是固定的。并未体现出非稳态条件下土壤水势函数和相应土壤水渗流状态的动态演化的特性。

　　非稳态条件下，非饱和带的土壤水势函数和水分运移是随着环境影响因素(如降水、灌溉、蒸发蒸腾、潜水升降等)动态变化的，始终处于一个连续动态变化过程中。因此深入研究土壤水势函数类型和相应的土壤水渗流状态的动态演化规律，具有重要的理论意义和实用价值。

　　大量模拟实验和观测试验研究表明，土壤水势函数类型和相应的土壤水渗流状态，在非稳态条件下，始终处于连续动态演化的过程中，由于土壤水势函数的极大值面 $z_d(t)$、极小值面 $z_x(t)$ 和潜水面 $[-h_0(t)]$ 都是时间的函数，即使在某段时间内土壤水势函数类型和土壤水渗流状态仍然保持不变，但是土壤水势函数的单调区间和相应的土壤水渗流带的厚度也会随着时间变化。为了更好地体现土壤水渗流状态的动态特征，例如式(3.1)～式(3.6)，相应改写为式(3.7)～式(3.12)。

　　蒸发-入渗型土壤水渗流状态动态特征：

$$q(z,t)\begin{cases} >0 & \dfrac{\partial \psi}{\partial z}<0 & 0>z>z_d(t) \\[2mm] =0 & & z=z_d(t) \\[2mm] <0 & \dfrac{\partial \psi}{\partial z}>0 & z_d(t)>z>-h_0(t) \end{cases} \tag{3.7}$$

　　入渗-上渗型土壤水渗流状态动态特征：

$$q(z,t)\begin{cases} <0 & \dfrac{\partial \psi}{\partial z}>0 & 0>z>z_x(t) \\[2mm] =0 & & z=z_x(t) \\[2mm] >0 & \dfrac{\partial \psi}{\partial z}<0 & z_x(t)>z>-h_0(t) \end{cases} \tag{3.8}$$

　　蒸发-下渗-上渗型土壤水渗流状态动态特征：

$$q(z,t)\begin{cases} >0 & \dfrac{\partial \psi}{\partial z}<0 & 0>z>z_d(t) \\[2mm] =0 & & z=z_d(t) \\[2mm] <0 & \dfrac{\partial \psi}{\partial z}>0 & z_d(t)>z>z_x(t) \\[2mm] =0 & & z=z_x(t) \\[2mm] >0 & \dfrac{\partial \psi}{\partial z}<0 & z_x(t)>z>-h_0(t) \end{cases} \tag{3.9}$$

入渗-上渗-入渗型土壤水渗流状态动态特征：

$$q(z,t)\begin{cases} <0 & \dfrac{\partial \psi}{\partial z}>0 & 0>z>z_x(t) \\[2mm] =0 & & z=z_x(t) \\[2mm] >0 & \dfrac{\partial \psi}{\partial z}<0 & z_x(t)>z>z_d(t) \\[2mm] =0 & & z=z_d(t) \\[2mm] <0 & \dfrac{\partial \psi}{\partial z}>0 & z_d(t)>z>-h_0(t) \end{cases} \quad (3.10)$$

蒸发-下渗-上渗-入渗型土壤水渗流状态动态特征：

$$q(z,t)\begin{cases} >0 & \dfrac{\partial \psi}{\partial z}<0 & 0>z>z_{d2}(t) \\[2mm] =0 & & z=z_{d2}(t) \\[2mm] <0 & \dfrac{\partial \psi}{\partial z}>0 & z_{d2}(t)>z>z_x(t) \\[2mm] =0 & & z=z_x(t) \\[2mm] >0 & \dfrac{\partial \psi}{\partial z}<0 & z_x(t)>z>z_{d1}(t) \\[2mm] =0 & & z=z_{d1}(t) \\[2mm] <0 & \dfrac{\partial \psi}{\partial z}>0 & z_{d1}(t)>z>-h_0(t) \end{cases} \quad (3.11)$$

入渗-上渗-下渗-上渗型土壤水渗流状态动态特征：

$$q(z,t)\begin{cases} <0 & \dfrac{\partial \psi}{\partial z}>0 & 0>z>z_{x2}(t) \\[2mm] =0 & & z=z_{x2}(t) \\[2mm] >0 & \dfrac{\partial \psi}{\partial z}<0 & z_{x2}(t)>z>z_d(t) \\[2mm] =0 & & z=z_d(t) \\[2mm] <0 & \dfrac{\partial \psi}{\partial z}>0 & z_d(t)>z>z_{x1}(t) \\[2mm] =0 & & z=z_{x1}(t) \\[2mm] >0 & \dfrac{\partial \psi}{\partial z}<0 & z_{x1}(t)>z>-h_0(t) \end{cases} \quad (3.12)$$

在土壤水运移过程中，如果发生土壤水势函数的极大值面 $z_d(t)$ 和极小值面 $z_x(t)$ 成对消失或单个消失，或者是形成新的极大值面 $z_d(t)$ 或极小值面 $z_x(t)$，土壤水势函数和相应的土壤水渗流状态的类型必然发生动态转化。但是每次类型的转化都与初始土壤水势函数类型和引起转化的条件等相关。

土壤水势函数和相应的土壤水渗流状态动态演化过程是复杂的、多样的，但是有规律的。以下仅列举常见的部分土壤水势函数和相应的土壤水渗流状态的动态演化规律，作一些分析介绍。

一、同一类型土壤水势函数和土壤水渗流状态的动态演化规律

1. 极大值型土壤水势函数和土壤水渗流状态的动态演化规律

1）非饱和带由上渗带、下渗带两个动态渗流带构成

在动态条件下，非饱和带土壤水势函数呈极大值型，相应的土壤水渗流状态呈蒸发-入渗型。极大值面 $z_d(t)$ 是时间的函数，逐渐向下迁移演化，土壤水势函数 $\psi(z,t)$ 在非饱和带土壤剖面上具有分段单调性函数的基本特性，土壤水势函数的极大值面 $z_d(t)$ 为两个随时间演化的单调子区间 $(-h_0(t),\ z_d(t))$ 和 $(z_d(t),\ 0)$ 的分段面，在单调子区间 $(-h_0(t),\ z_d(t))$ 的土壤水势梯度 $\frac{\partial \psi}{\partial z} > 0$，土壤水势的函数段为单调递增函数，相应的土壤水渗流状态具有下渗型的特征，潜水面 $-h_0(t)$ 与极大值面 $z_d(t)$ 之间构成了一个随时间动态演化的土壤水渗流的下渗带。在单调子区间 $(z_d(t),\ 0)$ 的土壤水势梯度 $\frac{\partial \psi}{\partial z} < 0$，土壤水势函数段为单调递减函数，相应的土壤水渗流状态具有上渗的特征，极大值面 $z_d(t)$ 以上的土壤水向上运移，$z_d(t)$ 至地面构成一个随时间动态演化的土壤水渗流的上渗带。

2）极大值面 $z_d(t)$ 是上渗带和下渗带的公共动态边界面

在动态条件下，非饱和带土壤水势函数的极大值面 $z_d(t)$ 是在不断迁移演化的，其迁移演化轨迹 $z_d(t)$ 既是土壤水运移下渗和上渗的方向的转折面，又是下渗带与上渗带的公共动界面。

3）下渗带和上渗带厚度此消彼长，并受非饱和带厚度动态变化制约

极大值面 $z_d(t)$ 与潜水面 $(-h_0(t))$ 的动态变化决定了土壤水下渗带厚度的动态变化。同时，$z_d(t)$ 与地面之间土壤水势函数段的动态变化也决定了土壤水上渗带厚度的动态变化。显然下渗带与上渗带的厚度随 $z_d(t)$ 的动态变化而变化，两者总是此消彼长，两者的总厚度始终与非饱和带的动态变化厚度保持一致。

例如，图 3.11 和图 3.12 分别给出了大型物理模拟实验，实测的非饱和带土壤剖面的极大值型土壤水势时空分布动态连续演化过程图，和同期相应的蒸发-入渗型土壤水渗流状态的渗流带动态连续演化过程图。图 3.13 为石家庄试验场小麦田蒸发-入渗型渗流带动态连续演化过程图，由于石家庄试验场潜水埋深大于 30 m，因此图 3.13 未能显示出全部下渗带。由图不难看出，上述蒸发-入渗型土壤水渗流状态的动态演化基本规律。

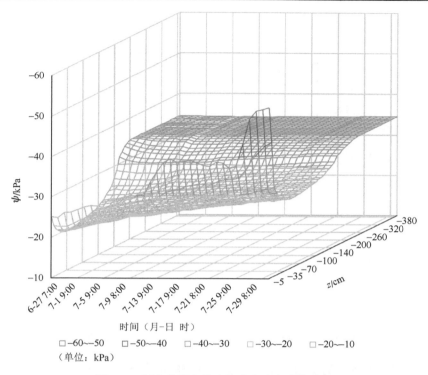

时间（月-日 时）

□ -60～-50　　□ -50～-40　　□ -40～-30　　□ -30～-20　　□ -20～-10
（单位：kPa）

图 3.11　极大值型土壤水势分布动态演化过程

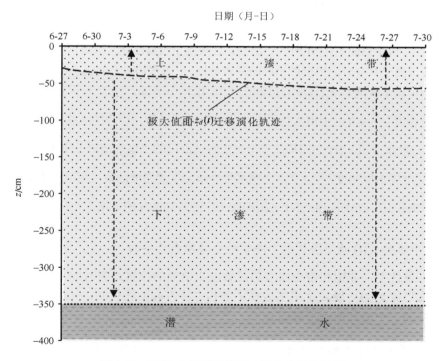

图 3.12　蒸发-入渗型渗流状态的动态演化过程

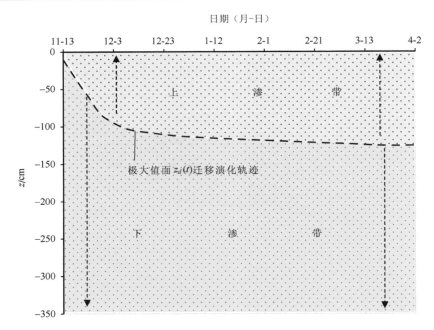

图 3.13 石家庄试验场小麦田蒸发–入渗型渗流状态的动态演化过程

2. 极小值型土壤水势函数和土壤水渗流状态的动态演化规律

1）非饱和带由下渗带和上渗带两个动态渗流带构成

在动态变化条件下，非饱和带土壤水势函数呈极小值型，相应的土壤水渗流状态是下渗–上渗型。极小值面 $z_x(t)$ 是时间的函数，逐渐向下迁移演化，土壤水势函数 $\psi(z,t)$ 在非饱和带土壤剖面上具有分段单调性函数的基本特性，土壤水势函数的极小值面 $z_x(t)$ 是随时间演化的两个单调子区间 $(-h_0(t), z_x(t))$ 和 $(z_x(t), 0)$ 的分界面，在单调子区间 $(-h_0(t), z_x(t))$ 的土壤水势梯度 $\dfrac{\partial \psi}{\partial z} < 0$，土壤水势函数段为单调递减函数，相应的土壤水渗流状态具有上渗的特征，在潜水面至 $z_x(t)$ 之间构成了一个随时间演化的土壤水运移上渗带。在单调子区间 $(z_x(t), 0)$ 的土壤水势梯度 $\dfrac{\partial \psi}{\partial z} > 0$，土壤水势函数为单调递增函数，相应的土壤水渗流状态具有入渗型的特征，在地面至 $z_x(t)$ 之间构成一个随时间演化的土壤水运移下渗带。

2）极小值面 $z_x(t)$ 是下渗带和上渗带的公共动态边界面

在动态条件下，非饱和带土壤水势函数极小值面的位置是随时间不断迁移演化的，其迁移演化轨迹 $z_x(t)$，既是土壤水运移下渗和上渗方向的转折面，又是土壤水运移下渗带和上渗带的一个公共动态边界面。

3）下渗带和上渗带的厚度此消彼长，并受非饱和带厚度动态变化制约

极小值面 $z_x(t)$ 与潜水面 $[-h_0(t)]$ 的动态变化决定了土壤水运移的上渗带厚度的动

态变化。同时 $z_x(t)$ 与地面之间的动态变化也决定了土壤水运移的下渗带厚度的动态变化。显然，上渗带和下渗带的厚度随 $z_x(t)$ 的动态变化而变化，两者总是此消彼长，两者的总厚度与非饱和带总的厚度的动态变化保持一致。

　　例如，图 3.14 和图 3.15 分别给出了大型物理模拟实验实测非饱和带土壤剖面的极小值型土壤水势时空分布动态连续演化过程图，和与之相应的入渗-上渗型土壤水渗流状态的渗流带动态连续演化过程图。此例不难看出，上述入渗-上渗型土壤水渗流状态的动态演化基本规律。

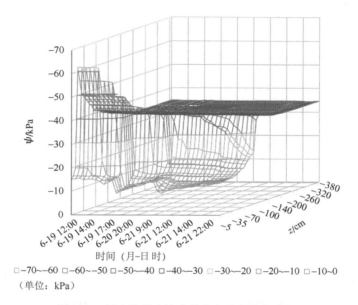

图 3.14　极小值型土壤水势分布动态演化过程

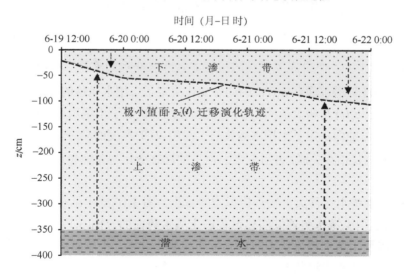

图 3.15　入渗-上渗型土壤水渗流状态的动态演化过程

3. 极小-极大值型土壤水势函数和土壤水渗流状态的动态演化规律

1）非饱和带由上渗、下渗、上渗三个动态渗流带构成

在动态变化条件下，非饱和带土壤水势函数为极小-极大值型时，极小值面 $z_x(t)$ 始终位于极大值面 $z_d(t)$ 与潜水面之间变化，而极大值面 $z_d(t)$ 又始终位于极小值面 $z_x(t)$ 与地面之间变化。土壤水势函数 $\psi(z,t)$ 在非饱和带土壤剖面上具有分段单调性函数的基本特性，极小值面 $z_x(t)$ 是动态单调子区间 $(-h_0(t), z_x(t))$ 和 $(z_x(t), z_d(t))$ 的分界面，极大值面 $z_d(t)$ 是动态单调子区间 $(z_x(t), z_d(t))$ 和 $(z_d(t), 0)$ 的分界面。在单调子区间 $(-h_0(t), z_x(t))$ 的土壤水势梯度 $\dfrac{\partial \psi}{\partial z} < 0$，土壤水势函数段为单调递减函数，相应的土壤水渗流状态具有上渗的特征。潜水面至 $z_x(t)$ 之间构成了一个随时间演化的土壤水运移上渗带（1）。在单调区间 $(z_x(t), z_d(t))$ 土壤水势梯度 $\dfrac{\partial \psi}{\partial z} > 0$，土壤水势函数段为单调递增函数，相应的土壤水渗流状态具有下渗的特征。极小值面 $z_x(t)$ 至极大值面 $z_d(t)$ 之间构成了一个随时间演化的土壤水运移下渗带。在单调子区间 $(z_x(t), 0)$ 的土壤水势梯度 $\dfrac{\partial \psi}{\partial z} < 0$，土壤水势函数段为单调递减函数，相应的土壤水渗流状态具有上渗的特征。地面至 $z_d(t)$ 之间构成了又一个土壤水运移的上渗带（2）。因此非饱和带土壤水运移具有 3 个渗流带。

2）极小值面 $z_x(t)$ 和极大值面 $z_d(t)$ 是相邻两渗流带的公共动态边界面

在动态条件下，非饱和带土壤水势函数的极小值面 $z_x(t)$ 和极大值面 $z_d(t)$ 的位置是随时间不断迁移演化的，极小值面 $z_x(t)$ 为上渗带（1）与下渗带的动态分界面，极大值面 $z_d(t)$ 为下渗带与上渗带（2）的动态分界面。

3）动态条件下，三个渗流带厚度此消彼长，并受非饱和带厚度动态变化制约

极小值面 $z_x(t)$ 与潜水面（$-h_0(t)$）的动态变化决定了土壤水运移的上渗带（1）厚度的动态变化，极小值面 $z_x(t)$ 与极大值面 $z_d(t)$ 的动态变化也决定了土壤水运移的下渗带厚度的动态变化，$z_d(t)$ 与地面决定了土壤水运移的上渗带（2）的厚度的动态变化。3 个土壤水渗流带的厚度此消彼长相互关联，并且三者总厚度的动态变化与非饱和带厚度的动态变化保持一致。

例如，根据土壤水运移大型物理模拟实验数据，图 3.16 给出了在非饱和带土壤剖面上，极小-极大值型土壤水势连续演化过程的土壤水势曲面。图 3.17 给出了与之相应的蒸发-下渗-上渗型土壤水渗流状态的渗流带连续演化过程。不难看出，此例具有上述蒸发-下渗-上渗型土壤水渗流状态的动态演化基本规律。

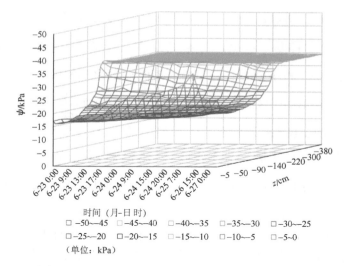

图 3.16　极小-极大值型土壤水势分布动态演化过程

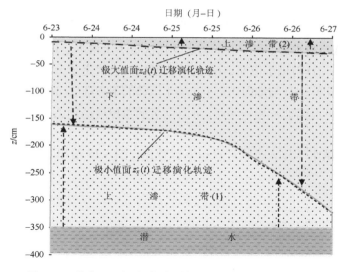

图 3.17　蒸发-下渗-上渗型土壤水渗流状态的动态演化过程

4. 极大-极小值型土壤水势函数和土壤水渗流状态的动态演化规律

1）非饱和带由下渗、上渗、下渗三个动态渗流带构成

在动态条件下，非饱和带土壤水势函数为极大-极小值型时，极大值面 $z_d(t)$ 始终位于极小值面 $z_x(t)$ 与潜水面之间变化，而极小值面 $z_x(t)$ 始终位于极大值面 $z_d(t)$ 与地面之间变化。土壤水势函数 $\psi(z,t)$ 在非饱和带土壤剖面具有分段单调性函数的基本特性，极大值面 $z_d(t)$ 为动态单调子区间 $(-h_0(t), z_d(t))$ 和 $(z_d(t), z_x(t))$ 的分段面，极小值面 $z_x(t)$ 为动态单调子区间 $(z_d(t), z_x(t))$ 和 $(z_x(t), 0)$ 的分段面。在单调子区间 $(-h_0(t), z_d(t))$ 的土壤水势梯度 $\dfrac{\partial \psi}{\partial z} > 0$，土壤水势函数为单调递增函数，相应的土壤水渗流状态具有下渗的特

征，潜水面至 $z_d(t)$ 之间构成了一个随时间演化的土壤水运移下渗带 (1)。在单调区间 $(z_d(t), z_x(t))$ 土壤水势梯度 $\dfrac{\partial \psi}{\partial z} < 0$，土壤水势函数为单调递减函数，相应的土壤水渗流状态具有下渗的特征，极小值面 $z_x(t)$ 至极大值面 $z_d(t)$ 之间构成了一个随时间演化的土壤水运移下渗带。在单调子区间 $(z_x(t), 0)$ 的土壤水势梯度 $\dfrac{\partial \psi}{\partial z} > 0$，土壤水势函数为单调递增函数，相应的土壤水渗流状态具有上渗的特征，$z_d(t)$ 至潜水面之间构成了另一个土壤水运移的上渗带 (2)。因此，非饱和带土壤水运移具有 3 个渗流带。

2）极大值面 $z_d(t)$ 和极小值面 $z_x(t)$ 分别是其相邻两渗流带的公共动态边界面

在动态条件下，非饱和带土壤水势函数的极大值面 $z_d(t)$ 和极小值面 $z_x(t)$ 的位置是随时间不断迁移演化的，极大值面 $z_d(t)$ 为下渗带 (1) 与上渗带的动态分界面（即两个渗流带的公共动态边界面），极小值面 $z_x(t)$ 为上渗带与下渗带 (2) 的动态分界面（即两个渗流带的公共动态边界面）。

3）动态条件下，三个渗流带厚度此消彼长，总厚度与非饱和带厚度动态变化一致

极大值面 $z_d(t)$ 与潜水面 $(-h_0(t))$ 的动态变化决定了土壤水运移的下渗带 (1) 厚度的动态变化，极大值面 $z_d(t)$ 与极小值面 $z_x(t)$ 的动态变化，也决定了土壤水运移的上渗带厚度的动态变化，极小值面 $z_x(t)$ 与地面决定了土壤水运移的下渗带 (2) 的厚度的动态变化。3 个土壤水渗流带的厚度此消彼长相互关联，并且三者的总厚度的动态变化受非饱和带厚度的动态变化制约。

例如，根据土壤水运移大型物理模拟实验数据，图 3.18 给出了在非饱和带土壤剖面

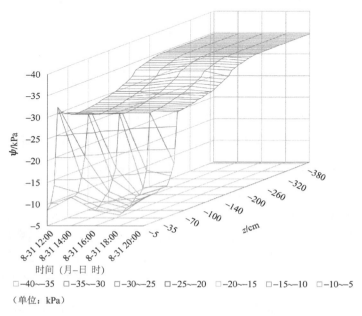

图 3.18　极大-极小值型土壤水势分布动态演化过程

上，极大-极小值型土壤水势连续演化过程的土壤水势曲面。图 3.19 给出了与之相应的入渗-上渗-入渗(下渗)型土壤水渗流状态的渗流带连续动态演化过程。不难看出，此例具有上述入渗-上渗-入渗(下渗)型土壤水渗流状态的动态演化基本规律。

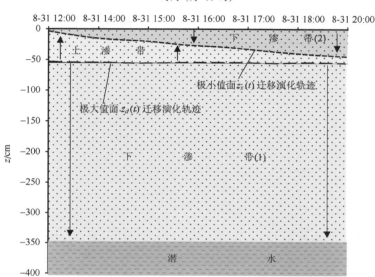

图 3.19　入渗-上渗-入渗型土壤水渗流状态的动态演化过程

二、土壤水势函数类型转化过程渗流状态动态转化规律

1. 单调递增型转化为极大值型过程渗流状态动态转化规律

若非饱和带土壤水势函数初始状态为单调递增型时，整个剖面的土壤水势梯度 $\frac{\partial \psi}{\partial z} > 0$，相应的土壤水渗流状态呈入渗型，非饱和带土壤水处于向潜水转化的过程，潜水得到土壤水的持续补给。

(1)当表层土壤水受降水或灌溉的影响作用大于蒸发作用，非饱和带土壤剖面仍然维持土壤水势梯度 $\frac{\partial \psi}{\partial z} > 0$ 的状态时，土壤水运移就会维持入渗型状态。

(2)当土壤表层土壤水的数量和能量受到蒸发作用的影响大于降水或灌溉作用时，根据土壤水势函数极大值面形成演化规律，在近地表处就会形成一个向下发育的土壤水势函数的极大值面，非饱和带的土壤水势函数由单调递增型转化为极大值型。相应的土壤水渗流状态也由入渗型转化为蒸发-入渗型。其迁移演化速度和深度与各种影响因素及其动态变化相关。

如图 3.20 所示为大型物理模拟实验系统，在 7 月 31 日降水(40.94 mm)后，实测非饱和带土壤水势时空分布演化过程图(8 月 3~27 日)。由图 3.20 可以看出，8 月 3 日~7 日期间非饱和带土壤水势函数为单调递增型。降水停止后受蒸发作用影响，在土壤表层形成一个向下迁移演化的土壤水势函数的极大值面，非饱和带土壤水势函数由单调递增型转化为极大值型，8 月 7～27 日期间土壤水势函数连续保持极大值型，但极大值面的位置 $z_d(t)$ 有规律地向下迁移演化。图 3.21 为同期的土壤水渗流状态渗流带演化过程图。可以看出，在 A 时段（8 月 3～7 日）土壤水渗流状态为入渗型，土壤水势梯度 $\dfrac{\partial \psi}{\partial z} > 0$，潜水获得非饱和带土壤水的补给。在 B 时段土壤水渗流状态由入渗型转化

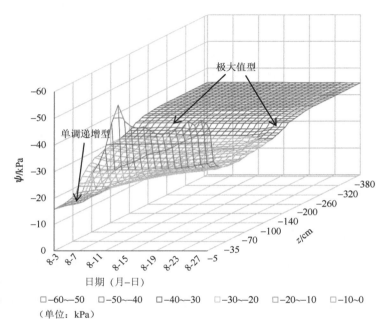

图 3.20　单调递增型→极大值型土壤水势分布演化过程

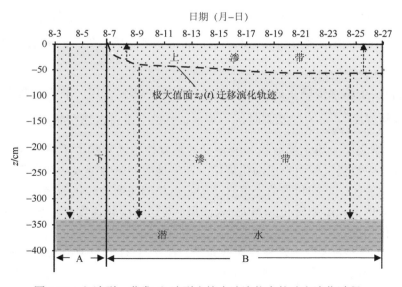

图 3.21　入渗型→蒸发-入渗型土壤水渗流状态的动态演化过程

为蒸发-入渗型，非饱和带由单向的渗流带（下渗带）转化为两个异向渗流带，极大值面 $z_d(t)$ 为两个渗流带的公共动边界，其上土壤水向上运移补充土壤水的蒸发损耗，其下土壤水下渗补给潜水。

2. 极大值型转化为单调递增型过程渗流状态动态转化规律

（1）非饱和带土壤水势函数初始状态为极大值型时，相应的土壤水渗流状态为蒸发-入渗型，在极大值面 $z_d(t)$ 与潜水面（$z=-h_0$）之间土壤水势梯度 $\dfrac{\partial \psi}{\partial z}>0$，土壤水入渗补给潜水。在极大值面 $z_d(t)$ 与地面（$z=0$）之间土壤水势梯度 $\dfrac{\partial \psi}{\partial z}<0$，土壤水向上运移补充表层土壤水蒸发损耗。如图 3.22 实测土壤水势时空分布图中初始阶段土壤水势函数为极大值型（见"极大值型分布"箭头所指的部分）。相应的土壤水渗流状态图 3.23 中 A 时段所示，初始阶段的土壤水渗流状态为蒸发-入渗型。土壤水势的极大值面 $z_d(t)$ 为土壤水运移方向的转折面，非饱和带由两个渗流带组成，即极大值面以上是上渗带，其下方是下渗带。由于土壤水势函数极大值面 $z_d(t)$ 是时间 t 的函数，随着它的动态变化，两个渗流带的厚度也随之发生动态变化，但是两者的总厚度始终保持与非饱和带厚度一致。

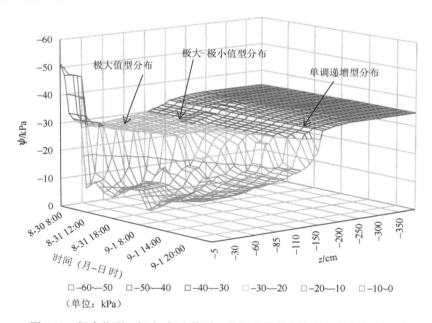

图 3.22　极大值型→极大-极小值型→单调递增型水势分布动态演化过程

（2）当发生降水或灌溉时，在近地表处会形成一个向下迁移演化的极小值面 $z_x(t)$，使土壤水势函数由极大值型转化为极大-极小值型，如图 3.22 中可以清楚地看到土壤水势时空分布的这一转化过程（见"极大-极小值型分布"箭头所指的部分）。相应的土壤水渗流状态也由蒸发-入渗型转化为入渗-上渗-入渗型，如图 3.23 中 B 时段所示，极大值

面 $z_d(t)$ 和极小值面 $z_x(t)$ 都是土壤水运移方向的转折面，非饱和带由 3 个土壤水渗流带构成（即 1 个上渗带和 2 个下渗带），土壤水渗流状态由 A 时段的蒸发-入渗型转化为入渗-上渗-入渗型。同样是 3 个土壤水渗流带的厚度随土壤水势函数的极大值面 $z_d(t)$ 和极小值面 $z_x(t)$ 的动态变化而变化，3 个土壤水渗流带的总厚度与非饱和带的厚度始终保持一致。

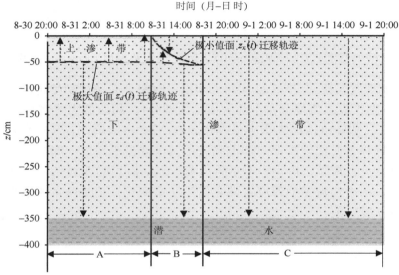

图 3.23　蒸发-入渗型→入渗-上渗-入渗型→入渗型土壤水渗流状态的动态演化过程

（3）降水或灌溉过程，在土壤表层入渗起主导作用，在近地表处形成的土壤水势函数的极小值面 $z_x(t)$ 迅速向下迁移，通常若降水较大时其下移速度高于原极大值面 $z_d(t)$ 的迁移演化速度，当两个极值面 $z_d(t)$ 和 $z_x(t)$ 相遇时必然同时消失，土壤水势函数由极大-极小值型转化为单调递增型。如图 3.22 中可以看出土壤水势函数由极大-极小值型转化为单调递增型土壤水势函数（见"单调递增型分布"箭头所指部分）。相应的土壤水渗流状态由下渗-上渗-入渗型转化为入渗型，整个非饱和带成为 1 个土壤水渗流的下渗带，如图 3.23 中 C 时段所示。

第三节　土壤水势函数与土壤水渗流状态类型转化条件

非饱和带土壤水渗流状态取决于土壤水势函数类型，土壤水势函数的动态演化必然引起相应的土壤水渗流状态的动态演化。随着动态条件的不断变化，常常会引起土壤水势函数和相应土壤水渗流状态的类型发生转化。

根据土壤水运移大型物理模拟实验系统的大量实验和现场观测试验分析研究，以非饱和带土壤水势函数和相应的土壤水渗流状态的 8 个基本类型为初始分布类型，归纳列出如下土壤水势函数与相应土壤水渗流状态的类型转化的 8 组对应关系。

（一）$\begin{cases}$ 单调递增型（水势函数）$\begin{cases}\xrightarrow{\text{蒸发作用}}\text{极大值型}\\\xrightarrow{\text{潜水速升}}\text{极小值型}\end{cases}$ $\Updownarrow$ 入　渗　型（渗流状态）$\begin{cases}\xrightarrow{\text{蒸发作用}}\text{蒸发 - 入渗型}\\\xrightarrow{\text{潜水速升}}\text{入渗 - 上渗型}\end{cases}$

（二）$\begin{cases}$ 单调递减型（水势函数）$\begin{cases}\xrightarrow{\text{降水灌溉}}\text{极小值型}\\\xrightarrow{\text{潜水速降}}\text{极大值型}\end{cases}$ $\Updownarrow$ 蒸　发　型（渗流状态）$\begin{cases}\xrightarrow{\text{降水灌溉}}\text{入渗 - 上渗型}\\\xrightarrow{\text{潜水速降}}\text{蒸发 - 入渗型}\end{cases}$

（三）$\begin{cases}$ 极 大 值 型（水势函数）$\begin{cases}\xrightarrow{\text{降水灌溉}}\text{极大 - 极小值型}\\\xrightarrow{\text{极大值面与潜水相遇}}\text{单调递减型}\\\xrightarrow{\text{潜水速升}}\text{极小 - 极大值型}\end{cases}$ $\Updownarrow$ 蒸发 - 入渗型（渗流状态）$\begin{cases}\xrightarrow{\text{降水灌溉}}\text{入渗 - 上渗 - 入渗型}\\\xrightarrow{\text{极大值面与潜水相遇}}\text{蒸发型}\\\xrightarrow{\text{潜水速升}}\text{蒸发 - 下渗 - 上渗型}\end{cases}$

（四）$\begin{cases}$ 极 小 值 型（水势函数）$\begin{cases}\xrightarrow{\text{蒸发作用}}\text{极小 - 极大值型}\\\xrightarrow{\text{极小值面与潜水相遇}}\text{单调递增型}\\\xrightarrow{\text{潜水速降}}\text{极大 - 极小值型}\end{cases}$ $\Updownarrow$ 入渗 - 上渗型（渗流状态）$\begin{cases}\xrightarrow{\text{蒸发作用}}\text{蒸发 - 下渗 - 上渗型}\\\xrightarrow{\text{极小值面与潜水面相遇}}\text{入渗型}\\\xrightarrow{\text{潜水速降}}\text{入渗 - 上渗 - 下渗型}\end{cases}$

（五）$\begin{cases}$ 极小 - 极大值型（水势函数）$\begin{cases}\xrightarrow{\text{降水灌溉}}\text{双极小值型}\\\xrightarrow{\text{两极值面相遇}}\text{单调递减型}\\\xrightarrow{\text{极小值面与潜水相遇}}\text{极大值型}\\\xrightarrow{\text{潜水速降}}\text{双极大值型}\end{cases}$ $\Updownarrow$ 蒸发 - 下渗 - 上渗型（渗流状态）$\begin{cases}\xrightarrow{\text{降水灌溉}}\text{入渗 - 上渗 - 下渗 - 上渗型}\\\xrightarrow{\text{两极值面相遇}}\text{蒸发型}\\\xrightarrow{\text{极小值面与潜水相遇}}\text{蒸发 - 入渗型}\\\xrightarrow{\text{潜水速降}}\text{蒸发 - 下渗 - 上渗 - 下渗型}\end{cases}$

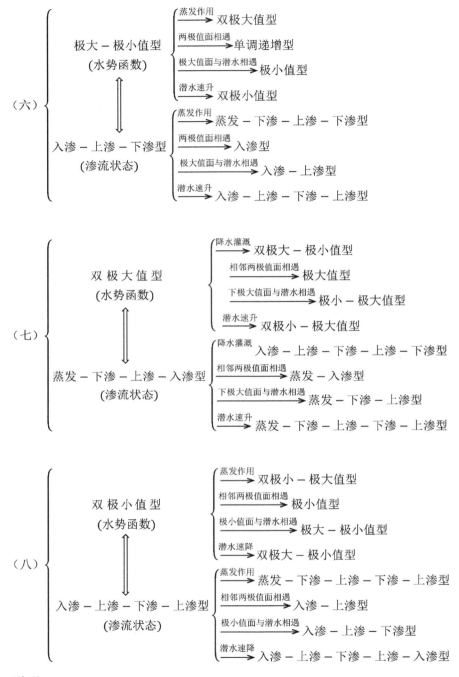

说明:

(1)所列 8 组土壤水势函数和相应的 8 组土壤水渗流状态的基本类型转化关系,统一采用的表示格式为

$$\text{"初始类型"} \xrightarrow{\text{"引起类型转化的条件"}} \text{"转化后类型"}$$

(2) 潜水速升,是指受环境影响引起本地潜水面突然大幅上升。对于本地潜水入渗补给引起潜水面缓慢上升，通常不会成为土壤水势函数和土壤水渗流状态类型转化的条件。潜水速升只是转化关系(一)(三)(六)和(七)类型转化关系的条件，并不能成为其余4个类型转化关系的条件。

(3)潜水速降，是指受环境影响引起本地潜水面大幅下降(如附近潜水井大量抽水等)。对于本地潜水上渗损耗引起潜水面下降，通常也不会成为土壤水势函数和土壤水渗流状态类型转化的条件。潜水速降只是(二)(四)(五)和(八)类型转化的条件，并不能成为其余4个类型转化关系的条件。

(4)极大值面与潜水相遇，是指极大值面迁移演化过程中达到潜水面时，它必然消失。极大值面与潜水面相遇只能是(三)(六)和(七)类型转化关系的条件，并不能成为其余5个类型转化关系的条件。

(5)极小值面与潜水面相遇，是指极小值面迁移演化过程中达到潜水面时，它必然消失。极小值面与潜水相遇只能是(四)(五)和(八)类型转化关系的条件，并不能成为其余5个类型转化关系的条件。

(6)相邻两极值面相遇，是指在非饱和带存在2个或2个以上极值面时，必然是极大值面和极小值面相隔分布，相邻的极大值面和极小值面在迁移演化过程中，两者达到同一深度位置时，必然同时消失。相邻两个极值面相遇只能是(五)(六)(七)和(八)类型转化关系的条件，并不能成为其余4个类型转化关系的条件。

(7)蒸发作用，只能是(一)(四)(六)和(八)类型转化关系的条件，并不能成为其余4个类型转化关系的条件。

(8)降水灌溉，只能是(二)(三)(五)和(七)类型转化关系的条件，并不能成为其余4个类型转化关系的条件。

以上所述的8个土壤水势函数和相应土壤水渗流状态的基本类型转化关系，可以涵盖通常所见的土壤水势函数类型和相应的土壤水渗流状态类型及其动态演化范围，对土壤水运移的理论研究和应用研究具有重要参考意义。

第四节　土壤水渗流动态分带单向性理论及意义

土壤水渗流动态分带单向性理论，是由土壤水势函数动态分段单调性理论，应用非饱和土壤水流达西定律推导而产生的。因此，在实际应用中土壤水势函数动态分段单调性理论与土壤水渗流动态分带单向性理论，两者是密不可分的。土壤水渗流动态分带单向性理论涵盖以下内容。

(1)稳态条件下，依据土壤水势分段单调性函数的理论和非饱和土壤水流达西定律，导出了土壤水渗流服从分带单向性规律，由非饱和带常用的土壤水势函数基本类型导出了土壤水渗流状态的基本类型，其两者内在逻辑关系如下。

① 土壤水渗流带与单调性函数段的定义域(单调区间)相对应。

② 土壤水渗流带的渗流方向与土壤水势函数段的单调性相对应，即：上渗与单调递减相对应，下渗与单调递增相对应。

③ 土壤水渗流带的分界面(渗流方向的转折面)，与土壤水势函数的极值面(极大值

面或极小值面）相对应。

（2）非稳态条件下，依据土壤水势函数动态分段单调性的理论和非饱和土壤水流达西定律，导出了土壤水渗流动态分带单向性理论，两者的动态演化关系如下。

① 极大值面 $z_d(t)$、极小值面 $z_x(t)$ 和潜水面 $-h_0(t)$ 都是时间的函数，它们的动态变化，引起土壤水势函数的单调区间大小、位置和相应的单调性函数段发生动态变化，必然引起土壤水渗流带的厚度、位置和渗流方向的动态变化。

② 土壤水势函数的极大值面 $z_d(t)$ 或极小值面 $z_x(t)$ 的个数增加或减少，将引起土壤水势动态分段单调性函数的类型的动态转化，必然引起相应的土壤水渗流动态分带单向性状态的类型发生动态转化。

（3）根据土壤水运移的大型物理模拟实验系统的大量实验成果和近期取得的理论研究成果，以非饱和带土壤水势函数和相应的土壤水渗流状态的 8 个基本类型为初始条件，归纳出 8 组土壤水势函数与相应土壤水渗流状态的类型转化条件和对应关系。实质上，它已包含了非饱和带常见的土壤水势函数，和渗流基本状态的类型转化条件和对应关系。因此，十分有利于全面认识和分析非稳态条件下非饱和带土壤水势函数和土壤水渗流状态的动态演化过程。

非饱和带土壤水渗流动态分带单向性理论，系统揭示了非饱和带一维垂向土壤水渗流场的土壤水渗流状态、渗流状态类型、渗流状态的连续动态演化过程和渗流状态类型的动态转化过程等规律。

土壤水势函数动态分段单调性的理论，是土壤水渗流动态分带单向性的理论基础。两者全面系统揭示了整个非饱和带土壤水势和渗流的动态演化规律及其内在逻辑关系，由非饱和带的土壤水势连续动态演化过程，则可得知土壤水渗流的连续动态演化过程。

土壤水势函数动态分段单调性理论和土壤水渗流动态分带单向性理论，在土壤水分运移及其相关研究领域，如"四水"转化关系、生态环境评价、土壤水资源和地下水资源评价、非饱和带与地下水的污染与防治、入渗蒸发连续动态演化过程的土壤水运移、季节性冻结冻融期土壤水运移、土壤水盐运移机理与动态调控、土壤水分通量法的基础理论与应用、预测潜水上渗损耗极限深度的理论、非饱和带土壤水势梯度分带性理论等许多方面研究都有重要应用价值，大大拓展了应用能态学观点，在连续动态变化条件下，研究非饱和带土壤水运移问题的广度和深度。

土壤水势函数动态分段单调性与土壤水渗流动态分带单向性的理论、研究思路和方法，拓展到非饱和带土壤温度场的热量传导、土壤水汽运移扩散和凝结的探索研究中，对生态环境问题的研究同样有重要意义。

综上，非饱和带土壤水势函数动态分段单调性理论和土壤水渗流动态分带单向性理论，对整个非饱和带内部土壤水运移的本质和内在规律的深入系统认识，以及大气水、地表水、非饱和带水和地下水界面之间的物质、能量的传输和连续动态演化过程的理论认识等，提供了新的理论和分析方法。它对非饱和带土壤水运移研究领域理论体系的不断发展完善和推动土壤水学科发展有重要意义与应用价值。

第四章　入渗蒸发连续动态演化过程
土壤水运移

　　土壤水入渗是指水分进入土壤的过程，土壤水蒸发是指土壤水汽化转化为大气水的过程。降水入渗、蒸发是田间土壤水循环中互为逆向过程的两种形式，往往两种形式同时存在，降水入渗、蒸发、贮存、运移、潜水入渗补给和潜水上渗损耗等是自然界水循环和相互转换连续动态演化过程中的重要环节，由于问题的复杂性，往往对过程中的有关环节是分别单独进行研究的(雷志栋等，1988)。例如，降水入渗补给时空分布规律或特征研究(孟素花等，2013；霍思远等，2015；张朝逢等，2019)，"四水"相互转化关系研究(沈振荣等，1992；郭占荣等，2002)，种植条件下降雨灌溉入渗试验研究(韩双平等，2005；郭占荣等，2002；宋亚新等，2008；韩占涛等，2011)，入渗补给量、蒸发蒸腾量计算方法研究(荆恩春等，1994；荆恩春，2006)，土壤水分蒸发研究(熊伟等，2005)。

　　本章所介绍的是，根据土壤水势函数动态分段单调性与土壤水渗流动态分带单向性理论，用能态观点拓展和深化研究降水入渗、蒸发、运移、潜水入渗补给和潜水上渗损耗连续动态演化过程的土壤水分运移的内在规律。

第一节　入渗和蒸发过程的土壤水运移

　　由于非饱和带土壤水势函数和土壤水渗流状态始终处于连续的动态变化中(见第二章、第三章)，大量的大型物理模拟实验和田间观测试验研究表明，在动态条件下，降水入渗过程和蒸发过程的土壤水运移，两者是很难严格分开进行独立研究的。土壤水在入渗和蒸发共同作用下，非饱和带的土壤水势函数和相应的土壤水渗流处于连续变化或类型不断转化过程中。它虽然与降水量、非饱和带初始土壤含水量分布等有很大关系，但仅此还不能深入揭示降水入渗和蒸发过程的土壤水运移机理和主要特征。只有从非饱和带土壤水势函数类型和土壤水渗流状态入手，掌握降水入渗和蒸发作用引起非饱和带土壤水势函数演化的全过程，才能深入认识降水入渗和蒸发过程的土壤水渗流规律。在干旱半干旱的平原区，8 种土壤水势函数基本类型和相应的土壤水渗流状态都可能出现，但是各类型的存在期长短差异较大，其中在潜水深埋区，极大值型土壤水势函数和相应的蒸发-入渗型土壤水渗流状态是主要形式之一,而在潜水浅埋区单调递减型土壤水势函数和相应的蒸发型土壤水渗流状态是主要形式之一。本节分别以极大值型土壤水势函数和单调递减型土壤水势函数作为初始条件为例，介绍降水入渗与蒸发过程的土壤水运移机理和主要特征。

一、极大值型水势分布初始条件下的入渗与蒸发过程水分运移

极大值型土壤水势函数及其相应的蒸发-入渗型土壤水渗流状态,是干旱半干旱平原区主要分布类型之一。很多降水入渗过程往往发生在初始状态为极大值型土壤水势函数的情况下。为论述方便,设此时的极大值面为$z_{d1}(t)$,通过降水入渗过程的土壤水运移的大量大型物理模拟实验研究,取得如下认识。

1. 降水入渗的湿润锋面未达到$z_{d1}(t)$深度的土壤水运移机理和特征

(1)降水入渗过程对土壤水势的影响深度范围有限,仅使极大值面$z_{d1}(t)$上方较小深度范围内的土壤水势值有所增加,而对极大值面$z_{d1}(t)$及其以下深层的土壤水势演化无直接影响。如图4.1所示降水量9.62 mm引起不同深度土壤水势动态演化过程,可以看出,入渗水对10 cm深度的土壤水势值影响比较大,对20 cm和30 cm深度土壤水势值影响逐渐变小,但对50 cm深度的土壤水势值已无影响(此实例中$z_{d1}(t)$位于50 cm深度之下)。

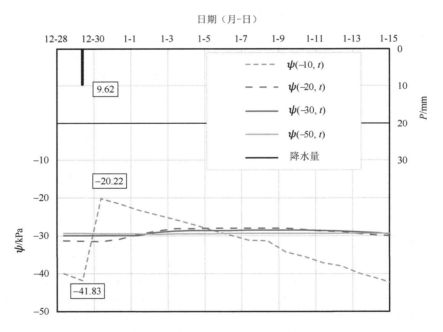

图4.1　降水(9.62 mm)引起不同深度土壤水势动态演化过程

(2)降水入渗过程仅使非饱和带表层的土壤含水量有所增加,而对深层土壤含水量无直接影响。如图4.2所示降水9.62 mm引起土壤含水量$\theta(z, t)$时空分布的动态演化情况,降水仅使地表极小深度范围内的土壤含水量略显增加。

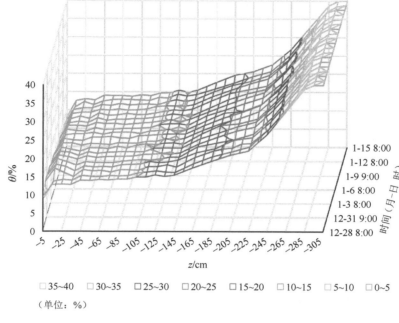

图 4.2　降水 9.62 mm 引起土壤含水量时空分布动态演化过程

（3）降水前初始土壤水势函数为极大值型，降水入渗开始后，地表的土壤水势快速增加，形成一个向下发育的极小值面 $z_x(t)$ [此处的极小值面 $z_x(t)$ 与通常所称的湿润锋面位置一致]，使土壤水势函数类型由极大值型转化为极大-极小值型。由于降水量小，极小值面 $z_x(t)$ 向下迁移比较缓慢，而且降水停止后因受蒸发作用影响，在极小值面 $z_x(t)$ 上方又形成一个新的向下迁移的极大值面 $z_{d2}(t)$，这时土壤水势函数转化为双极大值型，当新的极大值面 $z_{d2}(t)$ 与其下方的极小值面 $z_x(t)$ 相遇时，两者同时消失。原土壤水势函数的极大值面 $z_{d1}(t)$ 仍持续存在，因此土壤水势函数又转化为极大值型。如图 4.3 所示降水 9.62 mm 引起非饱和带土壤水势函数 $\psi(t)$ 的动态演化过程（即极大值型→极大-极小值型→双极大值型→极大值型演化过程），其中符号"→"表示"转化"（下同）。

（4）降水入渗过程中对非饱和带土壤水渗流状态随土壤水势函数类型的不断转化而相应的转化。以图 4.4 降水 9.62 mm 引起土壤水渗流状态演化过程为例，应用土壤水势函数动态分段单调性理论和土壤水渗流动态分带单向性理论，对降水入渗过程土壤水运移机理和动态演化特征分析如下：①降水入渗过程开始前，初始的土壤水渗流状态是蒸发-入渗型，由土壤水势函数极大值面 $z_{d1}(t)$ 将整个非饱和带分为两个渗流带，即极大值面 $z_{d1}(t)$ 与地面之间为上渗带，土壤水向上运移补充土壤水蒸发损耗。极大值面 $z_{d1}(t)$ 与潜水面之间为下渗带，土壤水向下运移补给潜水，如图 4.4 中 A 时段所示。②降水入渗开始后，表层土壤水势增大，土壤水势函数在表层形成一个逐渐向下迁移的极小值面 $z_x(t)$，土壤水渗流状态转化为下渗-上渗-下渗型，即整个非饱和带演化为三个渗流带，极小值面 $z_x(t)$ 与地面之间为下渗带，土壤水处于下渗状态；极小值面 $z_x(t)$ 与极大值面

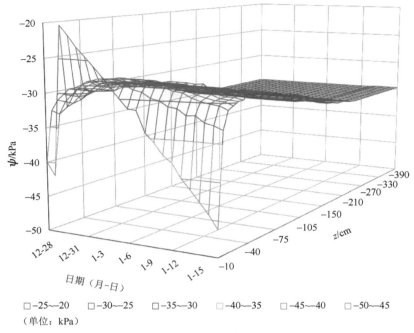

□ -25～-20　　□ -30～-25　　□ -35～-30　　□ -40～-35　　□ -45～-40　　□ -50～-45

（单位：kPa）

图 4.3　降水 9.62 mm 引起土壤水势分布动态演化过程

（极大值型→极大-极小值型→双极大值型→极大值型演化过程）

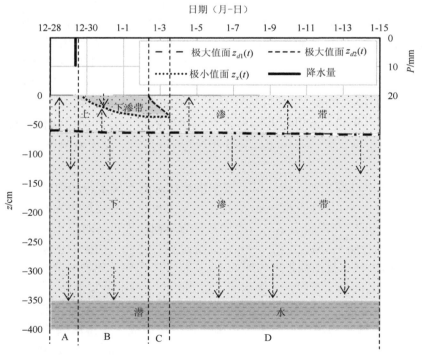

图 4.4　降水 9.62 mm 引起土壤水渗流状态动态演化过程

（蒸发-入渗型→下渗-上渗-下渗型→蒸发-下渗-上渗-下渗型→蒸发-入渗型）

$z_{d1}(t)$ 之间为上渗带，土壤水处于上渗状态；极大值面 $z_{d1}(t)$ 与潜水面之间为下渗带，土壤水向下运移补给潜水，如图 4.4 中 B 时段所示。③降水停止后，因受蒸发作用，在极小值面 $z_x(t)$ 之上又形成新的向下迁移演化的极大值面 $z_{d2}(t)$，土壤水渗流状态又转化为蒸发-下渗-上渗-下渗型，即整个非饱和带演化为 4 个渗流带，极大值面 $z_{d2}(t)$ 与地面之间为上渗带，土壤水向上运移补充土壤水的蒸发损耗；极大值面 $z_{d2}(t)$ 与极小值面 $z_x(t)$ 之间为下渗带，土壤水处于下渗状态；极小值面 $z_x(t)$ 与极大值面 $z_{d1}(t)$ 之间为上渗带，土壤水处于上渗状态；而极大值面 $z_{d1}(t)$ 与潜水面之间为下渗带，土壤水下渗补给潜水，如图 4.4 中 C 时段所示。④当极大值面 $z_{d2}(t)$ 与极小值面相遇时，两者同时消失，土壤水势函数转化为极大值型时，土壤水渗流状态又转化为蒸发-入渗型，如图 4.4 中 D 时段所示。

（5）图 4.5 所示为 9.62 mm 降水入渗过程潜水入渗补给累积量的实测结果，潜水入渗补给累积量曲线上升十分缓慢。实际上入渗过程期间的潜水入渗补给累积量，是土壤水势函数极大值面 $z_{d1}(t)$ 以下土层的土壤水下渗补给潜水而形成的，与此次降水无关，而是与前期降水入渗过程相关。

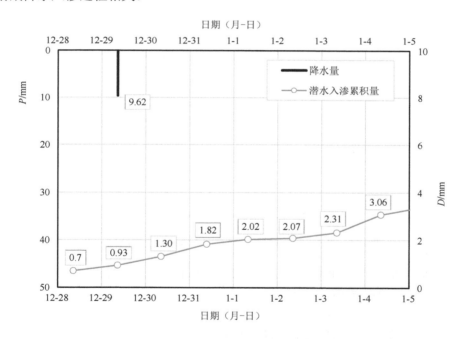

图 4.5　降水入渗过程潜水入渗补给累积量(实测值)

上述土壤水运移机理和主要特征分析表明，小的降水入渗过程的湿润锋面始终未能达到原极大值面 $z_{d1}(t)$ 深度位置，因此入渗水分只是增加了极大值面 $z_{d1}(t)$ 以上土层的水分储量，之后又会参与到土壤水的蒸发过程中，小的降水入渗过程对于极大值面 $z_{d1}(t)$ 下部土层以及潜水入渗补给是无效的，仅对表层的土壤水蒸发起到了一些缓解作用。

2. 降水入渗的湿润锋面超越 $z_{d1}(t)$，未达到潜水面土壤水运移机理和特征

（1）降水入渗过程对土壤水势影响深度范围较深，使极大值面 $z_{d1}(t)$ 以上的土壤表层水势值增幅较大，随着时间的推移逐步影响到极大值面 $z_{d1}(t)$ 位置以下一定深度范围的土壤水势值的增加，且土壤水势值的增幅也随深度增加而减小。图 4.6 所示为 40 mm 降水引起不同深度土壤水势动态演化的过程。可以看出，入渗过程对 10 cm 深度的土壤水势值影响比较大，随着时间推移影响深度逐渐加深，在 150 cm 深度影响极小，在 200 cm 深度已无影响，表明降水入渗过程的湿润锋面最大深度在 150 cm 至 220 cm 之间，并未达到潜水面。

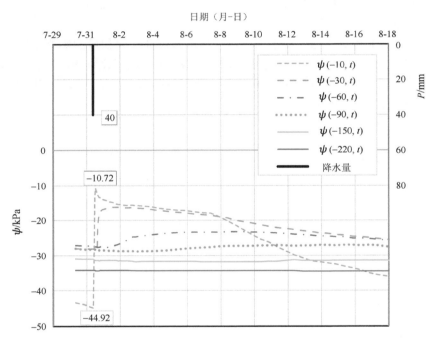

图 4.6　降水 40 mm 引起不同深度土壤水势动态演化过程

（2）降水入渗过程使非饱和带表层的土壤含水量有较明显的增加，随着土壤水的入渗，土壤含水量增加的范围逐渐向下延伸至极大值面 $z_{d1}(t)$ 位置以下，同时含水量的增幅也随之减小。如图 4.7 所示降水 40 mm 引起土壤含水量 $\theta(z,t)$ 时空分布的动态演化过程。

（3）降水前初始土壤水势函数为极大值型。降水入渗开始后使地表的土壤水势快速增加，形成一个向下发育的极小值面 $z_x(t)$，使土壤水势函数类型由极大值型转化为极大-极小值型。降水停止后土壤水受到蒸发作用，在土壤表层形成一个向下迁移演化的极大值面 $z_{d2}(t)$，土壤水势函数类型转化为双极大值型。当极小值面 $z_x(t)$ 向下发育过程中与极大值面 $z_{d1}(t)$ 相遇时，两者同时消失。这时极大值面 $z_{d2}(t)$ 仍存在并继续向下迁移演化，因此土壤水势函数类型又转化为极大值型。但是初始的极大值面 $z_{d1}(t)$ 已消失，此时的极大值面已成为 $z_{d2}(t)$。如图 4.8 所示为降水（40 mm）入渗，引起非饱和带土壤水势时空分布 $\psi(t)$ 的动态演化过程（即极大值型→极大-极小值型→双极大值型→极大值型演化过程）。

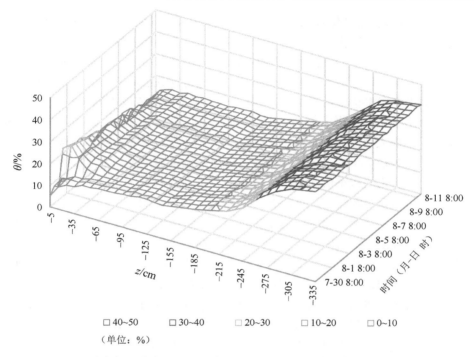

图 4.7　降水 40 mm 引起土壤含水量分布动态演化过程

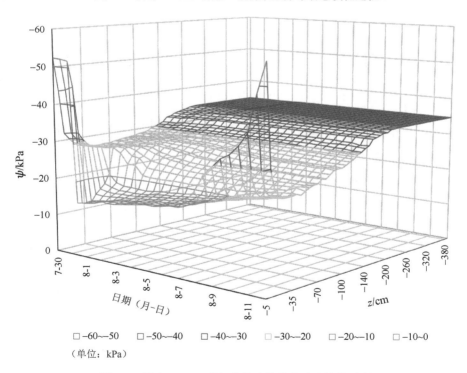

图 4.8　降水 40 mm 引起土壤水势分布动态演化过程
(极大值型→极大-极小值型→双极大值型→极大值型演化过程)

　　(4)降水入渗过程中非饱和带土壤水渗流状态，必然随着土壤水势函数类型的动态转化而发生相应的动态演化，应用土壤水势函数动态分段单调性理论和土壤水渗流动态分带单向性理论，以图4.9所示的降水40 mm的入渗过程引起土壤水渗流状态演化过程为例，对降水入渗过程土壤水运移机理和动态演化特征分析如下：①降水入渗过程开始前，初始的土壤水渗流状态是蒸发-入渗型，由土壤水势函数极大值面$z_{d1}(t)$将整个非饱和带分为两个渗流带，即极大值面$z_{d1}(t)$与地面之间为上渗带，土壤水向上运移补充土壤水蒸发损耗。极大值面$z_{d1}(t)$与潜水面之间为下渗带，土壤水向下运移补给潜水，如图4.9中A时段所示。②降水入渗开始后，表层土壤水势增大，土壤水势函数在表层形成一个向下迁移演化的极小值面$z_x(t)$，土壤水渗流状态转化为下渗-上渗-下渗型，即整个非饱和带演化为3个渗流带，即极小值面$z_x(t)$与地面之间为下渗带，土壤水处于下渗状态；极小值面$z_x(t)$与极大值面$z_{d1}(t)$之间为上渗带，土壤水处于上渗状态；而极大值面$z_{d1}(t)$与潜水面之间为下渗带，土壤水向下运移补给潜水，如图4.9中B时段所示。③降水停止后，因受蒸发作用，在土壤水势函数的极小值面$z_x(t)$之上，又形成新的向下迁移演化的极大值面$z_{d2}(t)$，土壤水渗流状态随之又转化为蒸发-下渗-上渗-下渗型，即整个非饱和带演化为4个渗流带，即极大值面$z_{d2}(t)$与地面之间为上渗带，土壤水向上运移补充土壤水的蒸发损耗。极大值面$z_{d2}(t)$与极小值面$z_x(t)$之间为下渗带，极小值面$z_x(t)$与极大值面$z_{d1}(t)$之间为上渗带。而极大值面$z_{d1}(t)$与潜水面之间为下渗带，土壤水下渗补给潜水，如图4.9中C时段所示。④当极小值面$z_x(t)$与极大值面$z_{d1}(t)$相遇时，

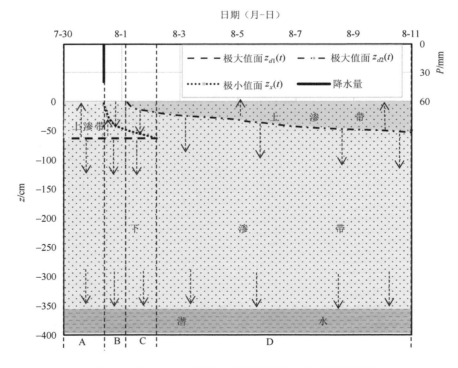

图4.9　降水40 mm引起土壤水渗流状态动态演化过程

(蒸发-入渗型→下渗-上渗-下渗型→蒸发-下渗-上渗-下渗型→蒸发-入渗型)

两者同时消失，土壤水势函数转化为极大值型，土壤水渗流状态又演化为蒸发-入渗型，即非饱和带又演化为两个渗流带，极大值面 $z_{d2}(t)$ 与地面之间为上渗带，极大值面 $z_{d2}(t)$ 与潜水面之间为下渗带，如图 4.9 中 D 时段所示。

（5）降水入渗过程中，入渗水不仅补充了极大值面 $z_{d1}(t)$ 以上的土壤水分，而且当土壤水势函数的极小值面 $z_x(t)$ 与极大值面 $z_{d1}(t)$ 相遇，两者同时消失后，部分入渗水进入到原来土壤水势函数的极大值面 $z_{d1}(t)$ 位置以下土层中，使下渗带的上界面由原来的土壤水势函数的极大值面 $z_{d1}(t)$ 的位置扩展到其上部新的极大值面 $z_{d2}(t)$ 位置，可见在降水入渗过程中，虽然湿润锋面未能达到潜水面直接补给潜水，但还是有少部分降水入渗的水，参与下渗带土壤水入渗补给潜水的过程中。图 4.10 所示是降水 40 mm 实验中实测潜水入渗补给量的累积曲线。可以看出，在降水入渗过程中，潜水仅获得较少的入渗补给量。

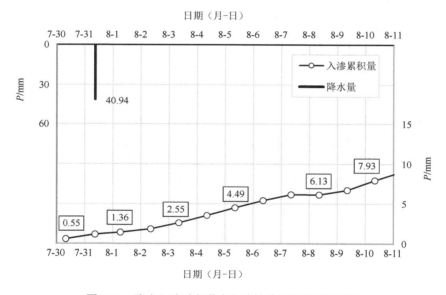

图 4.10　降水入渗过程潜水入渗补给累积量(实测值)

上述土壤水渗流机理和主要特征分析表明，较大一些降水入渗过程，可使部分入渗水进入到原来土壤水势函数的极大值面 $z_{d1}(t)$ 位置以下土层中，下渗带的上界面也由原来的土壤水势函数的极大值面 $z_{d1}(t)$ 的位置扩展到其上部新的极大值面 $z_{d2}(t)$ 位置，可见在降水入渗过程中，虽然湿润锋面未能达到潜水面直接补给潜水，但还是有一部分降水入渗的水参与到入渗补给潜水的过程中，使潜水入渗补给量有明显增加。

3. 降水入渗的湿润锋面达到潜水面的土壤水运移机理和特征

（1）降水入渗过程对土壤水势的影响深度范围涉及整个非饱和带，降水入渗开始使土壤表层水势值大幅增加，随着时间的推移逐步影响到极大值面 $z_{d1}(t)$ 以下很深的位置（有时可达到潜水面），且土壤水势值的增幅也随深度增加而减小。图 4.11 所示为连续 2 次共 181 mm 降水入渗引起不同深度土壤水势动态演化的过程，可以看出上述降水(灌溉)入渗过程对土壤水势影响的特征。

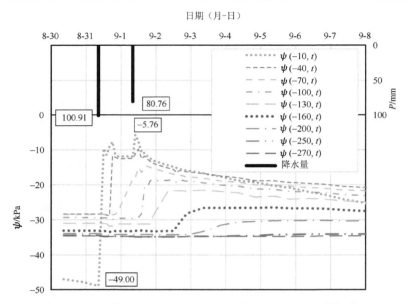

图 4.11　2 次降水 181 mm 引起不同深度土壤水势动态演化过程

（2）降水前，在毛细上升带之上的非饱和带土壤含水量较低，降水入渗过程开始后，使非饱和带的表层土壤含水量大幅增加，随着土壤水的入渗土壤含水量增加的范围较快地向下延伸至极大值面 $z_{d1}(t)$ 位置以下很深的位置，含水量的增幅也随时间推移逐渐减小。如图 4.12 所示为连续 2 次共 181 mm 降水入渗引起土壤含水量 $\theta(z, t)$ 分布的动态演化过程。

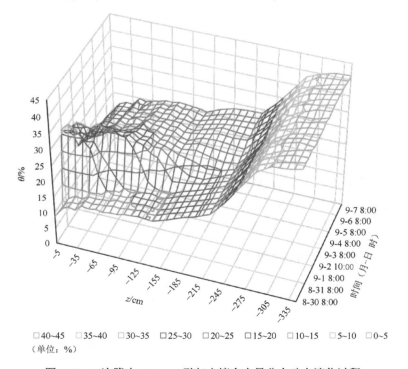

图 4.12　2 次降水 181 mm 引起土壤含水量分布动态演化过程

（3）降水入渗过程对非饱和带土壤水势函数类型必然发生动态转化，降水前初始土壤水势函数为极大值型[极大值面为$z_{d1}(t)$]。降水入渗开始时使地表的土壤水势快速增加，形成一个向下发育的极小值面$z_x(t)$，使土壤水势函数类型由极大值型转化为极大-极小值型。当极小值面$z_x(t)$向下发育过程中与极大值面$z_{d1}(t)$相遇时，两者同时消失，整个非饱和带土壤水势函数转化为单调递增型。如图4.13所示为连续2次共181 mm降水入渗引起非饱和带土壤水势函数$\psi(t)$的动态演化过程（即：极大值型→极大-极小值型→单调递增型演化过程）。

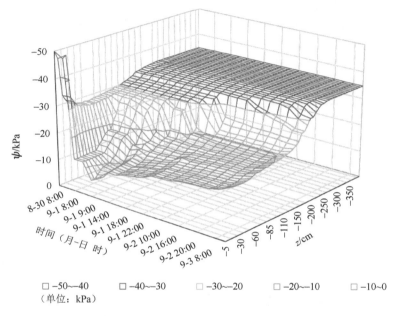

图4.13　2次降水181 mm引起土壤水势分布演化过程

（极大值型→极大-极小值型→单调递增型转化过程）

（4）降水入渗过程中非饱和带土壤水渗流状态，随着土壤水势函数类型的动态转化而发生相应的动态演化。以图4.14所示的连续2次共181 mm降水入渗过程引起土壤水渗流状态演化过程为例，应用土壤水势函数动态分段单调性理论和土壤水渗流动态分带单向性理论，对降水入渗过程的土壤水运移机理和动态演化特征分析如下：①降水入渗过程开始前，土壤水渗流状态是蒸发-入渗型，由土壤水势函数极大值面$z_{d1}(t)$将整个非饱和带分为两个渗流带，即：极大值面$z_{d1}(t)$与地面之间为上渗带，土壤水向上运移补充土壤水蒸发损耗。极大值面$z_{d1}(t)$与潜水面之间为下渗带，土壤水向下运移补给潜水，如图4.14中A时段所示。②降水入渗开始后，表层土壤水势增大，土壤水势函数在表层形成一个向下迁移的极小值面$z_x(t)$，土壤水渗流状态转化为下渗-上渗-下渗型，即：整个非饱和带演化为3个渗流带，即极小值面$z_x(t)$与地面之间为下渗带，土壤水处于下渗状态；极小值面$z_x(t)$与极大值面$z_{d1}(t)$之间为上渗带，土壤水处于上渗状态；而极大值面$z_{d1}(t)$与潜水面之间为下渗带，土壤水向下运移补给潜水，如图4.14中B时段所示。

③由于降水量比较大，极小值面 $z_x(t)$ 向下迁移速度远高于极大值面 $z_{d1}(t)$（此处极小值面 $z_x(t)$ 与通常所称的湿润锋面位置一致，称极小值型湿润锋面）。当极小值面 $z_x(t)$ 与极大值面 $z_{d1}(t)$ 相遇时两者同时消失，土壤水势函数转化为单调递增型，相应的土壤水渗流状态也演化为入渗型，整个非饱和带为下渗带。由于极小值面 $z_x(t)$ 消失后土壤水继续下渗，湿润锋面依然存在，称其为非极小值型湿润锋面。此湿润锋面是降水入渗过程下渗水达到的下界面，湿润锋面以下是未受到降水入渗过程影响的下渗带，如图 4.14 中 C 时段所示。④当湿润锋面达到潜水面时，降水入渗水直接参与潜水入渗补给，如图 4.14 中 D 时段所示。图 4.14 中，下渗带（1）表示未受本次降水入渗过程入渗水影响的下渗带，下渗带（2）表示间接和直接受本次降水入渗过程的下渗水影响的下渗带。

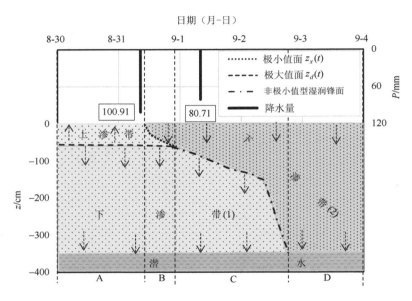

图 4.14　2 次降水 181 mm 引起土壤水渗流状态演化过程

（蒸发-入渗型→下渗-上渗-下渗型→入渗型运移状态转化过程）

（5）降水入渗过程中，入渗水不仅显著增大了极大值面 $z_{d1}(t)$ 以上的土壤含水量，而且当土壤水势函数的极小值面 $z_x(t)$ 与极大值面 $z_{d1}(t)$ 相遇，两者同时消失后，大量入渗水进入到原来土壤水势函数极大值面 $z_{d1}(t)$ 位置以下土层中（见图 4.12）。同时下渗带的上界面由原来的土壤水势函数的极大值面 $z_{d1}(t)$ 的位置扩展到地面，增大了潜水入渗补给的水源。但是在非极小值型湿润锋面与潜水面相遇之前，仍然受到湿润锋面之下的原下渗带的制约，因此潜水入渗补给累积量曲线无明显变化。当降水入渗水的湿润锋面与潜水面相遇后，降水入渗水直接参与了潜水入渗补给，使潜水入渗补给速率逐渐提高，潜水获得了大量补给，如图 4.15 降水入渗过程潜水入渗补给量（实测值）累积曲线数据标签所示。

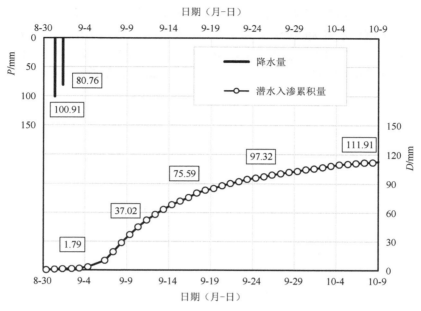

图 4.15　降水入渗过程潜水入渗补给累积量(实测值)

4. 持续长时间降水入渗和蒸发过程的土壤水运移机理和特征

（1）降水入渗过程对土壤水势的影响深度范围涉及整个非饱和带，降水入渗开始使土壤表层水势值大幅增加，随着时间的推移逐步影响到极大值面 $z_{d1}(t)$ 以下直至潜水面，且土壤水势值的增幅也随深度增加而减小。图 4.16 所示为 9 天内相继 8 次共 203 mm 降水入渗引起不同深度土壤水势动态演化的过程，可以看出降水入渗过程影响到整个非饱和带的土壤水势演化情况。

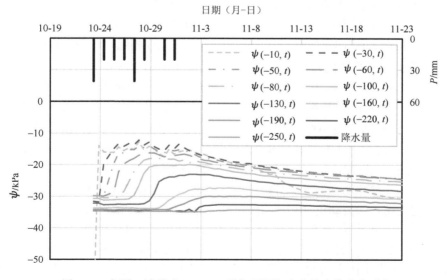

图 4.16　相继 8 次降水 203 mm 引起不同深度土壤水势演化过程

（2）降水前在毛细带之上的非饱和带土壤含水量较低，降水入渗过程开始后，使非饱和带的表层土壤含水量大幅增加，随着土壤水的持续入渗，土壤含水量增加的范围逐渐向下延伸直至毛细上升带，含水量的增幅也随时间推移逐渐减小。如图 4.17 为 9 天内相继 8 次共 203 mm 降水入渗引起土壤含水量分布 $\theta(z,t)$ 动态演化过程。

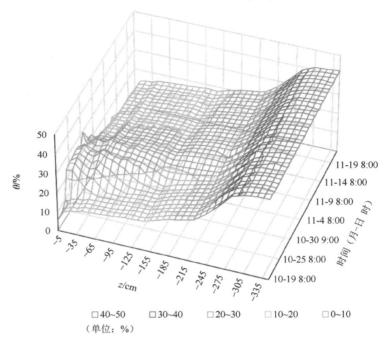

图 4.17　相继 8 次降水 203 mm 引起土壤含水量分布动态演化过程

（3）降水入渗过程必然引起非饱和带土壤水势函数类型动态转化，降水前初始土壤水势函数为极大值型[极大值面为 $z_{d1}(t)$]。降水入渗开始时使地表的土壤水势快速增加，形成一个向下发育的极小值面 $z_x(t)$ ，使土壤水势函数类型由极大值型转化为极大-极小值型。当极小值面 $z_x(t)$ 向下发育过程中与极大值面 $z_{d1}(t)$ 相遇时，两者同时消失，整个非饱和带土壤水势函数转化为单调递增型。降水停止后由于蒸发作用，在土壤表层形成一个向下迁移的极大值面 $z_{d2}(t)$ ，非饱和带土壤水势函数由单调递增型转化为极大值型。如图 4.18 所示为 9 天内相继 8 次共 203 mm 降水入渗引起非饱和带土壤水势函数 $\psi(t)$ 的动态演化过程（即极大值型→极大-极小值型→单调递增型→极大值型演化过程）。

（4）降水入渗过程中非饱和带土壤水渗流状态，随着土壤水势函数类型的动态转化而发生相应的动态演化。例如，9 天内相继 8 次降水 203 mm，引起的土壤水渗流状态演化过程（图 4.19），应用土壤水势函数动态分段单调性理论和土壤水渗流动态分带单向性理论，对降水入渗过程土壤水渗流动机理和动态演化特征分析如下：①降水入渗过程开始前，初始土壤水渗流状态是蒸发-入渗型，由土壤水势函数极大值面 $z_{d1}(t)$ 将整个非饱和带分为两个渗流带，即极大值面 $z_{d1}(t)$ 与地面之间为上渗带，土壤水向上运移补充土壤水蒸发损耗。极大值面 $z_{d1}(t)$ 与潜水面之间为下渗带，土壤水向下运移补给潜水，如图 4.19 中 A 时段所示。②降水入渗开始后，表层土壤水势增大，土壤水势函数在表层形成一个向下迁移的极

小值面 $z_x(t)$，土壤水渗流状态转化为下渗-上渗-下渗型，即整个非饱和带演化为 3 个渗流带，即极小值面 $z_x(t)$ 与地面之间为下渗带，土壤水处于下渗状态；极小值面 $z_x(t)$ 与极大值面 $z_{d1}(t)$ 之间为上渗带，土壤水处于上渗状态；而极大值面 $z_{d1}(t)$ 与潜水面之间为下渗带，土壤水向下运移补给潜水，如图 4.19 中 B 时段所示。③由于降水量比较大，极小值面 $z_x(t)$（极小值型湿润锋面）向下迁移速度远高于极大值面 $z_{d1}(t)$。当极小值面 $z_x(t)$ 与极大值面 $z_{d1}(t)$ 相遇时两者同时消失，土壤水势函数转化为单调递增型，相应的土壤水渗流状态也演化为入渗型，整个非饱和带为下渗带。由于极小值面 $z_x(t)$ 消失后土壤水仍在下渗，即非极小值型湿润锋面继续下移，此湿润锋面是降水入渗过程下渗水达到的下界面，湿润锋面以下是未受到降水入渗过程影响的下渗带(1)，如图 4.19 中 C 时段所示。④当降水停止后由于蒸发作用，土壤表层形成一个向下迁移的土壤水势函数的极大值面，整个非饱和带又分为两个渗流带，图 4.19 中 D 和 E 时段所示。下渗带(1)表示未受降水入渗过程入渗水影响的下渗带，下渗带(2)表示直接受降水入渗过程下渗水影响的下渗带。

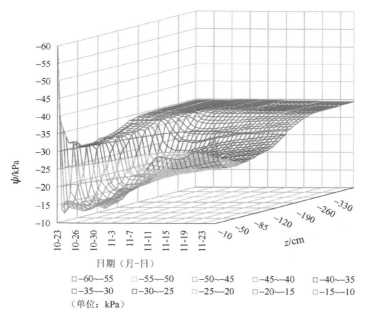

图 4.18　相继 8 次降水 203 mm 引起土壤水势分布动态演化过程
（极大值型→极大—极小值型→单调递增型→极大值型演化过程）

（5）降水入渗过程中，入渗水不仅显著增大了极大值面 $z_{d1}(t)$ 以上的土壤含水量，而且当土壤水势函数的极小值面 $z_x(t)$ 与极大值面 $z_{d1}(t)$ 相遇、两者同时消失后，大量入渗水进入到原来土壤水势函数极大值面 $z_{d1}(t)$ 位置以下土层中（见图 4.17）。使下渗带的上界面由原来的土壤水势函数的极大值面 $z_{d1}(t)$ 的位置扩展到地面，增大了潜水入渗补给的水源。但是在非极小值型湿润锋面与潜水面相遇之前，仍然受到湿润锋面之下的原下渗带的制约，因此潜水入渗补给累积量曲线无明显变化。当降水入渗水的湿润锋面与潜水面相遇后，降水入渗水直接参与了潜水入渗补给，使潜水入渗补给速率逐渐提高，潜水获得了大量补给，如图 4.20 降水入渗过程潜水入渗补给量（实测值）累积曲线数据标签所示。

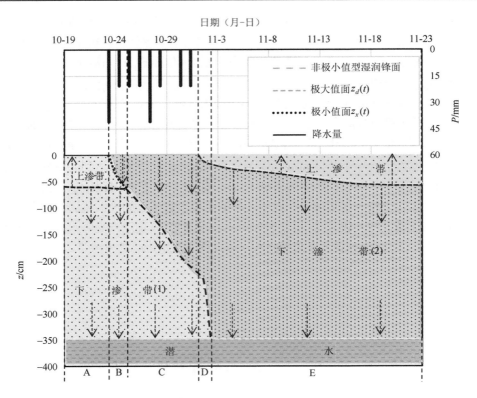

图 4.19　相继 8 次降水 203 mm 土壤水渗流状态演化过程

(蒸发-下渗型→下渗—上渗-下渗型→入渗型→蒸发—下渗型演化过程)

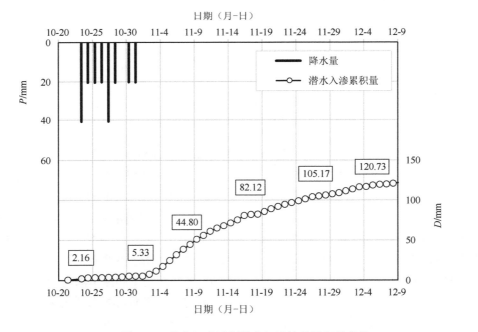

图 4.20　降水入渗过程潜水入渗补给累积量曲线

二、单调递减型水势分布初始条件下
入渗蒸发过程土壤水运移

单调递减型土壤水势函数及其相应的蒸发型土壤水渗流状态，是干旱半干旱平原区潜水浅埋区(潜水埋深小于潜水上渗损耗极限深度)主要分布类型之一。很多降水入渗过程都是发生在初始状态为单调递减型土壤水势函数的情况下。通过降水入渗过程的土壤水运移的大型物理模拟实验研究取得以下认识。

1. 入渗蒸发过程土壤水运移机理和特征

(1)降水入渗过程对土壤水势的影响深度范围与降水量的大小有关，若降水量较小，入渗过程对土壤水势的影响深度范围就小。当降水量足够大时，对土壤水势的影响深度范围可以是整个非饱和带，如图 4.21 所示为持续 3 日共降水 163 mm 引起不同深度土壤水势动态演化过程。可以看出，降水入渗开始使土壤表层水势值大幅增加，随着时间的推移，逐步影响到整个非饱和带，且土壤水势值的增幅也随深度增加而减小。

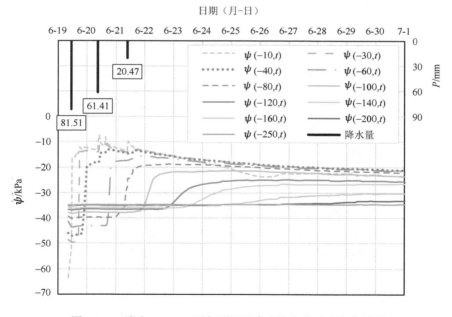

图 4.21　降水 163 mm 引起不同深度土壤水势动态演化过程

(2)降水前非饱和带的毛细带之上的土壤含水量很低，降水入渗过程开始后，使非饱和带的表层土壤含水量大幅增加，随着土壤水的入渗土壤含水量增加的范围逐渐向下延伸，含水量的增幅也随时间推移逐渐减小。如图 4.22 为持续 3 天共降水 163 mm 引起土壤含水量分布 $\theta(z,t)$ 动态演化过程。

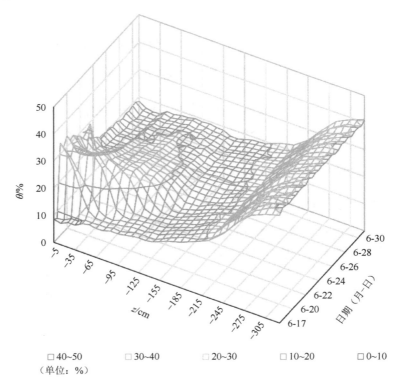

图 4.22　降水入渗过程土壤含水量分布动态演化过程

（3）降水入渗过程必然引起非饱和带土壤水势函数类型动态转化，降水前初始土壤水势函数为单调递减型。降水入渗开始后，使地表的土壤水势快速增加，形成一个向下发育的极小值面 $z_x(t)$，土壤水势函数由单调递减型转化为极小值型，极小值面 $z_x(t)$ 的发育深度与降水量有直接关系。在降水停止后，由于蒸发作用，在土壤表层就会形成向下发育的一个极大值面 $z_d(t)$，使土壤水势函数由极小值型转化为极小-极大值型。此时若极小值面 $z_x(t)$ 的位置较浅，向下迁移速度缓慢，而极大值面 $z_d(t)$ 向下迁移速度快于极小值面 $z_x(t)$，就可能两者相遇而消失，土壤水势函数又转化为单调递减型。如果是极小值面 $z_x(t)$，向下迁移速度大于极大值面 $z_d(t)$，可能极小值面 $z_x(t)$ 向下迁移至潜水面而消失，土壤水势函数由极小-极大值型转化为极大值型，如图 4.23 所示降水 163 mm 引起土壤水势函数 $\psi(t)$ 的演化过程，即单调递减型→极小值型→极小-极大值型→极大值型转化过程。

（4）降水入渗过程中非饱和带土壤水渗流状态，随着土壤水势函数类型的动态转化而发生相应的动态演化。以图 4.24 所示降水 163 mm 引起的土壤水渗流状态演化过程为例，应用土壤水势函数动态分段单调性理论和土壤水渗流动态分带单向性理论，对降水入渗过程土壤水运移机理和动态演化特征分述如下：①降水入渗过程开始前，初始的土壤水势函数是单调递减型，整个非饱和带是一个渗流带，即上渗带，潜水向上运移补充非饱和带土壤水的上渗损耗，如图 4.24 中 A 时段所示。②降水入渗开始后，表层土壤水势增大，表层形成一个向下迁移演化的极小值面 $z_x(t)$，土壤水势函数转化为极小

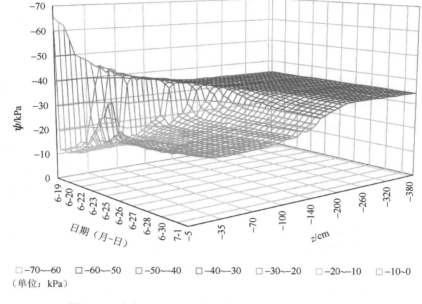

□ −70～60 □ −60～50 □ −50～40 □ −40～30 □ −30～20 −20～10 □ −10～0
（单位：kPa）

图 4.23 降水 163 mm 引起土壤水势分布的动态演化过程

（单调递减型→极小值型→极小-极大值型 →极大值型转化过程）

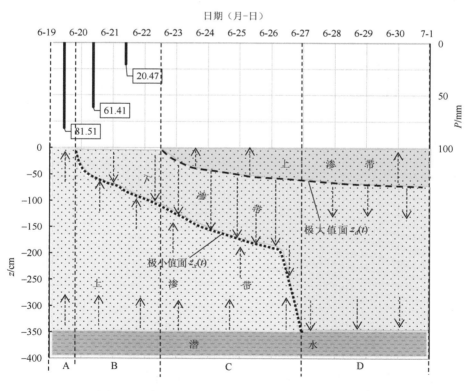

图 4.24 降水 163 mm 引起土壤水渗流状态演化过程

（蒸发型→下渗-上渗型→蒸发-下渗-上渗型→蒸发-入渗型转化过程）

值型，即整个非饱和带演化为 2 个渗流带，即极小值面 $z_x(t)$ 与地面之间为下渗带，土壤水呈下渗状态，极小值面 $z_x(t)$ 与潜水面之间为上渗带，潜水向上渗流，即土壤水渗流状态转化为下渗-上渗型，如图 4.24 中 B 时段所示。③由于蒸发作用在土壤表层形成一个向下发育的极大值面 $z_d(t)$，土壤水势函数转化为极小-极大值型，整个非饱和带演化为 3 个渗流带，极大值面 $z_d(t)$ 与地面之间为上渗带，极大值面 $z_d(t)$ 与极小值面 $z_x(t)$ 之间为下渗带，极小值面 $z_x(t)$ 与潜水面之间为上渗带，即土壤水渗流状态转化为上渗-下渗-上渗型，如图 4.24 中 C 时段所示。④通常 $z_d(t)$ 和 $z_x(t)$ 向下迁移的速度并不一样，若 $z_d(t)$ 与 $z_x(t)$ 相遇而同时消失，土壤水势函数转化为单调递减型，相应的土壤水渗流状态转化为蒸发型。如果 $z_d(t)$ 与 $z_x(t)$ 没有相遇，而是极小值面 $z_x(t)$ 先与潜水面相遇而消失，那么土壤水势函数就转化为极大值型，土壤水渗流状态转化为蒸发-入渗型，如图 4.24 中 D 时段所示。

(5)降水入渗过程开始前，整个非饱和带的土壤水处于蒸发损耗状态，潜水持续上渗补充土壤水的损耗。降水入渗过程开始后，降水入渗，只能增加极小值面 $z_x(t)$ 以上土壤含水量，极小值面 $z_x(t)$ 以下仍保持土壤水渗流上渗状态，只要潜水面以上的极小值面 $z_x(t)$ 存在，就不会产生潜水入渗补给。当极小值面 $z_x(t)$ 与潜水面相遇消失后，潜水才会获得降水入渗补给，如图 4.25 降水入渗过程潜水入渗补给量(实测值)累积曲线数据标签所示。

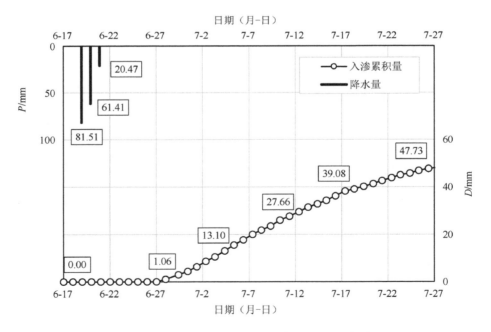

图 4.25　降水入渗过程潜水入渗补给累积(实测值)曲线

2. 间歇大的降水入渗蒸发过程土壤水运移机理和特征

(1)单调递减型土壤水势函数通常发生在潜水浅埋地区，间歇大降水入渗过程对土壤水势的影响深度范围可以是整个非饱和带。如图 4.26 所示为 4 次间歇降水入渗引起不同深度土壤水势动态演化过程。可以看出，每次降水入渗初期都会使土壤表层水势值大幅增加，随着时间的推移，逐步影响至整个非饱和带，且土壤水势值的增幅也随深度增加而减小。

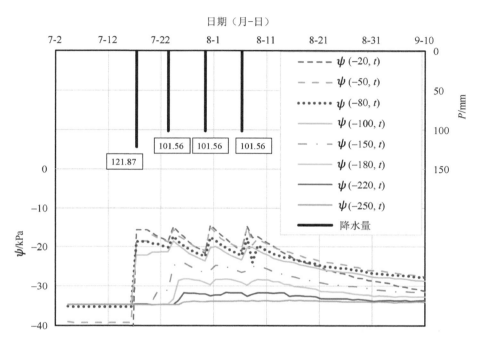

图 4.26　4 次间歇降水入渗引起不同深度水势动态演化过程

(2)降水前非饱和带的毛细带之上的土壤含水量较低，每次大的降水开始后，非饱和带的表层土壤含水量都会大幅增加，随着土壤水的入渗土壤含水量增加的范围逐渐地向下延伸至毛细上升带。如图 4.27 所示为 4 次大的降水入渗引起土壤含水量分布 $\theta(z, t)$ 动态演化过程，可以明显看出，每次大的降水和间歇期非饱和带土壤水量具有增加和减小的动态演化基本特征。

(3)降水入渗过程必然引起非饱和带土壤水势函数类型动态转化，降水前初始土壤水势函数为单调递减型。降水入渗开始后，使地表的土壤水势迅速增加，形成一个向下发育的极小值面 $z_x(t)$，土壤水势函数由单调递减型转化为极小值型。由间歇大降水为入渗提供了充足的水分条件，使极小值面 $z_x(t)$ 快速向深部发育。当极小值面 $z_x(t)$ 与潜水面相遇而消失后，土壤水势函数由极小值型转化为单调递增型。之后又因蒸发作用土壤水势函数由单调递增型转化为极大值型。图 4.28 所示为 4 次大的降水入渗引起土壤水势函数 $\psi(t)$ 动态演化过程，即单调递减型→极小值型→单调递增型→极大值型。可以明显看出，每次大的降水和间歇期非饱和带土壤水势函数具有大幅变化的动态演化基本特征。

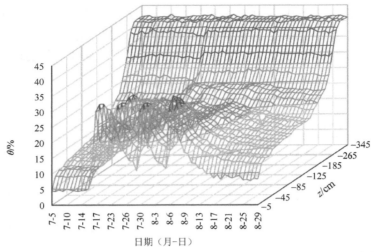

□40~45　□35~40　□30~35　□25~30　□20~25　□15~20　□10~15　□5~10　□0~5
（单位：%）

图 4.27　4 次间歇降水实测土壤含水量分布动态演化过程

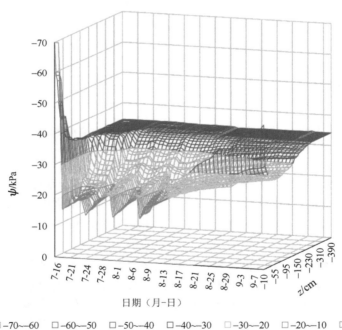

□−70~−60　□−60~−50　□−50~−40　□−40~−30　□−30~−20　□−20~−10　□−10~0
（单位：kPa）

图 4.28　4 次间歇降水引起土壤水势分布动态演化过程
（单调递减型→极小值型→单调递增型→极大值型转化过程）

（4）降水入渗过程中非饱和带土壤水渗流状态，随着土壤水势函数类型的动态转化而发生相应的动态演化。以图 4.29 所示 4 次间歇大降水入渗引起土壤水渗流状态转化过程为例，应用土壤水势函数动态分段单调性理论和土壤水渗流动态分带单向性理论，对降水入渗过程土壤水运移机理和动态演化特征分述如下：①降水入渗过程开始前，初始土壤水渗流状态是单调递减型，整个非饱和带是一个渗流带，即上渗带，潜水向上运移补充非饱和带土壤水的上渗损耗，如图 4.29 中 A 时段所示。②降水入渗开始后，表层土壤水势增大，表层形成一个向下迁移的极小值面 $z_x(t)$，土壤水势函数转化为极小值型，即整个非饱和带演化为 2 个渗流带，即：极小值面 $z_x(t)$ 与地面之间为下渗带，土壤水呈下渗状态，极小值面 $z_x(t)$ 与潜水面之间为上渗带，潜水向上渗流，相应的土壤水渗流状态转化为下渗–上渗型，如图 4.29 中 B 时段所示。③当极小值面 $z_x(t)$ 与潜水面相遇消失后，土壤水势函数转化为单调递增型，相应的土壤水渗流状态转化为入渗型，即整个非饱和带成为一个下渗带，土壤水补给潜水，如图 4.29 中 C 时段所示。④4 次间歇大降水结束后，受蒸发作用影响，土壤水势函数在土壤表层形成一个向下发育的极大值面 $z_d(t)$，非饱和带土壤水势函数单调递增型转化为极大值型，如图 4.29 中 D 时段所示。通过上述分析，图 4.29 完整地显示了 4 次间歇大降水入渗所引起的土壤水渗流状态转化过程，即：（蒸发型）→（下渗–上渗型）→（入渗型）→（蒸发–下渗型）。

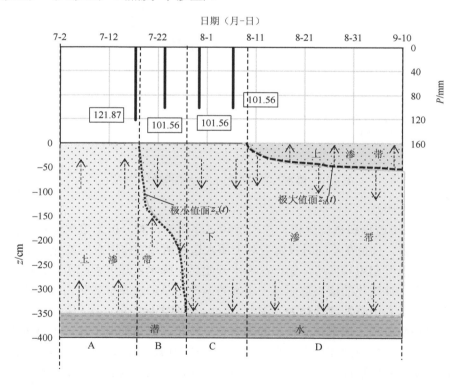

图 4.29　4 次间歇降水土壤水渗流状态动态演化过程

（蒸发型）→（下渗—上渗型）→（入渗型）→（蒸发—下渗型）

（5）降水入渗过程开始前，整个非饱和带的土壤水处于蒸发损耗状态，潜水持续上渗补充土壤水的损耗。降水入渗过程开始后，降水入渗，只能增加极小值面 $z_x(t)$ 以上土壤含水量，极小值面 $z_x(t)$ 以下仍保持土壤水渗流上渗状态，只要潜水面以上的极小值面 $z_x(t)$ 存在，就不会产生潜水入渗补给。当极小值面 $z_x(t)$ 与潜水面相遇消失后，潜水开始获得入渗补给，而且整个非饱和带的土壤水成为潜水入渗补给的水源，使潜水补给量快速增大。当因蒸发作用引起土壤水渗流状态转化为蒸发-入渗型后，下渗带上界面从地面转化为土壤水势函数极大值面 $z_d(t)$ 位置，但是在 4 次间歇大降水入渗过程中，整个非饱和带获得了充足的土壤水分，使潜水入渗补给仍能持续获得较大的补给量，如图 4.30 降水入渗过程潜水入渗补给量(实测值)累积曲线数据标签所示。

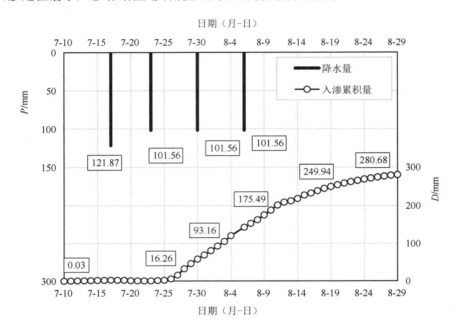

图 4.30　降水入渗过程潜水入渗累积量(实测值)

上述分析表明：

(1)降水入渗过程和蒸发过程，往往是同时存在的。对分析土壤水运移而言，很难把两者严格分开，只是在不同时段两者对土壤水运移所起的作用有所差异。如图 4.24 所示，在降水前蒸发起主导作用，第一次降水开始后，降水入渗过程起主导作用，在地表形成一个向下迁移演化的极小值面，土壤水势函数由单调递减型转化为极小值型，相应的土壤水渗流状态由蒸发型转化为入渗-上渗型。但在之后的第二次和第三次降水时，并未使土壤水势函数和土壤水渗流状态的类型发生转化，仅是加速了这一土壤水渗流状态的动态演化过程。如非饱和带土壤水下渗带厚度持续增加。降水停止后，由于蒸发起主导作用，在土壤表层形成一个向下迁移的极大值面，使土壤水势函数由极小值型转化为极小-极大值型，相应的土壤水渗流状态也由蒸发-入渗型转化为蒸发-下渗-上渗型。蒸发过程和入渗过程仍在同时持续进行着，极小值面下移至毛细上升带后迅速下行与潜水相遇而消失，使土壤水渗流状态转化为蒸发-入渗型。因此，在研究中应用非饱和带土壤水势函数动态分段单调性理论与土壤水渗流动态分带单向性理论，即可全面认识在降水入渗过程和蒸发过程综合影响下的土壤水渗流的动态演化规律。

(2)土壤水与大气水、土壤水与潜水的相互转化关系，取决于非饱和带土壤水势函

数(或相应的土壤水渗流状态)类型。如:

① 在动态条件下,当非饱和带土壤水势函数演化为单调递减型、极大值型、极小-极大值型、双极大值型等类型时,即可形成土壤水向大气水的转化过程。

② 在动态条件下,当非饱和带土壤水势函数演化为单调递增型、极小值型、极大-极小值型、双极小值型等类型时,即可形成大气水或地表水(如降水或灌溉水等)向土壤水的转化过程。

③ 在动态条件下,当非饱和带土壤水势函数演化为单调递增型、极大值型、极大-极小值型、双极大值型等类型时,即可形成土壤水向潜水转化的过程。

④ 在动态条件下,当非饱和带土壤水势函数演化为单调递减型、极小值型、极小-极大值型、双极小值型等类型时,即可形成潜水向土壤水转化的过程。

第二节　种植条件下潜水补耗机理及农业生态环境意义

种植作物条件下潜水补耗机理及农业生态环境效应的研究不太多,为了种植作物条件下潜水入渗的补、耗及其与潜水埋深的关系,选用了天山北麓平原有代表性的两种主要作物,即冬小麦和玉米,进行了人为控制潜水埋深条件下的模拟种植试验,土壤条件和灌溉制度基本上与当地保持一致。在昌吉均衡试验场模拟区,进行了种植冬小麦试验,潜水埋深分别控制在 1.5 m、4 m 和 6 m 等三个水平上。同样进行了种植玉米试验,潜水埋深分别控制在 1 m、3 m 和 7 m 等三个水平上。后来又进行了种植玉米的补充试验,潜水埋深分别控制在 1.5 m、4 m 和 6 m 等三个水平上(韩双平等,2005)。

一、潜水入渗补给和潜水上渗损耗机理

潜水的入渗补给过程、入渗速率、潜水的上渗损耗过程和上渗速率等,主要取决于潜水面以上相邻区域(含潜水面)的土壤水势函数特征和土壤的物理特性。当这一区域的土壤水势梯度 $\frac{\partial \psi}{\partial z} > 0$ 时,在此土壤水势梯度的驱动力作用下,土壤水分下渗向潜水转化,形成潜水入渗补给。当这一区域的土壤水势梯度 $\frac{\partial \psi}{\partial z} < 0$ 时,土壤水分向上运移,形成潜水向土壤水的转化,从而产生潜水上渗损耗(习惯称"潜水蒸发")。因此潜水入渗补给过程和潜水上渗损耗过程的形成与转化,与研究区的非饱和带土壤水势函数类型和相应的土壤水渗流状态的动态演化直接相关。例如,在我国西北地区非饱和带土壤水势函数(或称土壤水势分布)和相应的土壤水渗流状态比较齐全,具有以下 8 种基本类型。

(1)单调递增型土壤水势函数,相应土壤水渗流状态为入渗型(包括饱和-非饱和入渗型、非饱和入渗型)。

(2)单调递减型土壤水势函数,相应土壤水渗流状态为蒸发型。

(3)极大值型土壤水势函数,相应土壤水渗流状态为蒸发-入渗型。

(4)极小值型土壤水势函数,相应土壤水渗流状态为下渗-上渗型。

(5) 极大-极小值型土壤水势函数，相应土壤水渗流状态为下渗-上渗-下渗型。

(6) 极小-极大值型土壤水势函数，相应土壤水渗流状态为蒸发-下渗-上渗型。

(7) 双极大值型土壤水势函数，相应土壤水渗流状态为蒸发-下渗-上渗-下渗型。

(8) 双极小值型土壤水势函数，相应土壤水渗流状态为下渗-上渗-下渗-上渗型。

上述非饱和带土壤水势函数和相应的土壤水渗流状态的类型可以看出，非饱和带土壤水势函数基本类型和相应的土壤水渗流状态基本类型，若是基本类型(1)(3)(5)和(7)中的情况之一，便形成潜水入渗补给过程，即土壤水向地下水转化。非饱和带土壤水势函数和相应的土壤水渗流状态，如果是基本类型(2)(4)(6)和(8)中的情况之一，就会形成潜水上渗损耗，潜水向土壤水转化。

需要特别指出，并不是所有研究区域和所有潜水埋深条件下，都可能出现上述8种土壤水势函数和相应的土壤水渗流状态的基本类型。例如，当研究区潜水埋深大于潜水上渗损耗极限深度时，在非冻结期，非饱和带的土壤水势函数和相应土壤水渗流状态不会出现以上8个基本类型中的(2)(4)(6)和(8)。即不会出现潜水以液态形式上渗转化为土壤水(冻结期例外)。而是长期处于潜水入渗补给过程，非饱和带土壤水持续向潜水转化。由于不同的研究区域的具体情况有差异，潜水上渗损耗极限深度也有一定差别，所以确定划分潜水深埋区的深度标准时需具体分析。

由前节关于降水入渗和蒸发条件下土壤水运移的分析表明，非饱和带土壤水势函数基本类型和相应的土壤水渗流状态基本类型，始终处于连续的动态演化过程中，因此潜水入渗补给过程和潜水上渗损耗过程，也随着非饱和带土壤水势函数类型的动态转化而发生相应的动态转化。

作物生长条件下，由于西北地区次降水量较小和作物的根系的吸水作用等原因，非饱和带很难形成单调递增型土壤水势函数，不会出现明显的潜水入渗补给过程。但是在灌期，由于每次灌水量较大，往往使土壤剖面的土壤水势函数呈单调递增型或蒸发-入渗型，形成潜水入渗补给，而且潜水埋深不同，潜水入渗补给过程持续时间也不同。

潜水上渗损耗是潜水在浅埋条件下地下水消耗的主要途径。在作物生长条件下，地下水上渗补充因地表棵间蒸发和作物根系吸水引起的土壤水损耗，而且绝大部分被作物利用，成为作物需水量的重要组成部分，这部分水可以称之为有效的潜水上渗损耗量(潜水蒸发量)。当潜水埋深大于潜水上渗损耗极限深度时，潜水不再出现上渗损耗，而且潜水始终处于缓慢的入渗补给状态。

在潜水入渗补给过程中，土壤水向潜水转化的速率、转化量和潜水上渗损耗过程中，潜水向土壤水转化速率、转化数量除了受土壤水势梯度的大小和方向及持续时间长短的影响外，还与非饱和土壤导水率 $k(\theta)$ 等物理特性相关，土壤岩性不同非饱和土壤导水率 $k(\theta)$ 的大小差别非常大，即使是同一种岩性，土壤含水量发生小的变化，也会引起非饱和土壤导水率的值产生较大幅度的变化。

二、种植条件下潜水埋深对潜水补、耗及农业生态环境影响

潜水浅埋条件下(潜水埋深小于潜水上渗损耗极限深度)，潜水入渗补给过程和潜水

上渗损耗过程是随着土壤水势函数的变化而经常发生相互转化的，在一个作物生育期就可能发生多次转化。要把两者严格分开，特别是把潜水入渗补给量和潜水上渗损耗量分开，是非常困难的。即使是采用地中渗透仪观测潜水入渗补给量和潜水蒸发量，由于非饱和带(特别是黏性土壤)透气性较差，潜水面附近的土壤空气压力与大气压力不能保持同步变化。因此，当大气压力增加时，地中渗透仪的平衡杯水面的压力大于潜水面附近土壤空气的压力，平衡杯中的水便在此压力差的作用下流入地中渗透仪，并使潜水面略有升高。反之，当大气压力降低时，地中渗透仪的水流向平衡杯。在地中渗透仪的观测工作中，通常是把由平衡杯流入地中渗透仪的水量作为潜水蒸发量，而把地中渗透仪流出的水量作为潜水入渗补给量。显然把由于气压变化引起流入和流出地中渗透仪水量，也分别记为潜水蒸发量和潜水入渗补给量，所以在地中渗透仪的观测值中存在假的潜水入渗补给量和假的潜水蒸发量。因此，在试验数据的分析研究中，采用了潜水补耗差ΔD的概念，即潜水的入渗补给量减去潜水蒸发量，这样可以得到计算时段(如某一作物生育期)的潜水净入渗补给量或潜水净损耗量，排除了假入渗补给量和假潜水上渗量的影响。在此基础上，下面以种植冬小麦和玉米试验为例，分析研究在种植作物条件下，潜水埋深对潜水入渗补给、潜水上渗损耗(潜水蒸发)及农业生态环境的主要影响。

图 4.31～图 4.33 分别给出了潜水埋深 1.5 m、4 m 和 6 m 的冬小麦各生育期的降水量 P、灌溉量 I、潜水补耗差ΔD、土壤储水变化量ΔW、作物需水量 ET 等计算结果的图和数据表。

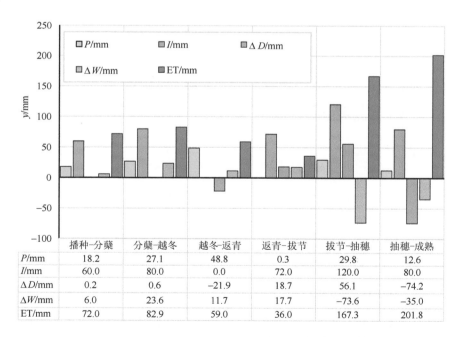

	播种-分蘖	分蘖-越冬	越冬-返青	返青-拔节	拔节-抽穗	抽穗-成熟
P/mm	18.2	27.1	48.8	0.3	29.8	12.6
I/mm	60.0	80.0	0.0	72.0	120.0	80.0
ΔD/mm	0.2	0.6	−21.9	18.7	56.1	−74.2
ΔW/mm	6.0	23.6	11.7	17.7	−73.6	−35.0
ET/mm	72.0	82.9	59.0	36.0	167.3	201.8

图 4.31　潜水埋深 1.5 m 冬小麦各生育期潜水补耗差等各量直方图

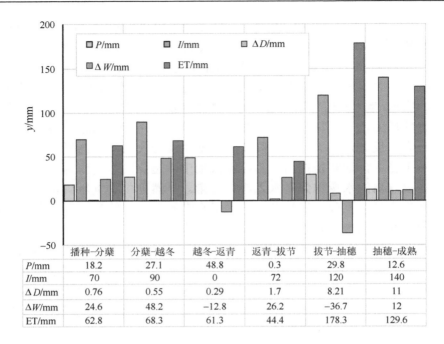

	播种-分蘖	分蘖-越冬	越冬-返青	返青-拔节	拔节-抽穗	抽穗-成熟
P/mm	18.2	27.1	48.8	0.3	29.8	12.6
I/mm	70	90	0	72	120	140
ΔD/mm	0.76	0.55	0.29	1.7	8.21	11
ΔW/mm	24.6	48.2	−12.8	26.2	−36.7	12
ET/mm	62.8	68.3	61.3	44.4	178.3	129.6

图 4.32　潜水埋深 4 m 冬小麦各生育期潜水补耗差等各量直方图

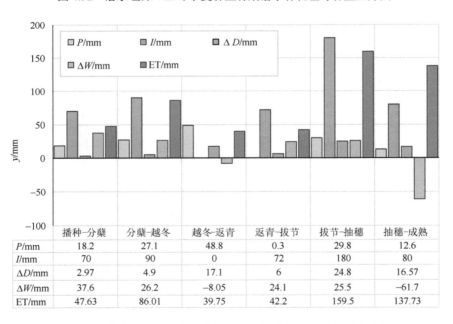

	播种-分蘖	分蘖-越冬	越冬-返青	返青-拔节	拔节-抽穗	抽穗-成熟
P/mm	18.2	27.1	48.8	0.3	29.8	12.6
I/mm	70	90	0	72	180	80
ΔD/mm	2.97	4.9	17.1	6	24.8	16.57
ΔW/mm	37.6	26.2	−8.05	24.1	25.5	−61.7
ET/mm	47.63	86.01	39.75	42.2	159.5	137.73

图 4.33　潜水埋深 6 m 冬小麦各生育期潜水补耗差等各量直方图

图 4.31～图 4.33 可以看出，在种植冬小麦条件下，潜水埋深对潜水入渗补给和潜水上渗损耗的影响及其对农业生态环境的影响有以下几个方面。

(1)潜水浅埋(如潜水埋深 1.5 m)时，在冬小麦的某些生育期有较充足的灌溉水的情况下，潜水入渗起主导作用，潜水补耗差ΔD为正值，潜水获得一定的净入渗补给量，如在拔节-抽穗期降水与灌溉量为 149.8 mm，潜水获得净入渗补给量为 56.1 mm。

(2)潜水浅埋条件下，在冬小麦某些生育期无灌溉或灌溉降水量相对比较少，作物需水又较多时，潜水上渗补充土壤水起主导作用，潜水补耗差ΔD 为负值，如潜水埋深 1.5 m 冬小麦的越冬-返青期无灌水，ΔD 为–21.9 mm，占该生育期冬小麦需水量的 37.1%。又如，冬小麦的抽穗-成熟期虽然灌溉和降水量为 92.6 mm，但是因为该生育期大气蒸发能力很强，作物需水量较大，灌溉和降水量仍不能满足冬小麦的需水要求，引起了较强烈的潜水上渗损耗，ΔD 为–74.2 mm，占冬小麦该生育期需水量的 36.9%。由于ΔD 反映的是该生育期内潜水入渗补给与潜水上渗损耗过程交替变化的综合作用的结果，实际潜水上渗量要大于同期ΔD 计算值。可见，潜水浅埋条件下，在作物生长的动态变化条件下，当作物出现干旱时，特别是作物需水高峰期，潜水能及时上渗为作物需水提供水源，对农业生态环境有较强的动态调节作用。因此，尽管在种植试验期，其他条件相同，潜水埋深 1.5 m 的冬小麦灌水量比潜水埋深 4 m 和 7 m 的冬小麦灌水量，还要少 80 mm。但是由于潜水动态调节作用，使前者的冬小麦产量却高于后者。

(3)潜水埋深 1.5 m 时，冬小麦全生长期总的潜水上渗量大于潜水的入渗补给量，全生长期的潜水补耗差ΔD 为–20.56 mm。但是在冬小麦全生长期内，潜水为冬小麦的需水所提供的地下水资源量要比此数大的多，如上所述仅越冬-返青和抽穗-成熟期两个生育期潜水就为冬小麦需水提供了 96.09 mm 地下水，占冬小麦全生长期需水量的 15.5%。实际上，潜水为冬小麦需水所提供的水量还要大于此量。

(4)潜水深埋条件下(如潜水埋深 4 m 和 6 m)，冬小麦各生育期和全生长期的潜水补耗差ΔD 均为正值。这是由于种植冬小麦条件下，在灌溉和作物的蒸发蒸腾交替作用下，非饱和带土壤水分渗流状态呈入渗型，或蒸发-入渗型，或下渗-上渗-下渗型，因此相邻潜水面上方的土壤水始终向下运移，不断地补给潜水，ΔD 为正值，如潜水埋深为 4 m 和 6 m，冬小麦的潜水补耗差分别为 22.51 mm 和 72.34 mm，均为正值。根据极大值面(或零通量面 ZFP)方法预测潜水上渗损耗极限深度的公式计算的结果，潜水上渗损耗极限深度为 4.66 m，而潜水埋深 6 m 远大于 4.66 m，潜水无上渗损耗，只是接纳其上方非饱和带的来水，而不能为冬小麦的需水提供地下水资源。潜水埋深 4 m 小于 4.66 m，所以在冬小麦全生育期，仍然会出现少量潜水上渗损耗的情况，因此潜水埋深 4 m 的ΔD 介于潜水埋深 1.5 m 和 6 m 之间。

图 4.34～图 4.36 分别给出 1997 年潜水埋深为 1 m、3 m 和 7 m 玉米各生育期降水量 P、灌溉量 I、潜水补耗差ΔD、土壤储水量变化量ΔW、作物需水量 ET 等计算结果的图和数据表。图 4.37～图 4.39 分别给出 2000 年潜水埋深 1.5 m、4 m 和 6 m 玉米各生育期降水量 P、灌溉量 I、潜水补耗差ΔD、土壤储水量变化量ΔW、作物需水量 ET 等计算结果的图和数据表。图 4.34～图 4.39 可以看出，在种植玉米条件下，潜水埋深对潜水入渗补给和潜水上渗损耗的影响及其对农业生态环境的影响有以下几个方面。

(1)由图 4.34、图 4.37 和图 4.35 可以看出，潜水浅埋条件下(潜水埋深 1 m、1.5 m 和 3 m)，玉米需水高峰期，潜水上渗损耗起主导作用，潜水补耗差ΔD 为负值。在玉米的拔节-抽穗期，潜水上渗为玉米生长提供的地下水资源量分别占同期玉米需水量的 58.4%、44.1%和 1.5%；在玉米的抽穗-成熟期，潜水上渗量提供的地下水资源量分别占同期玉米需水量的 94.8%、78.5%和 6.0%；在玉米全生长期，潜水上渗量提供的地下水资源量分别占全生长期玉米需水量的 45.3%、36.8%和 2.8%。可见潜水浅埋条件下，在玉米需水的高峰期及全生长期，潜水埋深越浅潜水对农业生态环境的动态调节能力越强，对提高玉米产量起重要作用。但是若潜水埋深过浅，且潜水矿化度较高时，潜水上渗的同时还会将易溶盐带到非饱和带，如不采取合理的土壤水盐动态调控措施，将会产生土壤次生盐碱化等农业生态环境问题。

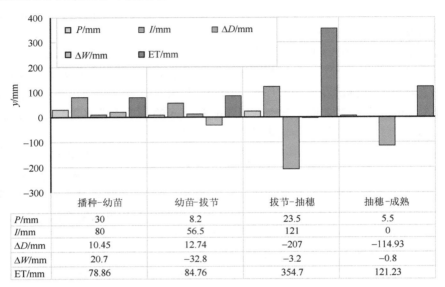

	播种–幼苗	幼苗–拔节	拔节–抽穗	抽穗–成熟
P/mm	30	8.2	23.5	5.5
I/mm	80	56.5	121	0
ΔD/mm	10.45	12.74	−207	−114.93
ΔW/mm	20.7	−32.8	−3.2	−0.8
ET/mm	78.86	84.76	354.7	121.23

图 4.34　潜水埋深 1 m 玉米各生育期潜水补耗差等各量直方图

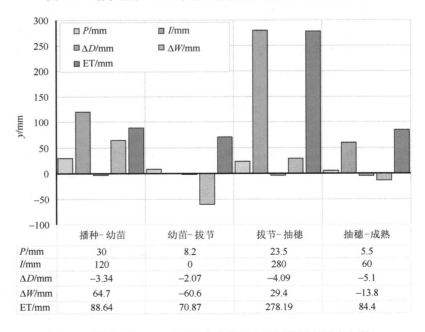

	播种–幼苗	幼苗–拔节	拔节–抽穗	抽穗–成熟
P/mm	30	8.2	23.5	5.5
I/mm	120	0	280	60
ΔD/mm	−3.34	−2.07	−4.09	−5.1
ΔW/mm	64.7	−60.6	29.4	−13.8
ET/mm	88.64	70.87	278.19	84.4

图 4.35　潜水埋深 3 m 玉米各生育期潜水补耗差等各量直方图

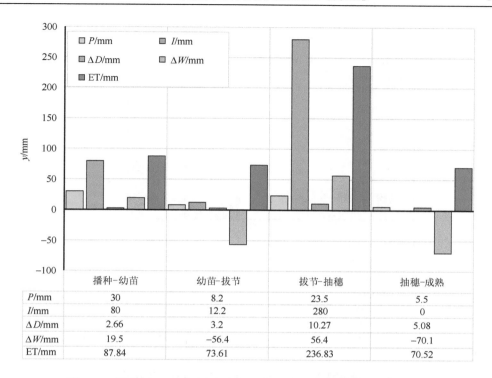

	播种-幼苗	幼苗-拔节	拔节-抽穗	抽穗-成熟
P/mm	30	8.2	23.5	5.5
I/mm	80	12.2	280	0
ΔD/mm	2.66	3.2	10.27	5.08
ΔW/mm	19.5	−56.4	56.4	−70.1
ET/mm	87.84	73.61	236.83	70.52

图 4.36　潜水埋深 7 m 玉米各生育期潜水补耗差等各量直方图（1997）

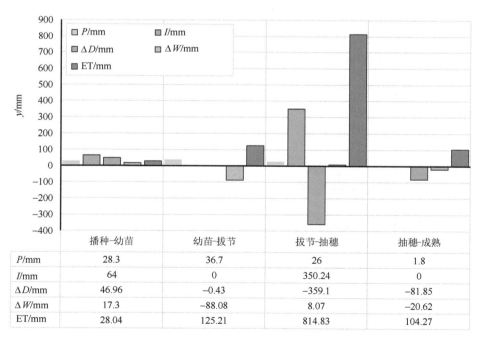

	播种-幼苗	幼苗-拔节	拔节-抽穗	抽穗-成熟
P/mm	28.3	36.7	26	1.8
I/mm	64	0	350.24	0
ΔD/mm	46.96	−0.43	−359.1	−81.85
ΔW/mm	17.3	−88.08	8.07	−20.62
ET/mm	28.04	125.21	814.83	104.27

图 4.37　潜水埋深 1.5 m 玉米各生育期潜水补耗差等各量直方图

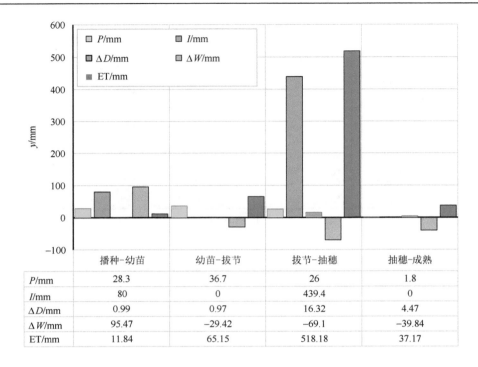

	播种-幼苗	幼苗-拔节	拔节-抽穗	抽穗-成熟
P/mm	28.3	36.7	26	1.8
I/mm	80	0	439.4	0
ΔD/mm	0.99	0.97	16.32	4.47
ΔW/mm	95.47	−29.42	−69.1	−39.84
ET/mm	11.84	65.15	518.18	37.17

图 4.38　潜水埋深 4 m 玉米各生育期潜水补耗差等各量直方图

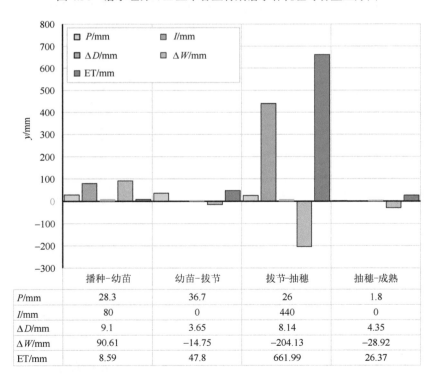

	播种-幼苗	幼苗-拔节	拔节-抽穗	抽穗-成熟
P/mm	28.3	36.7	26	1.8
I/mm	80	0	440	0
ΔD/mm	9.1	3.65	8.14	4.35
ΔW/mm	90.61	−14.75	−204.13	−28.92
ET/mm	8.59	47.8	661.99	26.37

图 4.39　潜水埋深 6 m 玉米各生育期潜水补耗差等各量直方图

(2)潜水深埋条件下，在玉米的各生育期和全生长期，ΔD均为正值(见图 4.36 数据表、图 4.38 数据表、图 4.39 数据表)，潜水入渗补给量只是非饱和带提供的下渗量，即使是在玉米需水高峰期，潜水也不能为玉米生长提供水分，而且还得到一定的潜水入渗补给量。由上述各图数据表所列数据表明，潜水补耗差等于 0 的潜水埋深位于 3～4 m之间。潜水埋深大于这一深度时有利于潜水入渗补给，增加潜水资源。潜水埋深小于这一深度时，有利于对作物需水的动态调节。

(3)潜水和非饱和带土壤水共同对作物需水起动态调节作用，从玉米的种植试验结果看，在潜水浅埋条件下，潜水的动态调节作用要大于非饱和带土壤水的动态调节作用，如图 4.40 直方图及数据表中所示潜水埋深 1.5 m 时，玉米各生育期和全生育期ΔD和土壤储水量变化量直方图，可以看出，在玉米需水高峰的生育期和全生育期，潜水上渗量(潜水补耗差)与土壤储水量的减少量相比，前者远大于后者。在动态调节玉米需水过程中，潜水上渗起到主导作用。

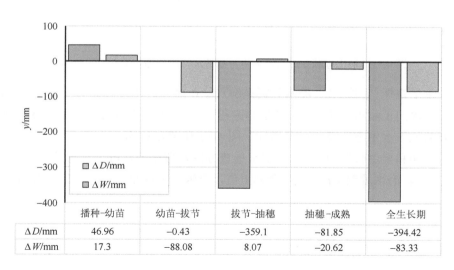

	播种-幼苗	幼苗-拔节	拔节-抽穗	抽穗-成熟	全生长期
ΔD/mm	46.96	−0.43	−359.1	−81.85	−394.42
ΔW/mm	17.3	−88.08	8.07	−20.62	−83.33

图 4.40　潜水埋深 1.5 m 玉米各生育期潜水补耗差等各量直方图

在潜水深埋条件下，非饱和带土壤水的动态调节起主导作用，如图 4.41 所示为潜水埋深 6 m 时，ΔD与土壤储水量变化直方图。可以看出，在玉米各生育期和全生育期，潜水补耗差ΔD均大于 0，表明潜水不能为玉米生长提供水分，且能获得一定入渗补给量。但是在玉米需水高峰期，如拔节-抽穗期和抽穗-成熟期灌溉水和降水还不能充分满足玉米的需水要求时，通过非饱和带土壤储水量的减少来调节(供给)玉米的需水。

以上分析说明，在作物生育期(生长期)潜水补耗差ΔD为负值时，潜水向土壤水转化量大于土壤水向潜水的转化量，因此潜水埋深对作物蒸发蒸腾即作物需水有着重要的影响，对作物需水起动态调节作用，潜水埋深越浅动态调节作用越强。随着潜水埋深的增加，潜水补耗差ΔD由负值逐渐变为正值，土壤水向潜水的转化量大于潜水向土壤水的转化量，潜水对作物的蒸发蒸腾（作物需水）的动态调节作用显著减小或不再产生影响。

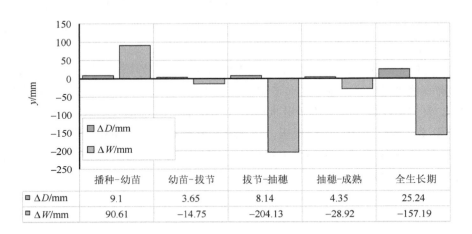

	播种-幼苗	幼苗-拔节	拔节-抽穗	抽穗-成熟	全生长期
$\Delta D/mm$	9.1	3.65	8.14	4.35	25.24
$\Delta W/mm$	90.61	−14.75	−204.13	−28.92	−157.19

图 4.41　潜水埋深 6 m 玉米各生育期潜水补耗差等各量直方图（2000）

　　在作物生育期（生长期），潜水补耗差ΔD为 0 时，表明在此期间土壤水向潜水的转化量等于潜水向土壤水的转化量。它是非饱和带-潜水系统水分转换量均衡临界埋深，是一个重要的地下水生态环境（临界）指标。图 4.42 和图 4.43 分别为潜水埋深 3 m 和 4 m 玉米各生育期和全生长期ΔD和土壤储水量直方图及数据表，可以看出潜水埋深 3 m 时ΔD全为负值，潜水埋深 4 m 时ΔD全为正值，玉米生长期ΔD为 0 的潜水埋深在 3～4 m

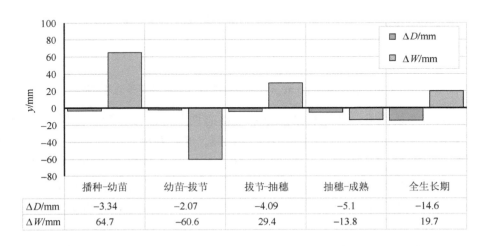

	播种-幼苗	幼苗-拔节	拔节-抽穗	抽穗-成熟	全生长期
$\Delta D/mm$	−3.34	−2.07	−4.09	−5.1	−14.6
$\Delta W/mm$	64.7	−60.6	29.4	−13.8	19.7

图 4.42　潜水埋深 3 m 玉米各生育期潜水补耗差等各量直方图（1997）

之间。潜水埋深小于这一深度有利于潜水对作物需水(蒸发蒸腾)的动态调节，潜水埋深越浅对作物需水的动态调节作用越强。潜水埋深大于这一深度则失去对作物需水的调节作用，但是有利于增加潜水入渗补给量。

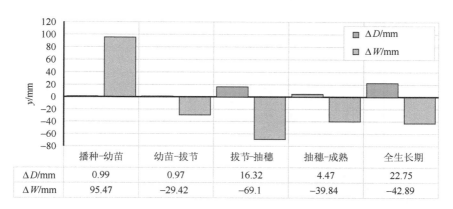

	播种-幼苗	幼苗-拔节	拔节-抽穗	抽穗-成熟	全生长期
ΔD/mm	0.99	0.97	16.32	4.47	22.75
ΔW/mm	95.47	−29.42	−69.1	−39.84	−42.89

图 4.43　潜水埋深 4 m 玉米各生育期潜水补耗差等各量直方图(2000)

第三节　天然条件下潜水的降水入渗补给和上渗损耗

潜水入渗补给量、潜水上渗损耗量(潜水蒸发量)和潜水的降水入渗系数等是重要的水文地质参数。在许多广阔的冲积平原区，地下水侧向径流和补给甚微，降水入渗补给量是这些区域地下水的主要天然补给来源，潜水上渗损耗是自然排泄量。对于许多自然单元的承压含水层而言，降水入渗补给量是一项重要或者唯一自然补给源。这些参数的实验研究，在地下水资源评价、地下水资源管理、地下水污染、土壤水盐运移机理和动态调控等许多研究中具有重要意义。

以天山北麓平原为例，昌吉均衡试验场选用三种代表性岩性(粉质轻黏土、细砂、砂砾石)，进行了天然条件下的降水潜水入渗补给和潜水蒸发模拟试验研究，其中粉质轻黏土是平原区田间典型土壤类型，细砂是荒漠区土壤，砂砾石是戈壁砾石带土壤。试验中模拟不同潜水埋深，用地中渗透仪观测潜水入渗补给量和潜水上渗损耗量(潜水蒸发量)，用负压计观测粉质轻黏土的土壤水势分布。

天然条件下，潜水入渗、潜水上渗损耗(潜水蒸发)与大气降水和大气蒸发作用关系非常密切，根据昌吉均衡试验场多年的气象观测资料，多年平均降水量为 180.08 mm，多年平均蒸发量(ϕ_{20} 蒸发皿观测值)为 1 806.3 mm，蒸发量约为降水量的 10 倍，多年月平均降水量与蒸发量如图 4.44 所示。由图 4.44 可以看出，该区的降水量小且较分散，多年平均月降水量没有超过 30 mm 的月份。相反，不同月份的蒸发量差异很大，如 12 月份的蒸发量仅为 10.7 mm，土壤水分运移状态、土壤水与潜水之间的相互转化关系受这一气候条件的严重制约，非饱和带不同的土壤岩性，不同潜水埋深，潜水入渗补给和潜水上渗损耗表现出各自的特点。

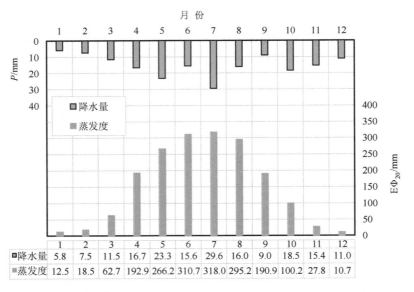

图 4.44　多年月平均降水量与蒸发量

一、粉质轻黏土的潜水上渗损耗与潜水入渗补给

1. 不同潜水埋深粉质轻黏土潜水入渗与上渗损耗特点

表 4.1 给出了天然条件下粉质轻黏土在潜水埋深 1.5～7 m 范围不同潜水埋深的潜水补耗差 ΔD 计算结果。为了获得粉质轻黏土在潜水埋深更浅情况下的潜水补耗差 ΔD 的资料，昌吉均衡试验场于 1998 年新增了潜水埋深 0.5 m 和 1 m 等深度地中渗透仪，表 4.2 给出了 1999 年粉质轻黏土在潜水埋深 0.5 m～7 m 范围的潜水补耗差 ΔD 计算结果。

表 4.1　不同潜水埋深粉质轻黏土潜水补耗差(mm)计算结果(多年平均)

月份	潜水埋深/m						
	1.5	2	3	4	5	6	7
1	−5.76	−4.37	−2.42	−1.18	0.76	1.86	2.17
2	−10.95	−4.79	−2.01	−0.92	0.51	1.32	1.85
3	1.58	−4.84	−2.05	0.45	3.98	2.8	2.03
4	5.52	−0.15	−1.11	0.49	1.15	2.48	1.95
5	−0.71	0.41	0.22	1.06	1.5	2.56	1.93
6	−13.04	−3.75	0.96	1.83	1.89	2.8	2.25
7	−13.39	−8.43	−0.02	1.65	2.1	3.02	2.25
8	−13.39	−14.76	−1.52	0.48	2.03	2.78	2.7
9	−5.74	−7.55	−1.91	0.57	1.97	2.58	2.34
10	−4.94	−6.76	−2.71	−0.33	1.46	2.18	1.91
11	−3.64	−2.99	−2.97	−0.78	0.81	2.02	1.76
12	−3.09	−2.87	−2.97	−0.74	0.61	1.62	1.69
全年	−67.55	−60.85	−18.51	2.58	18.77	28.02	24.83

粉质轻黏土地层在天然条件下，不同潜水埋深土壤水分运移有着不同的特点。

(1)潜水浅埋条件下，土壤水渗流状态以蒸发型为主要形式。只有在冻融期积雪与冻土融化后或极少出现的大的降雨之后，土壤水分渗流状态才可能由蒸发型经下渗-上渗型转化为入渗型。由于强烈的蒸发作用，土壤水渗流状态很快又经蒸发-入渗型转化为蒸发型。因此，在潜水浅埋条件下潜水上渗损耗起主导作用，正如表 4.1 所示，潜水埋深小于等于 3 m 时，全年的潜水补耗差ΔD 均为负值，而且潜水埋深越浅潜水补耗差ΔD 的绝对值越大。另外各年差异也比较大，如表 4.2 所列 1999 年潜水补耗差ΔD 的计算结果所示。可见潜水埋深越浅，由潜水上渗损耗和潜水入渗交替作用引起的潜水净损耗量越大，不但造成地下水资源量损耗，而且还会引起土壤盐渍化等生态环境问题。

(2)潜水深埋条件下，土壤水分渗流状态以蒸发-入渗型为主要形式。同样只有在冻融期或极少出现的大的降雨后土壤水分渗流状态才可能由蒸发-入渗型，经下渗-上渗-下渗型转化为入渗型，在强烈的蒸发作用下，土壤水渗流状态很快又转化为蒸发-入渗型。因此，潜水深埋时若不考虑潜水在水汽压梯度作用下的水汽损耗，那么潜水始终处于入渗补给状态。如表 4.1 中潜水埋深 5～7 m 范围，各个月份的多年平均潜水补耗差ΔD 均为正值。在潜水深埋条件下，虽然在全年潜水都在得到土壤水的入渗补给，但是实际得到的潜水入渗补给量并不多，多年平均年潜水补耗差ΔD 约占多年平均降水量的 10%～16%(18～29 mm)。

表 4.2　不同潜水埋深粉质轻黏土潜水补耗差(mm)计算结果(1999 年)

月份	潜水埋深/m							
	0.5	1	1.5	2	3	4	6	7
1	−8.82	−4.56	−4.82	−3.71	−3.56	−4.87	1.61	3.06
2	11.78	−3.34	−3.89	−2.36	−2.20	−3.07	1.93	2.74
3	15.52	2.74	−3.58	−2.40	−2.18	−3.13	2.46	2.46
4	−13.08	−1.15	−2.49	−1.63	−1.54	−0.93	2.14	2.34
5	−65.60	−42.65	−2.99	−1.47	−0.82	0.56	2.34	2.48
6	−125.64	−93.96	−5.68	−2.12	−0.84	−0.46	2.54	2.50
7	−198.35	−127.18	−11.86	−2.45	−1.03	−1.00	2.70	1.33
8	−194.43	−87.10	−5.23	−3.87	−1.60	−1.32	2.77	1.40
9	−149.50	−52.10	−5.84	−10.83	−2.32	−1.92	2.21	1.46
10	−49.05	−20.83	−11.68	−11.10	−3.93	−2.38	2.13	2.58
11	−11.78	−5.93	−6.01	−5.92	−3.81	−2.37	1.69	2.50
12	−11.04	−3.74	−3.96	−3.48	−3.33	−2.28	1.38	2.27
全年	−799.99	−439.8	−68.03	−51.34	−27.16	−23.17	25.9	27.12

2. 非饱和带-潜水系统水分转化量均衡临界深度

如前所述，粉质轻黏土地层在潜水浅埋条件下，年潜水补耗差$\Delta D<0$。在潜水深埋条

件下，年潜水补耗差$\Delta D > 0$，那么在两者中间应存在年潜水补耗差$\Delta D = 0$ 的潜水埋深，此潜水埋深称为非饱和带-潜水系统非饱和带土壤水与潜水之间转化量的均衡临界深度，它不是一个常数，而是受气候、土壤等多种因素的影响。当潜水埋深小于此深度时，潜水上渗转化的土壤水的量大于土壤水下渗转化为潜水的量，当潜水埋深大于此深度时，土壤水下渗转化为潜水的量大于潜水上渗转化为土壤水的量。图4.45 给出粉质轻黏土地层多年平均潜水补耗差ΔD 与潜水埋深的散点图及相关曲线。粉质轻黏土地层多年平均潜水补耗差ΔD 与潜水埋深的关系呈对数关系[式(4.1)]。

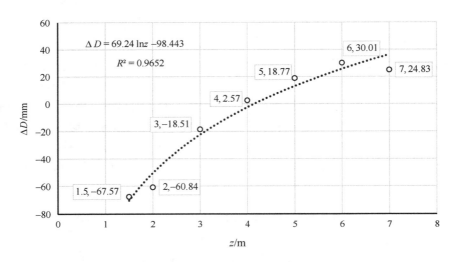

图4.45　粉质轻黏土多年月平均潜水补耗差与潜水埋深关系

$$\Delta D = 69.24 \ \mathrm{ln}z - 98.443 \tag{4.1}$$
$$R^2 = 0.9652$$

式中，ΔD——潜水补耗差(mm)；z——潜水埋深(m)；R^2——确定系数。

　　经 F 检验表明，F 的计算值为 138.68，显著性水平$\alpha = 0.01$，F(查表值)为 16.26，即 F 的计算值高于表列临界值的 4 倍，说明拟合回归方程是显著的。利用此方程计算天然条件下粉质轻黏土多年平均潜水补耗差ΔD 等于零的潜水埋深为 4.14 m，即天然条件下粉质轻黏土地层非饱和带-潜水系统水分转化量的均衡临界深度为 4.14 m。也就是说，潜水埋深大于此深度有利于潜水的补给，有利于增加地下水资源，小于此深度有利于潜水上渗转化为土壤水，为作物需水提供一定的水分条件，但是若潜水矿化度较高时，可能造成土壤盐渍化等危害。

3. 潜水上渗损耗极限深度

　　潜水上渗损耗受非饱和带土壤水能态分布的制约，蒸发型和下渗-上渗型土壤水渗流状态，是潜水上渗损耗的主要形式，确切地说，凡是在潜水面附近(含潜水面)的土壤水势梯度小于 0，则土壤水分向上运移，形成潜水上渗损耗。对于冻结期长，冻土层下界面发育深度达 100~150 cm 左右的天山北麓平原区，由于冻土层和积雪的长期存在，制约了土壤水分的蒸发，但是在冻土层下界面相邻的下部区域形成土壤水分的上渗，对于潜水埋深较浅的情况，如潜水埋深 4 m 还会出现潜水上渗损耗，在地渗仪中仍能观测到潜水上渗损耗量。如多年平均 1～3 月份和 11～12 月份五个月内的潜水上渗损耗量约占全年的潜水上渗损耗量的 50%，冻结期成为主要潜水上渗损耗期。试验还表明，粉质轻黏土的潜水埋深等于大于 5 m 时，在潜水面相邻上方的土壤水分始终处于下渗状态，潜水持续得到非饱和带土壤水分的缓慢补给。

通过地渗仪的常规资料分析表明，粉质轻黏土的潜水上渗损耗极限深度应在 4～5 m 之间。同时根据粉质轻黏土的土壤水势函数资料，应用极大值面（或零通量面 ZFP）方法计算潜水上渗损耗极限深度的公式（荆恩春，1994），计算值为 4.66 m。也就是说，若不考虑在潜水面附近水汽压梯度作用下引起的潜水损耗，那么当潜水埋深大于此深度后潜水不再产生上渗损耗，有利于潜水的入渗补给。

潜水上渗损耗极限深度是研究"四水"转化和土壤水盐运移的一个重要参数，它对认识和调节农业生态地质环境有重要的理论意义和应用价值。

二、细砂的潜水上渗损耗与潜水入渗补给

1. 不同潜水埋深条件下细砂的潜水入渗与潜水上渗损耗特点

表 4.3 给出了天然条件下细砂在潜水埋深 1.5～7 m 范围不同潜水埋深的潜水补耗差 ΔD 计算结果。表 4.4 为 1999 年细砂在潜水埋深 0.5～6 m 范围的潜水补耗差 ΔD 计算结果。

表 4.3　不同潜水埋深细砂潜水补耗差（mm）计算结果（多年平均）

月份	潜水埋深/m						
	1.5	2	3	4	5	6	7
1	−11.16	−0.96	−0.03	0.88	3.77	3.91	5.06
2	−12.54	−3.21	0.2	0.81	2.73	3.3	4.09
3	50.68	14.79	0.69	1.11	2.8	3.33	4.53
4	19.22	18.55	7.04	1.51	3.57	3	3.93
5	12.72	14.49	8.29	4.56	3.49	2.93	3.67
6	6.28	7.62	12.67	4.58	6.96	3.19	4.33
7	1.9	−0.09	10.58	4.07	7.5	4.06	5.6
8	−0.18	0.05	5.11	3.28	4.9	5.08	6.58
9	−0.88	−0.35	3.14	3.11	3.96	4.89	6.2
10	−1.73	−1.3	2.02	2.42	4.22	4.39	5.4
11	−0.72	−1.64	0.88	1.83	3.47	3.79	4.77
12	−1.07	−1.42	0.1	1.25	4.32	3.85	4.97
全年	62.52	46.53	50.69	29.41	51.69	45.72	59.13

表 4.4　不同潜水埋深细砂潜水补耗差(mm)计算结果(1999 年)

月份	潜水埋深/m						
	0.5	1	1.5	2	4	5	6
1	−10.11	−12.25	−2.18	−0.43	0	3.83	5.61
2	34.47	1.33	−0.95	−0.42	0	2.69	3.99
3	22.97	7.73	4.7	1.69	0.02	2.97	3.56
4	−5.49	2.35	15.83	13.31	0.04	1.8	3.35
5	−73.02	3.97	15.21	18.49	0.1	5.97	3.28
6	−49.68	7.93	15	9.96	0.98	3.81	2.92
7	−75.65	7.63	6.99	7.64	1.14	2.03	2.33
8	−95.87	13.48	16.45	12.32	1.98	1.97	2.44
9	−44.22	4	−0.76	8.52	1.41	2.74	2.22
10	−19.88	8.43	−2.5	1.7	2.2	6.75	2.19
11	−25.29	9.58	−2.39	−0.6	4.78	10.77	2.23
12	−18.64	−1.7	−1.34	−0.88	4.59	10.12	1.68
全年	−360.41	52.48	64.06	71.3	17.24	55.45	35.8

(1)潜水浅埋条件下,细砂的土壤水渗流状态以蒸发型为主,潜水上渗损耗起主导作用。图 4.46 为 1999 年细砂地层潜水埋深 0.5 m、1 m 的潜水补耗差ΔD过程线,潜水埋深为 0.5 m 时,只有在 2、3 月份冻融阶段由于大量的积雪和冻土的融化水下渗,土壤水渗流状态呈入渗型,潜水得到较多土壤水的入渗补给,因此潜水补耗差ΔD为正值。在其他月份由于该区降水量小且分散,很难形成较长时间的入渗型土壤水渗流过程,蒸发型土壤水渗流状态一直起主导作用,因此其余的 10 个月潜水补耗差ΔD均为负值。1999 年全年的潜水补耗差ΔD为−360.41 mm。但是潜水埋深 1 m 时情况大不一样,全年ΔD为正值,且高达 52.48 mm。

(2)潜水深埋条件下,土壤水渗流状态以蒸发−入渗型为主,但是在潜水埋深 1.5～3 m 情况下,仍然可能出现蒸发型土壤水渗流的情况,有的月份ΔD出现负值(主要发生在冻结期或冻结期的部分月份),但是全年总的ΔD仍为正值(见表 4.3)。潜水埋深等于大于 4 m 的情况下,细砂地层土壤水渗流状态仍以蒸发−入渗型为主要形式,不再出现蒸发型土壤水渗流状态,而在冻融期或有较大降水等情况下土壤水渗流可能出现入渗型,因此潜水常年得到入渗补给。虽然细砂潜水埋深为 1.5～7 m 的土壤水渗流状态的动态演化有所差异。但是多年平均的年ΔD均为正值(见表 4.3)。

(3)从不同潜水埋深细砂地层潜水补耗差ΔD的(多年平均)计算结果还可以看出,在天然条件下,积雪和冻土层融化后的土壤水分入渗,是细砂地层的潜水入渗补给的重要水分来源。虽然细砂地层的渗透性明显优于粉质轻黏土地层,但是由于是非饱和水流运移,随着潜水深的增加,表现出明显的滞后效应,如图 4.46 给出了不同潜水埋深细砂地层多年平均ΔD过程线。可以看出,由于通常在 2 月下旬至 3 月上旬以后气温渐渐回升,地表积雪开始融化,冻土层的下界面也开始消退,到 3 月中、下旬冻土层融通,形成大量的土壤水分入渗,因此潜水浅埋条件下细砂层可以获得较多的潜水入渗补给量,如图 4.47 中潜水埋深 1.5 m 的细砂地层ΔD过程线,ΔD的峰值出现在 3 月份。随着潜水埋深的增加，增加了土壤水分运移的路径和沿途的损耗量，所以图4.47中潜水埋深2 m、3 m、5 m、7 m的细砂地层ΔD过程线的峰值依次出现在4月、5月、6月和7月，峰值的幅度也依次降低，并且越来越不明显。虽然极少出现的较大降水可能使细砂地层的土壤剖面出现短时间的入渗型土壤水渗流状态，对潜水入渗补给有所贡献，但是它还不足以引起ΔD的明显变化。

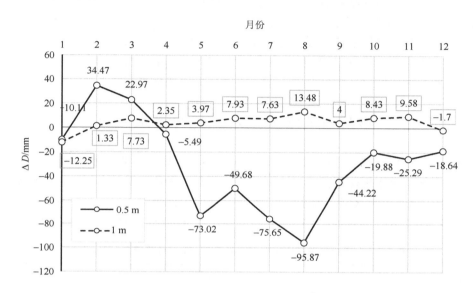

图4.46　潜水浅埋条件下细砂补耗差过程线

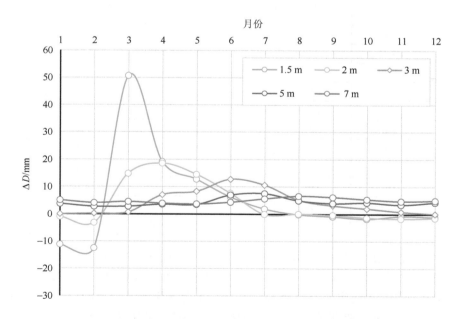

图4.47　不同潜水埋深细砂地层多年平均潜水补耗差过程线

2. 非饱和带-潜水系统水分转化量均衡临界深度

由表 4.3 和表 4.4 可以看出,细砂地层多年平均潜水补耗差等于 0 的潜水埋深位于 0.5 m 与 1 m 之间,即非饱和带-潜水系统水分转化量均衡临界深度应在 0.5～1 m 范围内。潜水埋深小于此深度时,潜水上渗损耗强烈,不仅消耗大量地下水资源,而且会产生土壤盐渍化等生态环境问题。潜水埋深大于此深度时,潜水得到一定的补给量,如在潜水埋深 1.5～7 m 范围内,多年平均潜水净入渗补给量占年降水量的 16%～35%。由于细砂地层比粉质轻黏土地层渗透性好且持水性差,因此细砂地层比粉质轻黏土地层可以获得较多的潜水入渗补给量。而且细砂地层的非饱和带-潜水系统水分转化量的均衡临界深度远小于粉质轻黏土地层,十分有利于潜水入渗补给和减小浅层地下水资源的上渗损耗。

三、砂砾石的潜水上渗损耗与潜水入渗补给

表 4.5 给出了 2～7 m 不同潜水埋深砂砾石多年平均潜水补耗差 ΔD 计算结果。为了获得砂砾石地层潜水埋深更浅的潜水入渗补给量和潜水蒸发量的资料,昌吉均衡试验场于 1998 年新增设了潜水埋深为 0.5 m、1 m 等深度的地中渗透仪,同年开始了相应的观测工作。表 4.6 给出了 1999 年 0.5～7 m 不同潜水埋深砂砾石的潜水补耗差 ΔD 计算结果。

表 4.5　不同潜水埋深砂砾石潜水补耗差(mm)计算结果(多年平均)

月份	潜水埋深/m					
	2	3	4	5	6	7
1	0.76	2.26	2.11	3.99	4.19	3.57
2	−0.01	1.29	1.35	2.84	3.11	3.15
3	22.46	18.89	4.47	5.46	3.1	3.42
4	12.44	17.12	10.35	10.97	5.82	5.97
5	11.2	13.8	12.43	15.86	9.5	7.81
6	7.75	9.86	6.3	10.7	11.43	9.4
7	9.36	9.66	4.39	9.24	9.17	9.14
8	3.27	5.67	2.52	10.23	8.76	7.57
9	0.07	2.49	1.93	6.49	7.48	6.42
10	−0.05	1.09	1.5	4.74	5.93	5.46
11	3.04	4.09	0.78	3.41	4.3	4.74
12	1.34	2.95	1.08	4.72	4.72	4.18
全年	71.63	89.15	49.22	88.65	77.52	70.85

由于砂砾石地层比细砂地层渗透性更强和持水性更差,因此砂砾石地层更有利于非饱和带土壤水的下渗和抑制潜水蒸发。从表 4.5 和表 4.6 可以看出,在潜水埋深 0.5～2 m 范围,虽然在某些月份的潜水补耗差 ΔD 为负值,但是年潜水补耗差 ΔD 仍为较大的正值。所以砂砾石地层的包气带-潜水系统水分转化量均衡临界深度应在 0～0.5 m 之间。对于砂砾石地层来说,只要潜水埋深大于 0.5 m,就可以获得可观的潜水净入渗补给量(见表

4.5 和表 4.6)。如潜水埋深 2～7 m 范围内，砂砾石地层的多年平均潜水净入渗补给量占多年平均降水量的 27%～50%，远大于细砂地层和粉质轻黏土地层的潜水净入渗补给量，而且可获得潜水净入渗补给量的潜水埋深也远小于细砂地层和粉质轻黏土地层。这一试验结果表明，山前戈壁砾石带非常有利于潜水的入渗补给，它对地下水资源的形成和保护有着极其重要的意义。

表 4.6 不同潜水埋深砂砾石潜水补耗差(mm)计算结果(1999 年)

月份	潜水埋深/m						
	0.5	1	2	3	5	6	7
1	−5.49	0	−2.4	0.43	2.37	3.77	3.58
2	29.58	15.07	0.84	0.19	1.97	2.84	3.34
3	10.7	8.56	12.19	13.6	1.75	2.6	2.54
4	13.66	12.58	10.66	16.35	5.59	2.6	2.1
5	2.17	7.6	11.07	15.13	13.52	13.15	2.48
6	17.86	17.96	13.47	18.59	9.17	12.95	6.45
7	8.79	8.37	7.43	12.16	16.9	17.65	13.66
8	21.72	14.17	29.27	36.61	21.05	21.11	13.84
9	−2.96	6.11	5.33	6.78	16.33	20.76	18.14
10	−1.36	6.6	2.26	3.75	7.59	11.24	10.13
11	−2.89	0.13	0.33	1.87	4.46	7.17	7.48
12	−1.59	−0.05	0.1	0.98	3.46	5.35	5.23
全年	90.19	97.1	90.55	126.4	104.16	121.19	88.97

第五章　季节性冻结冻融期土壤水运移

　　冻土是指 0 ℃以下并含有冰的各种岩石和土壤，一般分为短时冻土(数小时/数日至半个月)、季节性冻土(半月至数月)以及多年冻土(也称永久冻土)。季节性冻土在我国分布面积较广，约 4.76×10^6 km^2，约占我国陆地面积的 49.6%(周幼吾等，2000)，冻土厚度、冻结期和冻融过程等时空差异较大(荆继红等，2007；罗栋梁等，2014)，即使同一地区，由于气象等因素的影响，各年度也有明显差异。近年来我国学者对冻结-冻融期土壤水分运移进行了许多研究。例如，冻结-冻融期的土壤水分运移规律研究(郭占荣等，2002；荆继红等，2007；魏丹等，2007；杨金凤等，2008；吴谋松等，2013)，冻结-冻融期的地下水补给与损耗转化关系等研究(郭占荣 等，2005；廖厚初等，2008；常龙艳等，2014)。

　　本章以西北地区为例，介绍应用土壤水势函数动态分段性与土壤水渗流动态分带单向性理论，进一步拓展和深化研究季节性冻结-冻融过程土壤水运移问题。该区约从 11 月初进入季节性冻土期，到翌年 3 月下旬。通常冻结层在 11 月上、中旬在地表形成，其下界面逐渐向下延伸，最大冻结层厚度约为 100～150 cm。冻结期因气温太低，降雪不能及时融化而不断在地表积蓄变厚，最大积雪厚度约为 10～50 cm。例如，表 5.1 为昌吉均衡试验场 1992～2000 年稳定冻土期、冻结层的最大厚度、稳定积雪期、积雪最大厚度的实测资料。最大冻结层厚度出现在 1995～1996 年度的冻结期，冻结层厚度为 145 cm(图5.1)。最小冻结层厚度出现在 1998～1999 年度的冻结期(图5.2)，冻结层厚度为 97 cm。多年平均冻结层厚度为 125 cm。最大积雪厚度出现在 1999～2000 年度冻结期，积雪厚度为 42 cm(图5.3)。最小积雪厚度出现在 1994～1995 年度冻结期，积雪厚度仅为 12 cm。多年平均积雪厚度为 24 cm。表 5.1 还可以看出，每个年度实际出现稳定冻结层天数和稳定积雪的天数要小于季节性冻土期天数，平均稳定冻土期和积雪期分别为 118 天和 104 天。冻结期冻结层和积雪长时间存在，不仅使冬小麦能安全越冬，而且使土壤水分的蒸发损耗受到制约。在冻融期积雪和冻结层的融化，土壤水资源得到较充分的补充，潜水也得到一定的补给对生态环境的改善具有积极的意义。

表 5.1　1992～2000 年稳定冻土期、积雪期和冻结层、积雪最大厚度统计表

项　目	年 份								平均
	1992～1993	1993～1994	1994～1995	1995～1996	1996～1997	1997～1998	1998～1999	1999～2000	
稳定冻土期/d	129	138	111	114	115	111	95	129	118
冻结层最大厚度/cm	129	126	132	145	142	123	97	102	125
稳定积雪期/d	132	125	84	81	101	108	86	114	104
积雪最大厚度/cm	22	26	12	25	15	16	31	42	24

　　天山北麓的平原区，冻结期从 11 月至翌年 3 月历时 5 个月。根据昌吉均衡试验场气

象站多年的观测资料，冻结期多年平均降雪量为 51 mm，约占多年平均降水量的 28%。
如图 5.1～图 5.3 所示冻结期绝大部分时间被积雪覆盖，冻结层的形成与发育深度受气温
变化影响很大，随着冬季气温的下降冻结层逐渐变厚，冻结过程所需的时间远比冻融过
程所需的时间长的多。虽然各年度的气象变化有差别，冻结层的形成过程及最大冻结层
厚度也有所差异，但冻结层形成发育的趋势是一致的。

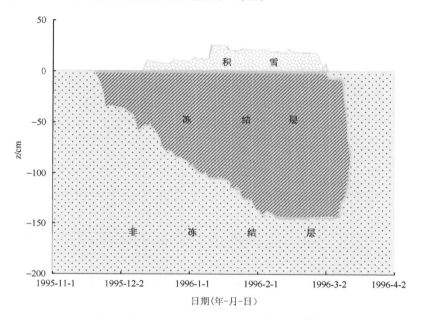

图 5.1 1995～1996 年度冻结层发育厚度和积雪厚度演化过程

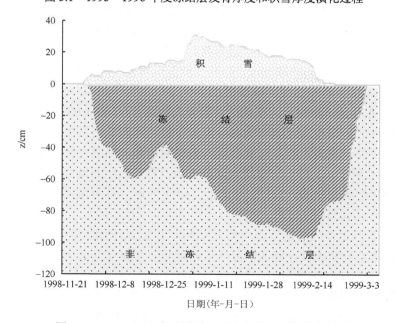

图 5.2 1998～1999 年度冻结层厚度及积雪厚度演化过程

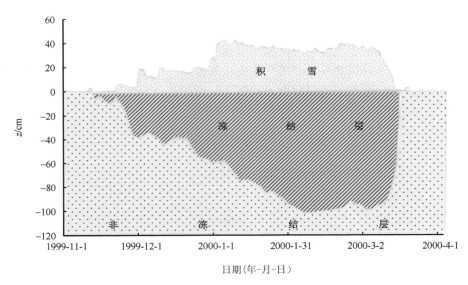

图 5.3　1999～2000 年度冻结层发育深度和积雪厚度演化过程

第一节　冻结期地(雪)面的水汽凝结

在冻结过程中，地面以上的水分来源于降雪和部分水汽凝结，观测试验表明，冻结期在地面和雪面具有良好的水汽凝结的条件，如图 5.4～图 5.7 分别显示了昌吉地下水均衡试验场气象站 1992～1993 年，冻结期间 2:00、8:00、14:00 和 20:00 露点温度 T_d 与地(雪)面温度之差值 ΔT 的过程线，若差值 $\Delta T \geqslant 0$ 表示地面(或雪面)温度低于或等于露点温度 T_d。水汽达到饱和或过饱和状态，就会有凝结现象产生。由于凝结期的地面温度已经到零度以下，水汽就会在地面或雪面凝结成霜。若差值 $\Delta T < 0$ 表示地面温度高于露点温度 T_d，就会产生与凝结相反的物理过程，即发生地面或雪面的蒸发过程。从图中地面(或雪面)温度与露点温度的温差曲线可以看出：

(1)由图 5.4 和图 5.5 所示，冻结期大部分天数在 2:00 和 8:00 的地(雪)面温度低于露点温度，水汽达到饱和或过饱和状态，因此在地(雪)面就会发生水汽凝结。只有少部分天数的地(雪)面温度高于露点温度，水汽未达到饱和，形成水汽扩散蒸发过程。

(2)由图 5.6 所示，1 月中旬前绝大部分天数，在 14:00 的地(雪)面温度高于露点温度，水汽处于扩散蒸发状态。1 月下旬之后 14:00 的地(雪)面温度低于露点温度的比例逐渐占主导，形成水汽凝结过程。

(3)由图 5.7 所示，冻结期除极少数天数外，在 20:00 的地(雪)面温度高于露点温度而处于水汽扩散蒸发状态外，绝大部分天数的地(雪)面温度显著低于露点温度，水汽达到饱和或过饱和状态，地(雪)面形成水汽凝结过程。

综上分析表明，冻结期在夜间(20:00 至次日 8:00)是形成凝结量的主要时段，在 1 月中旬后，白天也逐渐有利于凝结水(霜)的形成。在 1997～1998 年度冻结期的积雪覆盖条件下凝结水的观测试验中，根据 11 月、12 月、1 月的 3 次凝结量观测，日平均凝结量为 0.15 mm，进一步证实了上述论断。虽然在秋季和春季，有时也会出现地面温度低于露点温度的情况，在地面或植物叶面形成水汽凝结，但是出现时间较短。可见冻结期是一年内凝结水形成的较有利时期，也是形成凝结量的重要时期。

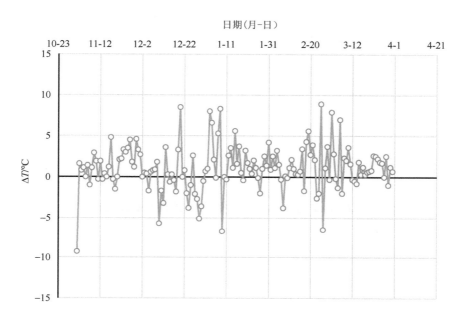

图 5.4 冻结期早 2:00 露点温度与地（雪）面温差 ΔT 过程线

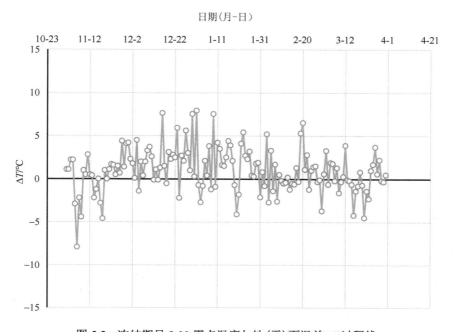

图 5.5 冻结期早 8:00 露点温度与地（雪）面温差 ΔT 过程线

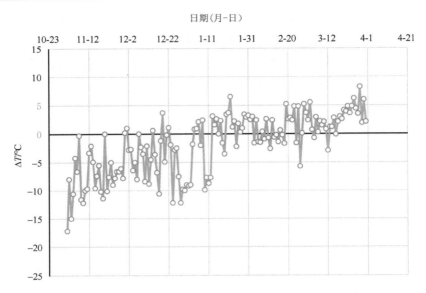

图 5.6　冻结期 14:00 露点温度与地（雪）面温差 ΔT 过程线

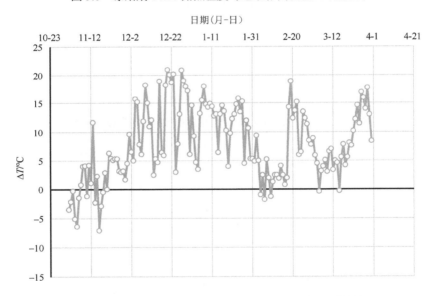

图 5.7　冻结期 20:00 露点温度与地（雪）面温差 ΔT 过程线

第二节　潜水浅埋条件下季节性冻结期的土壤水运移

　　潜水浅埋条件下（潜水埋深小于潜水上渗损耗极限深度），在冻结期冻结层从地表形成向下发育过程中，潜水面至冻结层的下界面之间，土壤水势函数呈单调递减型。如图 5.8 给出了昌吉均衡试验场模拟区，粉质轻黏土潜水埋深为 3 m 时，冻结期的一组土壤水势函数曲线。其共同的特征是，在冻结层的下界面与潜水面之间的土壤剖面上，靠近冻结层下界面一端土壤水势值最小，由此处向下土壤水势值逐渐增大，在潜水面处土壤水势值达到最大值，土壤水势梯度具有单向性，即 $\dfrac{\partial \psi}{\partial z} < 0$，显然土壤水势函数为单调递减型，这也是潜水浅埋条件下冻结层下界面至潜水面之间土壤水势函数的基本特征。如图 5.9 给出了模拟实验定水位（潜水埋深 3 m）条件下 1996～1997 年度冻土和积雪形成、发育、消融各阶段的土壤水渗流状态演化过程。通过模拟潜水浅埋条件下冻结-冻融过程土壤水运移的观测试验，应用土壤水势函数动态分段单调性与土壤水渗流动态分带单向性理论，可归纳为如下规律。

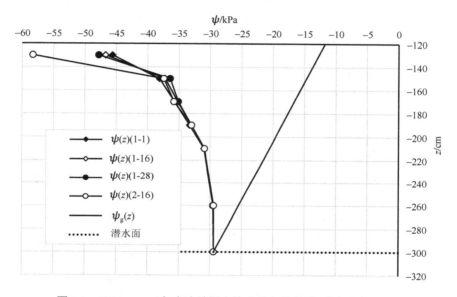

图 5.8　1996～1997 年度冻结期土壤水势函数曲线（潜水埋深 3 m）

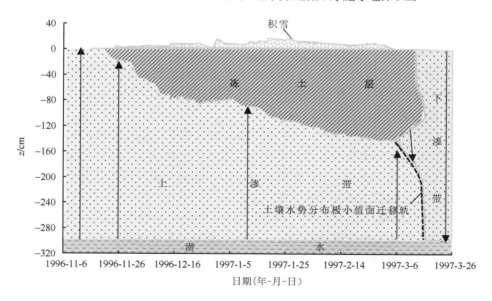

图 5.9　1996～1997 年度冻结-冻融过程土壤水渗流状态（潜水埋深 3 m）

（1）在积雪和冻土形成之前，土壤水势函数呈单调递减型，土壤水渗流状态为蒸发型，从潜水面至地面的整个非饱和带内土壤水向上运移，并参与土壤表层的土壤水的蒸发过程。

（2）在地表积雪和冻结层开始形成后，因受积雪和冻结层的阻隔，冻结层下界面与潜水面之间的土壤水势函数为单调递减型，土壤水分渗流状态呈上渗型，深部土壤中的液态水上渗至冻结层下界面附近发生相变结冰，冻结层下界面逐渐下移。同时潜水源源不断上渗补充土壤剖面下部的土壤水分的上渗损耗。另一方面非饱和带的土壤水汽在土壤孔隙中的运移主要受土壤温度的影响，而且温度梯度是土壤孔隙中水汽运移的主要推动力。这是因为土壤温度，直接影响土壤孔隙中水汽密度和水汽压，温度越高，水汽压也越高，因而导致水汽从温度高处向温度低处运移。在冻结期，特别是冻结层从地表形成向下发育过程中，非饱和带的土壤温度随着深度的增加而增加，土壤剖面的热流状态呈上传型。在此土壤温度梯度的作用下，水汽从土壤温度高端流向低端，即深部土壤中的气态水向冻结层下界面附近扩散运移，与上渗的液态水一起参与冻土层下边界处的水汽凝结（或冻结），引起冻结层下界面的下移，并逐渐趋于年度内最大稳定深度。此一特性对潜水深埋情况同样适用。

（3）进入冻融期时，冻土层的下界面处首先开始融化，冻融水下渗与其下部上渗的非饱和水流相遇，使土壤水势函数由单调递减型转化为极小值型，土壤水渗流状态也由上渗型转化为下渗-上渗型。

（4）当土壤水势函数极小值面与潜水面相遇时消失（如图 5.9 中虚线表示土壤水势函数的极小值面的迁移演化轨迹），此时土壤水势函数由极小值型转化为单调递增型[如图5.10 中 ψ（1997-3-26）所示]，相应的土壤水渗流状态由下渗-上渗型转化为入渗型。

在平原地区潜水埋深是动态变化的，潜水埋深很少像模拟实验那样，在冻结-冻融期维持在一个水平上。如图 5.11 是 M4 试验田，冻土、积雪形成和消融过程的土壤水渗流状态的动态演化情况。通过潜水浅埋区动态条件下的观测试验，根据土壤水势函数动态分段单调性与土壤水渗流动态分带单向性理论，冻结-冻融过程土壤水运移，可归纳为如下规律。

（1）在积雪和冻土形成之前，土壤水渗流状态为蒸发型，从潜水面至地面的整个非饱和带土壤水向上运移，并参与土壤表层土壤水的蒸发过程，同时由于潜水的上渗损耗，引起了潜水面缓慢下降。

（2）在地表积雪和冻结层开始形成后，因受积雪和冻结层的阻隔，冻结层下界面与潜水面之间的土壤水势函数为单调递减型，土壤水渗流状态呈上渗型，深部土壤中的液态水上渗至冻结层下界面附近发生相变结冰，同时潜水上渗补充土壤剖面下部的土壤水分的上渗损耗，引起潜水面的持续下降。

（3）进入冻融期时，冻土层的下界面处首先开始融化，融水下渗与其下部的上渗水相遇，使土壤水势函数由单调递减型转化为极小值型，土壤水渗流状态也由上渗型转化为下渗-上渗型，并引起潜水面的缓慢下降。

（4）图 5.11 中虚线表示土壤水势函数的极小值面的演化轨迹，当土壤水势函数极小值面与潜水面相遇消失后，土壤水势函数转化为单调递增型，相应的土壤水渗流状态转化为入渗型，由于潜水得到大量冻融水的入渗补给，引起潜水面的大幅上升。

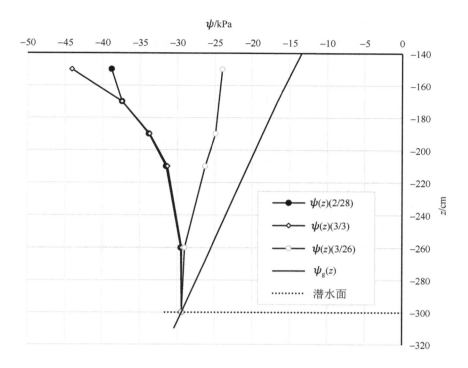

图 5.10 1996~1997 年度冻结-冻融期土壤水势函数曲线(潜水埋深 3 m)

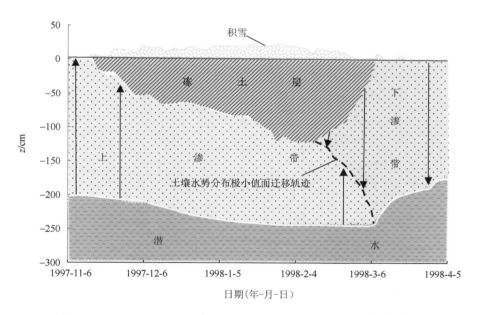

图 5.11 冻土、积雪形成消融过程及土壤水渗流状态(农田 M4 试验点)

综上所述,在潜水浅埋条件下,人为控制潜水埋深和农田动态条件下的冻结-冻融期土壤水势函数和土壤水渗流状态的基本规律是完全一致的,其差别仅是,在模拟定水位观测试验中,由所测潜水入渗补给量和潜水上渗损耗量来体现土壤水与潜水之间在冻结-冻融过程中的转化量,而在农田动态条件下则由实测潜水埋深的升降来体现土壤水与潜水的转化量。

第三节　潜水深埋条件下季节性冻土期的土壤水运移

潜水深埋条件下(潜水埋深大于潜水上渗损耗极限深度),冻结层由地表形成向下发育过程中,在冻结层下界面与潜水面之间的土壤剖面上,土壤水势的分布和土壤水渗流状态,都与潜水浅埋条件下的情况有着显著差异。

图 5.12 所示模拟潜水埋深为 5 m 时,1996~1997 年度冻结期,冻结层以下–150 cm 至潜水面之间的一组土壤水势函数曲线,土壤水势函数呈极大值型(极大值面深度位于约–260 cm)。冻结层以下的土壤水渗流状态均为上渗-下渗型。因此冻结层下界面附近的土壤水分的补充,来源于极大值面以上土壤水的上渗。

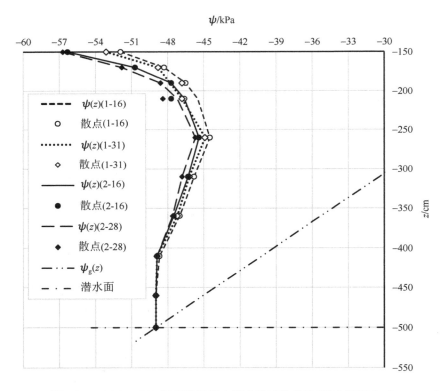

图 5.12　1996~1997 年度冻结期土壤水势函数曲线(潜水埋深 5 m)

试验还表明,即使是同一潜水埋深条件下,由于不同年份的气候变化差异和土壤剖面在冻结层形成前夕的土壤水分的分布状态差异等原因,冻结层以下至潜水面之间的土壤水势函数也是有差别的。如图 5.13 为 1997~1998 年冻结期模拟潜水埋深为 5 m 时,冻结层下界面与潜水面之间土壤剖面的一组土壤水势函数曲线(土壤水势函数极大值面深度位于−170～−190 cm)。图 5.14 给出了模拟实验定水位(潜水埋深 5 m)条件下 1997～1998 年度冻土和积雪形成、发育、消融各阶段的土壤水渗流状态演化过程。

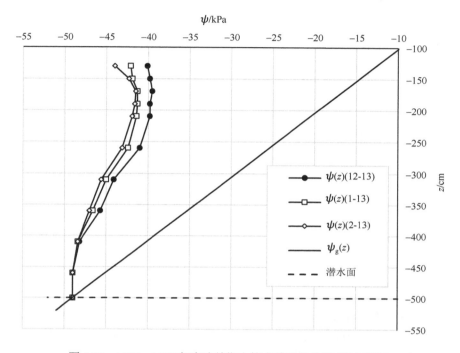

图 5.13 1997～1998 年度冻结期土壤水势函数曲线(潜水埋深 5 m)

根据土壤水势函数动态分段单调性等理论,可以看出模拟潜水深埋条件下冻结-冻融过程土壤水运移有如下基本规律。

(1)在积雪和冻土形成之前,土壤水势函数呈极大值型,土壤水渗流状态为蒸发(上渗)-下渗型,从极大值面至地面的土壤水向上运移,并参与土壤表层的土壤水的蒸发过程。极大值面至潜水面土壤水向下运移,并参与潜水入渗补给过程。

(2)在地表开始形成积雪和冻结层后,因受积雪和冻结层的阻隔,冻结层下界面与潜水面之间的土壤水势函数为极大值型,在极大值面以上土壤水分运移向上运移,参与冻结层下界面附近的水汽凝结,冻结层下界面逐渐下移。极大值面以下土壤水向下运移,并参与潜水入渗补给过程。

(3)进入冻融期时,冻土层的下界面处首先开始融化,冻融水下渗与其下部上渗的非饱和水流相遇,形成一个向下发育的土壤水势函数极小值面,使土壤水势函数由极大值型转化为极大-极小值型,土壤水渗流状态也由上渗-下渗型转化为下渗-上渗-下渗型。

(4)当土壤水势函数极小值面向下发育过程中与其下方的土壤水势函数极大值面相遇时,两者同时消失,此时土壤水势函数转化为单调递增型,相应的土壤水渗流状态由下渗-上渗-下渗型转化为入渗型。冻融后的土壤水参与了潜水入渗补给过程。

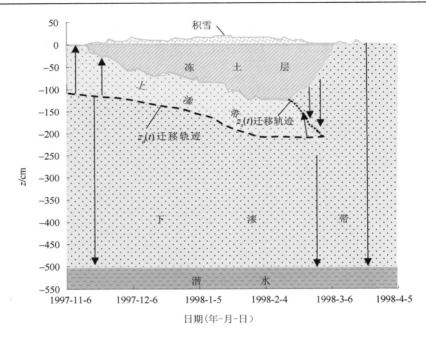

图 5.14 1997～1998 年度冻结-冻融期土壤水渗流状态演化过程(潜水埋深 5 m)

例如，图 5.15 和图 5.16 分别为潜水深埋区、冬小麦田上部 300 cm 土层和下部潜水动态变化范围土层，在 1996～1997 年度冻土、积雪形成和消融过程土壤水渗流状态的动态演化过程。此例可看出在动态条件下，潜水深埋区冻结-冻融过程的土壤水运移的基本规律。

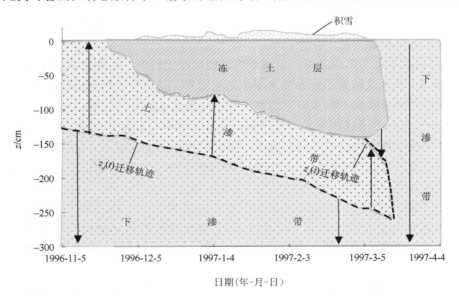

图 5.15 冻结-冻融期 M1 冬小麦田浅部土壤水渗流状态

(1)积雪和冻土形成之前，土壤水势函数呈极大值型，相应的土壤水渗流状态为蒸发-下渗型，从极大值面至地面的土壤水向上运移，参与土壤表层土壤水的蒸发过程，同时土壤水势函数的极大值面向下迁移演化(如图 5.15 所示)。在极大值面至潜水面之间的土壤水向下运移，并参与到潜水入渗补给的过程中，因此引起潜水面逐渐上升(如图 5.16 所示)。

　　(2)地表积雪和冻结层开始形成后，由于受到积雪和冻结层的阻隔，冻结层下界面与潜水面之间的土壤水势函数为极大值型，在极大值面以上的土壤水向上运移，参与冻结层下界面附近的水汽凝结，冻结层下界面逐渐下移，极大值面继续向下迁移演化，极大值面以下土壤水向下运移，参与潜水入渗补给过程，并引起潜水面继续上升(如图 5.15、图 5.16)。

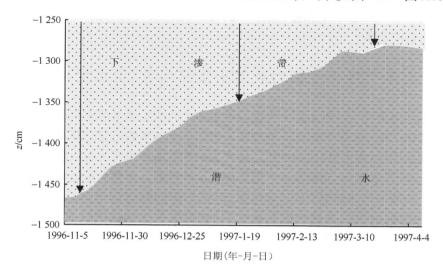

图 5.16　冻结-冻融期 M1 冬小麦田潜水获得入渗补给持续上升图

　　(3)进入冻融期后，冻土层的下界面处首先开始融化，冻融的下渗水与其下部的上渗水流相遇处，形成一个向下发育的土壤水势函数的极小值面，使土壤水势函数由极大值型转化为极大-极小值型，土壤水渗流状态也由上渗-下渗型转化为下渗-上渗-下渗型。在极小值面至冻结层下界面之间土壤水向下运移，在极大值面至极小值面之间土壤水向上运移，潜水面至极大值面之间仍保持着土壤水向下运移，参与潜水入渗补给过程，引起潜水面继续上升(如图 5.14～图 5.16)。

　　(4)虽然极大值面和极小值面同时在向下发育，由于极小值面比极大值面向下发育的速度快得多，因此当土壤水势函数的极小值面在向下发育过程中与其下方土壤水势函数的极大值面相遇时，两者同时消失，此时土壤水势函数转化为单调递增型，相应的土壤水渗流状态由下渗-上渗-下渗型转化为入渗型，土壤水参与了潜水入渗补给过程，潜水面仍保持上升状态。

　　以上所述，在潜水深埋条件下，人为控制潜水埋深(定水位)和农田动态条件下的冻结-冻融期土壤水势函数和土壤水渗流状态的基本规律是一致的，其差别是在模拟定水位观测试验中，由所测潜水入渗补给量和潜水上渗损耗量来体现土壤水与潜水之间在冻结-冻融过程中的转化量。而在农田动态条件下，则由实测潜水埋深的升降来体现土壤水与潜水的转化量。

　　另外，即使其他条件都一样，人为模拟定潜水埋深条件下和潜水动态变化条件下对土壤水势函数和非饱和土壤水流路径都会有一定的影响，因此动态条件下观测试验，更能反映冻结-冻融期土壤水运移的实际情况。

第四节　季节性冻土期土壤水与潜水的转化关系

季节性冻土期是非饱和带土壤水与地下水进行水分交换的重要时期。土壤水和潜水之间的相互转化，与这一时期冻土层下界面与潜水面之间的土壤水势函数和土壤水渗流状态有着密切的关系。

一、季节性冻土期对表层土壤储水量（含水量）的影响

在潜水浅埋条件下，冻土层下界面与潜水面之间的土壤水渗流状态呈上渗型，潜水向土壤水转化，由于积雪和冻结层的存在，阻止了土壤水的蒸发损耗，因此，土壤剖面上部的土壤水储量（含水量）逐渐增加，进入冻融期后由于积雪的融化水的下渗，使 1 m 土层的储水量（含水量）达到最高值，随着冻土层的融通，土壤水势函数完成了由单调递减型→极小值型→单调递增型的转化过程，相应土壤水渗流状态也由上渗型→上渗-下渗型→入渗型的转化过程，非饱和带土壤水下渗补给潜水，土壤剖面上部的土壤储水量（含水量）快速减小。如图 5.17 为 1996～1997 年度季节性冻土期，模拟潜水埋深（1.5 m）条件下，1 m 土层储水量（含水量）演变过程线。图中标签所示为冻结初期 1 m 土层储水量 288.6 mm（即 1 m 土层平均含水量为 28.9%），冻结-冻融期 1 m 土层最高储水量 S 为 326.5 mm（即平均含水量为 32.7%），冻结层融通后储水量降到 310.4 mm（即平均含水量为 31.0%）。图 5.18 是 1997～1998 年度季节性冻土期，在潜水浅埋动态变化条件下的 M4 冬小麦试验田 1m 土层储水量（含水量）演化过程线，与图 5.17 所示的模拟定潜水埋深的基本规律相一致。

图 5.17　冻结期潜水埋深 1.5 m 试皿 1 m 土层储水量（含水量）过程线

图 5.18　季节性冻土期 M4 冬小麦田 1 m 土层储水量（含水量）过程线

在潜水深埋条件下，冻结层下界面与潜水面之间的土壤水势函数为极大值型，土壤水渗流状态呈上渗-下渗型，土壤水势函数的极大值面以上土壤水向上运移，尽管潜水未参与这一土壤水运移过程，但是土壤剖面上部的土壤水储量（含水量）演化过程与潜水浅埋条件下的情况很相似，如图 5.19 所示为季节性冻土期 M1 冬小麦田 1 m 土层储水量（含水量）演化过程线。冻结期土壤水势函数极大值面以下的土壤水向下运移补给潜水，冻融期土壤水渗流状态转化为入渗型，因此，整个季节性冻结期，在潜水深埋区在土壤水势极大值面以下的非饱和带土壤水始终处于向潜水转化的过程中。

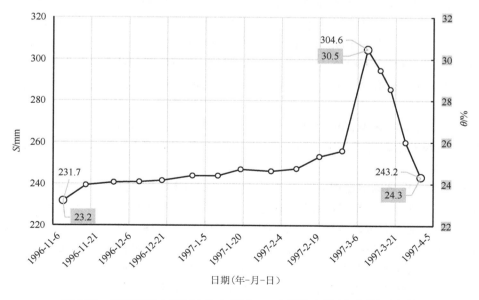

图 5.19　季节性冻土期 M1 冬小麦田 1 m 土层储水量（含水量）过程线

二、季节性冻土期砂砾石地层潜水补耗差与潜水埋深的关系

在季节性冻土期的冻结-冻融过程中，土壤岩性、降水(雪)量、潜水埋深的变化等都直接影响土壤水势函数和土壤水的运移状态，以及土壤水与潜水之间的转化过程和转化量。在前述对季节性冻土期土壤水与潜水之间的转化过程的土壤水势函数和土壤水渗流状态的理论分析基础上，根据模拟实验资料，对土壤水与潜水之间的转化量及其与潜水埋深关系进行了实验研究。

由于模拟实验所测的潜水入渗补给量和潜水蒸发量，在气压变化较大时受到潜水面附近土壤中封闭气体的影响，测量值往往比实际值偏高。因此，采用潜水补耗差的概念更能反映潜水入渗补给量和潜水上渗损耗量的实际情况。实际上潜水补耗差，就是土壤水与潜水之间的转化量，潜水补耗差为正值时，表示土壤水转化为潜水的量，潜水补耗差为负值时表示潜水转化为土壤水的量。为了更好地了解天山北麓平原三种代表性地层的土壤水和潜水之间的相互转化过程和转化量，以下分述了砂砾石、细砂、粉质轻黏土等三种代表性岩性的潜水补耗差与潜水埋深的关系。

根据(地渗仪)模拟不同潜水埋深的潜水入渗补给量和潜水蒸发量的观测试验资料，计算了 1998～1999 年度和 1999～2000 年度季节性冻土期不同潜水埋深砂砾石地层的潜水补耗差。图 5.20 为 1998～1999 年度季节性冻土期不同潜水埋深的砂砾石潜水补耗差的直方图及数据表，列出 0.5 m、1 m、2 m、3 m、5 m、6 m 和 7 m 等 7 个模拟潜水埋深，在季节性冻土期 5 个月的潜水补耗差 ΔD 的计算值。

根据昌吉均衡试验场气象站的降水量观测资料，1998～1999 年度季节性冻土期的降水量为 55.6 mm，接近于该地区的冻结期多年平均降水量 51 mm。因此，图 5.20 及其数据表所列不同潜水埋深砂砾石潜水补耗差 ΔD 的计算结果，基本上能代表该地区的实际情况。

从直方图 5.20 及其数据表可看出，砂砾石地层土壤水与潜水之间相互转化有以下特点。

(1) 处于冻结过程的 1998 年 11 月、12 月和 1999 年的 1 月，潜水埋深为 0.5 m、1 m、2 m 的砂砾石 $\Delta D \leqslant 0$，表明在这一时期潜水上渗起主导作用，潜水参与向土壤水转化过程(包括潜水以气态形式向上扩散运移、凝结转化为土壤水)，其转化量如图 5.20 数据表数据所示。

(2) 同期潜水埋深为 3 m、5 m、6 m 和 7 m 的砂砾石层的潜水补耗差＞0，表明这一时期潜水入渗补给起主导作用，即土壤水向潜水转化，土壤水向潜水的转化量如图 5.20 数据表所示。

(3) 在 2 月份是冻结过程向冻融过程转变的时期(图 5.20 可以看出，从 1999 年 2 月中旬冻结层下界面开始消退，到 2 月底冻结层下界面已接近地表)。由于冻结层自下而上融化形成的土壤水能量显著增加，必然引起土壤水向下运移，增加下部土层的土壤含水量和潜水的入渗补给量。另外，砂砾石地层持水性差，因此从潜水埋深 0.5 m 到 2 m 的砂砾石地层，均能有较多的土壤水转化为潜水。而潜水埋深 3 m 及其以下仍然保持原先土壤水下渗并向潜水转化的状态。但是潜水浅埋条件下土壤水转化为潜水的量远大于潜水深埋条件下的转化量。

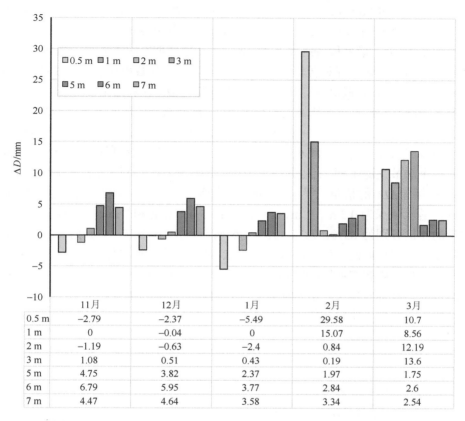

图 5.20　1998～1999 年度冻结-冻融期不同潜水埋深砂砾石潜水补耗差

（4）在 2 月下旬积雪已全部融化，3 月初冻结层也全部融通（见图 5.2），积雪融化后的水分和冻结层融化的水分，除地表蒸发损耗一部分外，大部分水分向下运移，由于砂砾石地层具有持水性差而渗透性强的特点，因此土壤水分的下渗速度快，在潜水埋深 3 m 的条件下也会得到较大的入渗补给量。潜水埋深 3～7 m 各深度在 1998～1999 年度季节性冻土期的潜水补耗差均为正值（图 5.20）。

（5）虽然在冻结过程中（11 月、12 月和 1 月），潜水浅埋条件下和潜水深埋条件下的土壤水与潜水之间的相互转化关系是相反的，但是就整个季节性冻土期，不论潜水浅埋还是深埋条件下，砂砾石地层的潜水补耗差 ΔD 均为正值（见表 5.2）。

表 5.2　1998～1999 年度季节性冻土期不同潜水埋深砂砾石地层 ΔD 及其占降水量比例

潜水埋深/m	0.5	1	2	3	5	6	7
ΔD/mm	29.6	23.6	8.8	15.8	14.7	22.0	18.6
ΔD 占同期降水量比例/%	53.3	42.4	15.8	28.4	26.4	39.5	33.4

另外，季节性冻土期土壤水与潜水之间的相互转化过程、转化量与潜水埋深的关系，与冻结期降水量的多少、冻结层形成发育及消失过程等有很大关系。如 1999～2000 年度

季节性冻土期降水量 86.5 mm，稳定冻土期 129 天，稳定积雪期 114 天，最大积雪厚度 42 cm；分别比 1998～1999 年度季节性冻土期降水量多 30.9 mm，稳定冻土期多 34 天，稳定积雪期多 28 天，最大积雪厚度多 11 cm。两个冻结期有很大差异，必然引起土壤水与潜水之间的相互转化过程和转化量的差异。图 5.21 及其数据列表给出 1999～2000 年季节性冻土期不同潜水埋深砂砾石地层的潜水补耗差 ΔD 计算结果。可以看出，在冻结过程中潜水埋深 0.5 m 的潜水补耗差 ΔD 为负值，砂砾石层的潜水补耗差 ΔD 为 0 的潜水埋深应位于 0.5～1 m 之间。3 月份(冻融期)潜水埋深 0.5～7 m 的潜水补耗差 ΔD 为正值，潜水获得较多的入渗补给量，潜水埋深 0.5～7 m 时，随着潜水埋深的增加，潜水补耗差 ΔD 递减。在全季节性冻土期，上述各潜水埋深的潜水补耗差 ΔD 均为正值，潜水埋深 0.5 m 时，潜水补耗差 ΔD 的值最大为 73.5 mm，潜水埋深 7 m 时潜水补耗差 ΔD 最小为 29.12 mm。潜水埋深为 0.5 m、1 m、2 m、3 m、5 m、6 m 和 7 m 时，ΔD 的值占冻结期的降水量的比例分别为 85%、78%、73%、65%、45%、38% 和 34%(见表 5.3)。冻结期潜水之所以能获得如此高比例的净入渗补给量，是因为冻结期虽然次降水(雪)量并不大，但是这些降水(雪)以积雪或冻结的形式保存下来，到冻融期时集中融化，所以在持水性差而渗透性高的砂砾石地层，潜水能获得非常可观的入渗补给量。可见在季节性冻土期砂砾石地层对浅层地下水资源的形成有着重要意义。

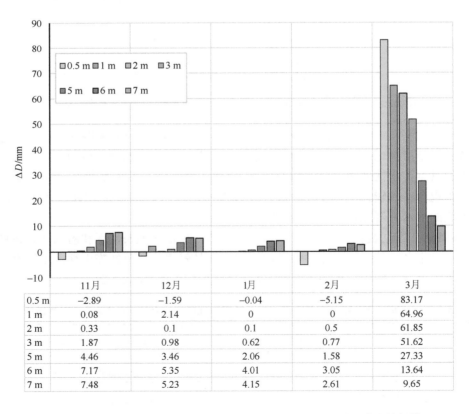

图 5.21　1999～2000 年度冻结-冻融期不同潜水埋深砂砾石潜水补耗差

	11月	12月	1月	2月	3月
0.5 m	−2.89	−1.59	−0.04	−5.15	83.17
1 m	0.08	2.14	0	0	64.96
2 m	0.33	0.1	0.1	0.5	61.85
3 m	1.87	0.98	0.62	0.77	51.62
5 m	4.46	3.46	2.06	1.58	27.33
6 m	7.17	5.35	4.01	3.05	13.64
7 m	7.48	5.23	4.15	2.61	9.65

表 5.3 1999～2000 年度季节性冻土期不同潜水埋深砂砾石地层 ΔD 及其占降水量比例

潜水埋深/m	0.5	1.0	2.0	3.0	5.0	6.0	7.0
ΔD/mm	73.5	67.2	62.9	55.9	38.9	33.2	29.1
ΔD 占同期降水量比例/%	85.0	77.7	72.7	64.6	45.0	38.4	33.7

三、季节性冻土期细砂地层潜水补耗差与潜水埋深的关系

根据昌吉均衡试验场,模拟不同潜水埋深条件下细砂地层的潜水入渗补给量和潜水蒸发量观测试验资料,计算了 1999～2000 年度季节性冻土期,不同潜水埋深细砂地层的潜水补耗差 ΔD (图 5.22)。从计算结果可以看出,在细砂地层土壤水与潜水之间的转化过程、转化量与潜水埋深的关系有以下特点。

(1) 在季节性冻土期的前 4 个月,潜水浅埋条件下(如潜水埋深 2 m 以浅),在冻结层下界面至潜水面之间土壤水渗流状态呈上渗型,潜水上渗向土壤水转化,因此潜水补耗差 ΔD 为负值(图 5.22)。在潜水深埋条件下(如潜水埋深 4～7 m),在冻结层与潜水面之间的土壤水渗流状态为上渗-下渗型,潜水入渗补给起主导作用,潜水补耗差 ΔD 为正值(图 5.22)。细砂地层潜水补耗差 ΔD 为 0 的潜水埋深应位于 2～4 m 之间。

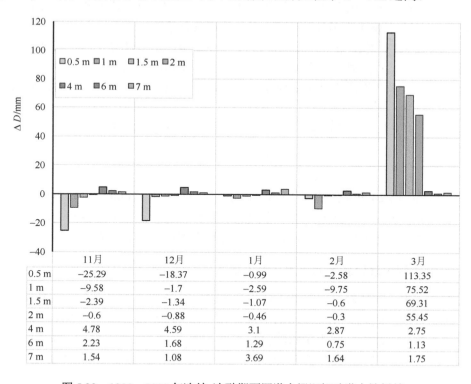

	11月	12月	1月	2月	3月
0.5 m	−25.29	−18.37	−0.99	−2.58	113.35
1 m	−9.58	−1.7	−2.59	−9.75	75.52
1.5 m	−2.39	−1.34	−1.07	−0.6	69.31
2 m	−0.6	−0.88	−0.46	−0.3	55.45
4 m	4.78	4.59	3.1	2.87	2.75
6 m	2.23	1.68	1.29	0.75	1.13
7 m	1.54	1.08	3.69	1.64	1.75

图 5.22 1999～2000 年冻结-冻融期不同潜水埋深细砂潜水补耗差

(2) 在冻融过程,特别是冻结层全部融通后,不论在潜水浅埋还是深埋条件下,土壤水分运动状态由蒸发型、上渗-下渗型逐步转化为入渗型,潜水入渗补给起主导作用,

潜水补耗差ΔD 为正值(见表 5.3 和表 5.4)。因此冻融期是细砂地层获得潜水入渗补给的最有利时期,对地下水资源的形成和对生态环境的改善是十分有益的。

表 5.4　1999～2000 年度季节性冻土期不同潜水埋深的细砂地层ΔD及其占降水量比例

潜水埋深/m	0.5	1.0	1.5	2.0	4.0	6.0	7.0
ΔD/mm	66.1	51.9	63.9	53.2	18.1	7.1	9.7
ΔD 占同期降水量比例/%	76.4	60.0	73.9	61.51	20.9	8.2	11.2

(3)在整个季节性冻土期,不同潜水埋深的细砂地层,潜水补耗差ΔD 均为正值,潜水埋深在 0.5 m 至 7 m 的范围内,可以获得大约 7～66 mm 的净入渗补给量,约占同期降水量的 8%～76%(见表 5.4)。由图 5.22 数据表中所列数据可以看出,在潜水浅埋条件下(0.5 m、1 m、1.5 m 和 2 m),虽然在长时间的冻结过程中(11 月、12 月、1 月和 2 月),潜水处于上渗状态,潜水持续向土壤水转化,但是在冻融期的 3 月份,潜水迅速获得了大量土壤水的入渗补给量,所以在整个季节性冻土期,仍然能获得较大的净入渗补给量。而在潜水深埋条件下,尽管在整个冻结期始终保持土壤水向潜水转化的状态,在冻融期又有大量的雪和冻土的融化水下渗,但是由于土壤水分在下渗过程中呈非饱和入渗,路途越长沿途的损耗越大,水分向深部传输所需的时间也越长。因此,在潜水深埋条件下,即使在冻融期潜水获得的入渗补给量并未明显增加(如表 5.4 中潜水埋深 6 m 和 7 m 的潜水补耗差)。所以在整个季节性冻土期,潜水浅埋条件下要远大于潜水深埋条件下的潜水补耗差。从表 5.4 计算结果可以看出,1999～2000 年度季节性冻土期不同潜水埋深细砂地层潜水补耗差ΔD 占同期降水量的比例虽不及同期砂砾石地层高,但是也达到了相当高的比例。可见季节性冻土期细砂地层对浅层地下水资源的形成同样有着重要意义。

四、季节性冻土期粉质轻黏土潜水补耗差与潜水埋深关系

图 5.23 和图 5.24 分别给出了 1998～1999 年度和 1999～2000 年度季节性冻土期粉质轻黏土潜水补耗差ΔD 计算结果的直方图及数据表。从计算结果可以看出,粉质轻黏土地层土壤水与潜水之间的转化过程、转化量与潜水埋深的关系具有以下特点。

1. 冻结过程粉质轻黏土的土壤水渗流状态

冻结过程中,粉质轻黏土在潜水浅埋(2 m 以浅)条件下,由于土壤水渗流状态呈上渗型,潜水持续不断地补充土壤水的上渗损耗,因此ΔD 为负值。潜水深埋条件下,在冻结层下界面与潜水面之间土壤水渗流状态呈上渗-下渗型,潜水得到土壤水的补给,所以ΔD 正值。由图 5.23 的数据表可以看出,ΔD 为 0 的潜水埋深应当在 4 m 至 6 m 之间。

2. 冻融过程粉质轻黏土土壤水渗流状态

在冻融过程中,积雪和冻土逐渐融化,粉质轻黏土的土壤水渗流状态发生了变化。在潜水浅埋条件下,土壤水渗流状态首先从上渗型转化为下渗-上渗型,而后再转化为下

渗型，潜水获得土壤水的入渗补给。由于粉质轻黏土持水性特别强，土壤渗透性很差，即使在潜水浅埋条件下，土壤水渗流状态由上渗型转化为下渗型所需的时间，随着潜水埋深的增加而显著增加。因此在潜水浅埋条件下，冻融期只是在潜水埋深很浅的情况下的ΔD才可能出现正值（比较图5.23和图5.24数据表中潜水埋深1 m以浅的情况），其余埋深ΔD仍为负值（如潜水埋深1.5 m、2 m、3 m和4 m）。在潜水深埋（6 m和7 m）条件下，土壤水渗流状态首先由上渗-下渗型转化为下渗-上渗-下渗型，而后再转化为下渗型，但是这一转化过程所需的时间更长。因此，在冻融期ΔD的值无明显变化，且仍保持正值。

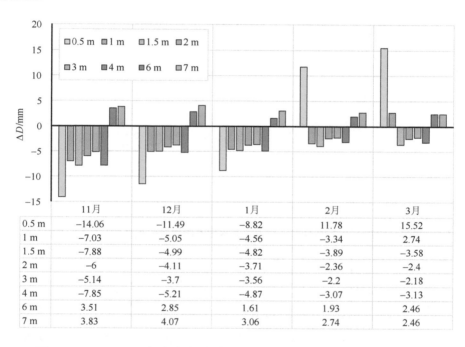

	11月	12月	1月	2月	3月
0.5 m	−14.06	−11.49	−8.82	11.78	15.52
1 m	−7.03	−5.05	−4.56	−3.34	2.74
1.5 m	−7.88	−4.99	−4.82	−3.89	−3.58
2 m	−6	−4.11	−3.71	−2.36	−2.4
3 m	−5.14	−3.7	−3.56	−2.2	−2.18
4 m	−7.85	−5.21	−4.87	−3.07	−3.13
6 m	3.51	2.85	1.61	1.93	2.46
7 m	3.83	4.07	3.06	2.74	2.46

图 5.23　1998～1999 年度冻结-冻融期不同潜水埋深粉质轻黏土潜水补耗差

3. 冻结期粉质轻黏土潜水补耗差与潜水埋深的关系

在整个冻结期，由于冻结期不同年份的降水量有差异等原因，粉质轻黏土的潜水补耗差ΔD与潜水埋深的关系可分为两种情况：一种情况是，冻结期降水量接近多年平均值（51 mm）的年度（如 1998～1999 年度冻结期降水量为 56.5 mm）。潜水浅埋条件下，ΔD为负值（如表 5.5 中潜水埋深 4 m 以浅）。潜水深埋条件下，ΔD为正值（如表5.5 中潜水埋深 6 m 和 7 m）。潜水补耗差等于 0 的潜水埋深应在 4～6 m 之间。另一种情况是季节性冻土期降水量较多的年度，如 1999～2000 年度季节性冻土期降水量86.5 mm，比多年平均值高 35.5 mm。粉质轻黏土的潜水补耗差，随潜水埋深的增加，ΔD为正-负-正的变化规律，如表 5.6 中潜水埋深在 0.5 m、1 m 等深度时ΔD为正值，潜水埋深 1.5 m、2 m、3 m、4 m 等深度时ΔD为负值，潜水埋深继续加深至 6 m 或更深时，ΔD又变为正值。

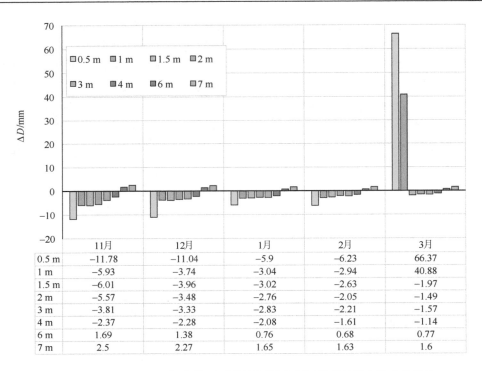

	11月	12月	1月	2月	3月
0.5 m	−11.78	−11.04	−5.9	−6.23	66.37
1 m	−5.93	−3.74	−3.04	−2.94	40.88
1.5 m	−6.01	−3.96	−3.02	−2.63	−1.97
2 m	−5.57	−3.48	−2.76	−2.05	−1.49
3 m	−3.81	−3.33	−2.83	−2.21	−1.57
4 m	−2.37	−2.28	−2.08	−1.61	−1.14
6 m	1.69	1.38	0.76	0.68	0.77
7 m	2.5	2.27	1.65	1.63	1.6

图 5.24　1999～2000 年冻结-冻融期不同潜水埋深粉质轻黏土潜水补耗差

表 5.5　1998～1999 年度季节性冻土期不同潜水埋深粉质轻黏土地层ΔD 及其占降水量比例

潜水埋深/m	0.5	1.0	1.5	2.0	3.0	4.0	6.0	7.0
ΔD/mm	−7.1	−17.2	−25.2	−18.6	−16.8	−24.1	12.4	16.2
ΔD 占同期降水量比例/%	−12.5	−30.5	−44.5	−32.9	−29.7	−42.7	21.9	28.6

表 5.6　1999～2000 年度季节性冻土期不同潜水埋深粉质轻黏土地层ΔD 及其占降水量比例

潜水埋深/m	0.5	1.0	1.5	2.0	3.0	4.0	6.0	7.0
ΔD/mm	31.4	25.2	−17.6	−15.4	−13.8	−9.5	5.3	9.7
ΔD 占同期降水量比例/%	36.3	29.2	−20.3	−17.7	−15.9	−11.0	6.1	11.2

4. 季节性冻土期不同土壤对生态环境影响的差异

季节性冻土期粉质轻黏土地层的潜水补耗差ΔD 的值要比砂砾石地层和细砂地层小得多，甚至潜水埋深在某一范围内还会出现负值（见表 5.5 和表 5.6）。所以在冻结期，对砂砾石地层和细砂层而言是潜水补给的有利时期，而对粉质轻黏土地层来说，潜水的入渗补给明显滞后。但是冻结期对粉质轻黏土地层的土壤水资源的增加是非常有利的，图 5.25给出了 1999～2000 年度季节性冻土期在潜水埋深 5 m 条件下的土壤含水量分布曲线。图中θ(1999-11-1)土壤含水量曲线是冻结期初始土壤含水量分布，θ(2000-3-31)是冻融期结束时的土壤含水量分布。可以看出，季节性冻土期在土壤剖面上土壤含水量有明显的增加，特别是在土壤剖面的上部土壤含水量显著增加，有利于增加土壤水资源量，这对春季作物的生长提供良好的土壤水分条件，对于潜水埋深浅的地区，同时冻融水的入渗还能减少土壤表层的盐分积累。因此，冻融水对增加土壤水资源量和保护生态环境有着非常重要的意义。

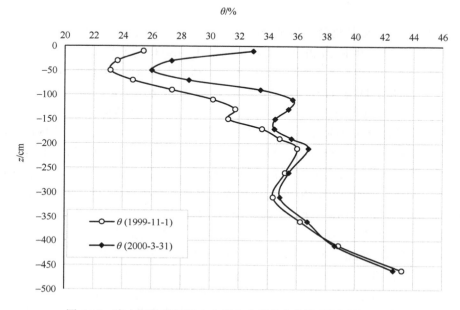

图 5.25　冻土期粉质轻黏土土壤含水量分布曲线(潜水埋深 5 m)

第六章　土壤水盐运移机理与动态调控

　　盐碱地是我国重要战略储备耕地资源之一，盐渍土在我国分布很广，种类繁多，盐渍土总面积约为 $3.6 \times 10^7 \, \mathrm{hm}^2$，占全国可耕地面积 4.88%（杨劲松等，2008；张越等，2016）。尤其在干旱、半干旱地区分布面积广泛。在开发利用土地资源（含盐荒地），就必须发展灌溉农业，尤其是大规模自流灌溉，往往因为水文和水文地质条件恶化、排水情况不良等原因，导致土壤普遍发生次生盐渍化（石元春等，1986；韩冬梅等，2018；赵其国等，2019）。防治土壤盐渍化已成为一个重大课题，我国科学家对土壤水盐运移规律或特征进行了多方面的探索研究（李金刚等，2017；常晓敏等，2018；于丹丹等，2020；朱伟等，2021）。国内外盐碱地的改良措施，主要有生物改良、化学改良、工程改良、农艺抑盐等（杨劲松等，2015；云雪雪等，2020，）。如灌排水等工程措施（陈小兵等，2008；王少丽等，2013；冯根祥等，2018；耿其明等，2019；俞冰倩，2019）、农业抑盐改良措施（张越等，2016；冯根祥等，2018；于丹丹等，2020）、化学改良措施（朱伟，2020；李红强等，2020；高珊等，2020）、生物改良措施（赵振勇等，2013；汪顺义等，2019）。本章介绍以土壤水盐运移机理与动态调控试验研究为例，应用土壤水势函数动态分段性理论与土壤水渗流动态分带单向性理论，全面揭示调控试验区、对照区在各种条件下的非饱和带土壤水势和水盐运行的连续动态演化规律，并为土壤水盐动态调控模式的建立和优化提供了理论和方法。将土壤水势函数动态分段性理论与土壤水渗流动态分带单向性理论，拓展到土壤水盐运移的研究领域。

第一节　土壤水势函数类型与土壤水渗流状态

　　非饱和带土壤水运移近似地看作一维垂向渗流。各种自然因素对非饱和带土壤水运移的综合影响，集中反映在土壤剖面的土壤水势函数和土壤含水量分布这两个决定土壤水运移的基本要素上。土壤含水量的变化影响着土壤的导水性。土壤水势梯度则是土壤水运移的驱动力，并决定土壤水运移的方向，确定了土壤水盐运移的状态。

　　根据试区土壤水势监测资料，应用土壤水势函数动态分段性与土壤水渗流动态分带单向性理论，试区的非饱和带可归纳为 5 种土壤水势函数类型与相应的土壤水渗流状态。

1. 单调递减型水势函数与蒸发型渗流状态

　　单调递增型土壤水势函数与蒸发型土壤水渗流状态的特征是，土壤水势函数呈单调递减型，在非饱和带整个土壤剖面上土壤水势梯度 $\dfrac{\partial \psi}{\partial z} < 0$，土壤水向上运移。形成蒸发

型土壤水渗流状态的原因是潜水浅埋条件下蒸发起主导作用,土壤水被蒸发的同时,潜水持续上渗补充非饱和带土壤水的损耗,并引起潜水位的下降。由于试验区潜水埋深较浅,气候干旱,蒸发型土壤水渗流状态成为试验区主要形式之一。

2. 单调递增型水势函数与入渗型渗流状态

单调递增型土壤水势函数与入渗型土壤水渗流状态特征是,在非饱和带整个土壤剖面上土壤水势梯度 $\frac{\partial \psi}{\partial z} > 0$,土壤水分向下运移补给潜水,引起潜水位上升。形成入渗型土壤水分渗流状态的原因主要是较大降雨或灌溉引起的。

3. 极大值型水势函数与蒸发-入渗型渗流状态

极大值型土壤水势函数与蒸发-入渗型土壤水渗流状态的特征是,整个非饱和带的土壤水势函数呈极大值型,极大值面 $z_d(t)$ 以上土壤水势梯度 $\frac{\partial \psi}{\partial z} < 0$,土壤水向上运移补充土壤水的蒸发损耗。极大值面 $z_d(t)$ 以下的土壤水势梯度 $\frac{\partial \psi}{\partial z} > 0$,土壤水向下运移补给潜水。

蒸发-入渗型土壤水渗流状态是潜水深埋区的一个主要土壤水渗流状态。形成蒸发-入渗型土壤水渗流状态主要有以下三种原因:

(1)灌溉或较大降水过程,若使土壤水势函数呈单调递增型,与之相应的土壤水渗流状态为入渗型。当灌溉或降水停止后,在蒸发作用下,使土壤表层土壤水势梯度 $\frac{\partial \psi}{\partial z} < 0$,而在下部土壤水势梯度 $\frac{\partial \psi}{\partial z} > 0$,土壤水势函数转化为极大值型,相应的土壤水渗流状态由入渗型转化为蒸发-入渗型。

(2)冬灌后,试验区逐渐形成 70~90 cm 厚的冻土层,地表土壤水处于蒸发状态,但因冬季气温低和冻土层的存在,土壤水的蒸发量很小,在冻土层形成过程中,在冻土层以下的土壤水由下而上向冻结层运移,引起水位下降。翌年2月以后冻结层的下边界开始融化,土壤水向下运移补给潜水,引起水位上升,直至冻土层完全融通,同时土壤表层的水分蒸发作用也在不断加强,因此非饱和带土壤水势函数为极大值型,相应的土壤水渗流状态为蒸发-入渗型。

(3)非饱和带土壤水运移初始状态呈蒸发型,此时若由于抽水等原因引起潜水下降,使近潜水面处的土壤水势梯度 $\frac{\partial \psi}{\partial z} < 0$ 转化为 $\frac{\partial \psi}{\partial z} > 0$,形成一个向上发育的极大值面 $z_d(t)$,土壤水势函数呈极大值型,相应的土壤水渗流状态为蒸发-入渗型。

实际上土壤水运移,凡是从入渗型转变为蒸发型,都要经过一个蒸发-入渗型的中间阶段。但是往往因为潜水埋深太小,这一过程较短。随着潜水埋深的增加,出现蒸发-入渗型土壤水渗流状态的时间也就变长。当潜水埋深达到潜水上渗损耗极限深度以下时,实验和理论证明,非饱和带土壤水渗流状态长时间保持为蒸发-入渗型,不再转化为蒸发型。

4. 极小值型水势函数与下渗-上渗型渗流状态

极小值型土壤水势函数与下渗-上渗型土壤水渗流状态的特征,是极小值面 $z_x(t)$ 以上土壤水势梯度 $\dfrac{\partial \psi}{\partial z} > 0$,土壤水向下运移,极小值面 $z_x(t)$ 以下土壤水势梯度 $\dfrac{\partial \psi}{\partial z} < 0$,土壤水向上运移,形成潜水上渗向土壤水转化。在潜水浅埋区,下渗-上渗型土壤水渗流状态,通常由蒸发型转化为入渗型的一个中间过渡的土壤水渗流状态,实际存在时间一般都比较短。

5. 极大-极小值型水势函数与下渗-上渗-入渗型渗流状态

极大-极小值型土壤水势函数与下渗-上渗-入渗型渗流状态特征是,非饱和带土壤水势函数呈极大-极小值型,极小值面 $z_x(t)$ 与地面之间,土壤水势梯度 $\dfrac{\partial \psi}{\partial z} > 0$,土壤水渗流呈下渗状态。极小值面 $z_x(t)$ 与极大值面 $z_d(t)$ 之间,土壤水势梯度 $\dfrac{\partial \psi}{\partial z} < 0$,土壤水运移呈上渗状态。极大值面 $z_d(t)$ 与潜水面之间,土壤水势梯度 $\dfrac{\partial \psi}{\partial z} > 0$,土壤水向下运移,形成潜水入渗补给。下渗-上渗-入渗型土壤水渗流状态,通常是蒸发-入渗型因降水等原因转化而来的。但是下渗-上渗型土壤水渗流状态因抽水引起水位下降,在近潜水面处形成一个向上发育的极大值面 $z_d(t)$,使下渗-上渗型土壤水渗流状态转化为下渗-上渗-入渗型。

上述每种土壤水势函数与土壤水渗流状态并非静止不变的,而是随着降水、灌溉、蒸发、地下水等因素的动态变化,土壤水势函数和相应的土壤水渗流状态,总是处在连续动态演化过程中。江南村试验区的非饱和带的特征、气象条件、潜水动态变化等均能反映银川平原的基本情况。因此,上述非饱和带土壤水势函数的基本类型和相应的土壤水渗流状态也适应于银川平原。关于土壤水势函数和相应的土壤水渗流状态的理论分析,见第二章和第三章。

第二节　土壤水盐运移机理

试验区土壤水盐运移主要受灌溉和蒸发的制约。盐荒地土壤水盐运移主要受降雨和蒸发的制约。因此,试验区和盐荒地土壤水盐运移基本形式分别为灌溉-蒸发型和降雨-蒸发型。

一、灌溉-蒸发型土壤水盐运移机理

图 6.1 给出小麦套种玉米高产试验田潜水埋深过程线。一年内形成三个大的高峰期和三个大的低谷期,它反映了土壤水盐运移季节性变化特征。潜水位高峰期和低谷期形成过程与非饱和带土壤水分盐运移密切相关。冬灌后潜水埋深形成的一个高峰期和一个

低谷期反映了在冻结层形成和融化过程中在非饱和带下部的水分运移和积、脱盐过程，对土壤剖面上部影响不大，所以仍将全年分为两个大的脱盐阶段和两个大的积盐阶段。

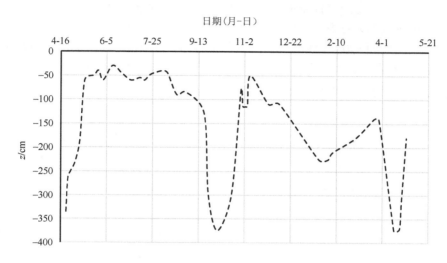

图 6.1　3 号试点小麦套种玉米田潜水埋深过程线

1. 春季灌前积盐阶段水盐运移机理

2 月中旬以后，土壤冻结层下部开始融化，冻结层下界面随之上移。这时土壤水分向下运移补给潜水，引起水位上升。3 月上旬冻结层上部开始融化，因冻结层尚未融通，出现上层暂时滞水，土壤水受到蒸发。3 月中旬冻结层融通，气温也逐渐升高，多风，表层土壤含水量高，蒸发强烈，引起土壤表层积盐。因潜水埋深不同，土壤水分运移状态和积盐机理也不同。

1）潜水埋深较浅条件下土壤水分运移状态和积盐机理

在潜水埋深较浅条件下，如 4 号水盐动态监测点在 3 月潜水埋深小于 50 cm，土壤水势函数呈单调递减型，相应的土壤水渗流状态为蒸发型，土壤水分大量蒸发，潜水上渗补充土壤水的损耗，矿化潜水源源不断将盐分带入非饱和带，由于表层土壤水蒸发强烈，盐分强烈向地表聚积。4 号点在春季灌水前的土壤水盐运移状态如图 6.2 所示，反映了通常灌溉前在潜水浅埋区非饱和带土壤水势函数为单调递减型和相应的土壤水渗流状态为蒸发型的基本特征，潜水持续上渗将盐分带入非饱和带，使整个非饱和带成为一个水盐上行带，随着土壤水的强烈蒸发损耗，盐分向地表聚积，并且整个非饱和带处于积盐状态。

2）潜水埋深较深条件下土壤水分运移状态和积盐机理

在潜水埋深较深条件下，如 3 号水盐动态监测点在同期的潜水埋深较深，土壤水势函数呈极大值型，极大值面 $z_d(t)$ 位于地表以下 40 cm 处，土壤水渗流状态呈蒸发-入渗型。所以 40 cm 以上的土壤水向上运移，引起 40 cm 以上的盐分向地表迁移、积累。在

40 cm 以下土壤水分继续向下运移，潜水获得土壤水的补给，同时也将非饱和带的盐分带入潜水。因此 40 cm 以下的非饱和带处于脱盐状态。3 号点在春季灌水前的土壤水盐运移如图 6.3 所示，反映了通常灌溉前在潜水深埋区，非饱和带土壤水势函数呈极大值型和土壤水渗流状态为蒸发-入渗型的基本特征。极大值 $z_d(t)$ 将非饱和带分成两个水盐运行带，极大值面 $z_d(t)$ 与地面之间为水盐上行带，$z_d(t)$ 以上土壤水受到强烈蒸发损耗，盐分向地表聚积。极大值面 $z_d(t)$ 与潜水面之间为水盐下行带，土壤水下渗补给潜水，同时将盐分带入潜水，非饱和带处于脱盐状态。

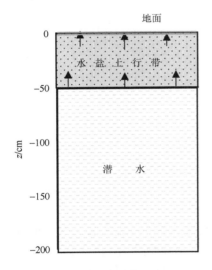

图 6.2　4 号点水盐运移示意图

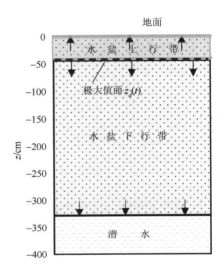

图 6.3　3 号点水盐运移示意图

上述分析可以看出，在春灌前，不管潜水埋深的深浅，都是在土壤表层受到强烈蒸发，土壤盐分不同程度向地表聚积，对农作物生长有一定影响。

试区以种植春小麦为主，在 3 月 10 日左右播种，4 月初至灌头水前为幼苗期，小麦耐盐能力极低，正处于年内第一个积盐高峰期。因此，弄清春季水盐运移机理，抑制灌前土壤盐分在表层积累是非常重要的。

2. 灌期脱盐阶段水盐运移机理

灌期脱盐阶段由灌溉-蒸发或降水-蒸发若干个大小不等的时段构成，每个时段又相应形成一个脱盐-积盐过程。

通常灌溉水的入渗，使非饱和带土壤水渗流状态由原来的蒸发型（潜水浅埋）或极大值型（潜水深埋）转化为入渗型，在土壤剖面上形成下渗的土壤水分通量 $q(z)$，同时引起土壤盐分的向下迁移，土壤水溶液盐分浓度 $c(z)$，盐分的对流通量为 $J_c = q(z)c(z)$。

图 6.4 所示为 3 号试点，于 4 月灌溉头水时，在土壤剖面不同深度通过的水量 $Q(\mathrm{mm})$、盐量 $S(\mathrm{kg}/亩)^{1)}$、土壤水溶液浓度 $C(\mathrm{g/L})$ 的柱形图和数据表。从图 6.4 中可以定量地看

---

1) 1 亩 ≈ 666.7 m^2，下同。

出灌溉入渗引起土壤水盐运移的基本情况。由于在调控地下水试验结束时，3 号监测点潜水埋深在 350 cm 以下，灌头水之后，潜水埋深仍大于 280 cm。因此，此次灌水将大量土壤盐分带到 280 cm 深度以下，土壤剖面上脱盐效果明显。灌水停止后，由于蒸发（蒸腾）作用，土壤水分运移状态由入渗型转换为蒸发-入渗型，随着水位的上升进一步转化为蒸发型。图 6.5 给出 3 号试验田灌头水后土壤水势函数由入渗型转换为蒸发型的过程。4 月 28 日土壤水势函数呈单调递增型相应的土壤水分运移状态呈入渗型，土壤剖面处于脱盐状态。5 月 1 日土壤水势函数转化为极大值型，相应的土壤水分运移状态转换为蒸发-入渗型，在 20 cm 处发育一个极大值面 $z_d(t)$。在蒸发作用下，$z_d(t)$ 以上土壤水盐向上运行使盐分向地表聚积，而 $z_d(t)$ 以下呈脱盐状态。由于土壤水分下渗和附近稻田灌水引起地下水位快速上升，必然形成一个向上发育的极小值面 $z_x(t)$，当其向上迁移过程中与极大值面 $z_d(t)$ 相遇时两者同时消失，土壤水势函数转化为单调递减型（5 月 9 日水势函数曲线）。根据土壤水势函数动态分段单调性与土壤水渗流动态分带单向性理论，图 6.6 给出与 3 号试点土壤水势函数转化过程和相应的土壤水盐运移状态的动态演化过程，图中将灌溉头水后土壤水盐运移转化过程分为 4 个阶段。

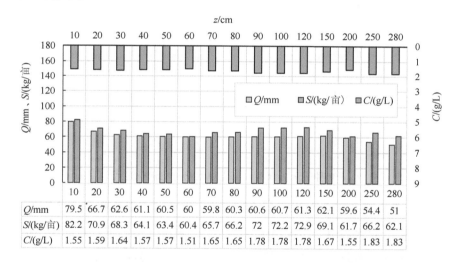

图 6.4　3 号点灌头水过程通过不同深度水量、盐量及土壤水溶液浓度

图中：Q——水量（mm）；S——盐量（kg/亩）；C——土壤溶液浓度（g/L）

1）非饱和带脱盐阶段

灌溉头水后使非饱和带土壤水势函数转化为单调递增型，相应的土壤水渗流状态为入渗型，整个非饱和带转化为一个土壤水盐运移下行带，土壤水入渗补给潜水，引起水面上升，同时也使非饱和带处于脱盐状态（如图 6.6 中 A 时段所示）。

2）非饱和带表层积盐，下部脱盐阶段

灌溉停止后由于蒸发作用，在地表形成一个向下发育的极大值面 $z_d(t)$，使非饱和带

土壤水势函数由单调递增型转化为极大值型,相应土壤水渗流状态为蒸发-入渗型,土壤水盐运移转化为两个带,极大值面 $z_d(t)$ 与地面之间为一个水盐上行带, $z_d(t)$ 以上的土壤水上渗补充地面土壤水的蒸发损耗,并携带盐分上行向表层聚积。$z_d(t)$ 与潜水面之间为一个水盐下行带,土壤水下行补给潜水的同时也将盐分带入潜水,非饱和带形成表层积盐,下部脱盐的状态(如图 6.6 中 B 时段所示)。

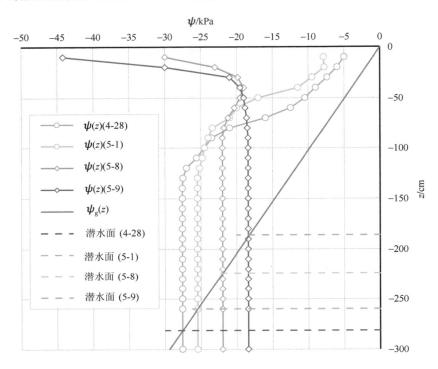

图 6.5　小麦套种玉米田灌头水后土壤水势分布演化过程(3 号试点)

3)非饱和带表层与下部水盐向上运移积盐,中间部分水盐向下运移阶段

由于周边稻田灌水等原因引起潜水大幅上升,形成一个向上发育的极小值面 $z_x(t)$,使非饱和带土壤水势函数由极大值型转化为极小-极大值型,相应土壤水渗流状态转化为蒸发-下渗-上渗型,土壤水盐的运行转化为三个带,极大值面 $z_d(t)$ 与地面之间为一个水盐上行带,土壤水蒸发损耗,盐分向地表聚积。$z_d(t)$ 与极小值面 $z_x(t)$ 之间为水盐下行带,处于水盐下行状态。$z_x(t)$ 与潜水面之间为一个水盐上渗带,潜水将盐分带入非饱和带(如图 6.6 中 C 时段所示)。

4)非饱和带积盐阶段

当极小值面 $z_x(t)$ 向上发育演化过程中与极大值面 $z_d(t)$ 相遇时两者同时消失,使土壤水势函数极小-极大值型转化为单调递减型,相应土壤水渗流状态由极小-极大值型转化为蒸发型,土壤水盐运移转化为一个水盐上行带,非饱和带处于积盐状态(如图 6.6 中 D 时段所示)。

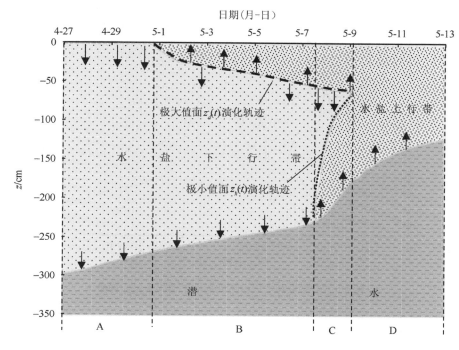

图 6.6　小麦套种玉米田灌头水后土壤水盐运移动态演化过程

　　农田在灌溉或降水和蒸发作用下，土壤含水量和土壤水势总是在不断变化中，其特点是：

　　(1)灌溉洗盐，土壤水势和土壤含水量增大，且有土壤水势梯度 $\dfrac{\partial \psi}{\partial z} > 0$。蒸发积盐时土壤水势和土壤含水量减小，且土壤水势梯度 $\dfrac{\partial \psi}{\partial z} < 0$。

　　(2)土壤水势和土壤含水量的变化幅度在表层最大，随着深度的增加而急剧减小，土壤含水量变化(图 6.7 小麦套种玉米田的不同深度土壤含水量过程线)，在一定程度上反映了土壤表层积盐和脱盐状态。灌溉期内不是一个单一的脱盐过程，而是随着灌溉或降水、蒸发交替变化出现的许多大小不一的脱盐期和积盐期组成。因此，灌溉期能否成为真正的脱盐期，是由这些脱盐期和积盐期内总的效果决定的。

　　另外，土壤盐分是以溶于土壤水溶液的形式对作物产生影响的，特别是表层土壤水溶液的浓度对作物生长影响最大。所以灌溉期脱盐效果还应体现在土壤水溶液浓度的变化上。图 6.7 是小麦套种玉米试验田不同深度位置的土壤水溶液浓度过程线。由图 6.8可以看出，①灌溉期土壤表层 10 cm 和 30 cm 处土壤水溶液浓度降低，其浓度变化范围能满足小麦正常生长需求；②土壤表层 10 cm 处土壤水溶液浓度在小麦成熟期有所增加，小麦收割后较明显增大，但此时玉米已具有较强的耐盐能力，因此对玉米正常生长无明显影响。

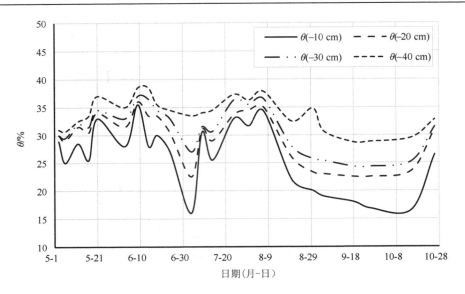

图 6.7　小麦套种玉米田不同深度土壤含水量过程线

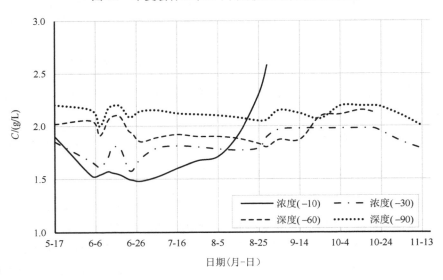

图 6.8　小麦套种玉米田土壤水溶液浓度(计算值)过程线

3. 秋季积盐阶段水盐运移机理

8月下旬灌区停水至冬灌前,蒸发对水盐运移起主导作用,成为第二个积盐高峰期。这一阶段主要特点介绍如下。

(1)非饱和带土壤剖面上土壤水势函数呈单调递减型,土壤水势梯度$\dfrac{\partial \psi}{\partial z} < 0$,相应的土壤水渗流状态为蒸发型,整个非饱和带为水盐上行带,只有出现较大降水时才可能暂时改变土壤水势梯度的方向。但是降雨停止后,土壤水势梯度值很快又恢复为负值,土壤水分受到强烈蒸发,土壤表层积盐。同时矿化潜水不断补充土壤水的蒸发损耗,将

盐分大量带入非饱和带，同时引起潜水位持续下降。

(2)灌期结束时潜水埋深较浅，土壤剖面具有较高的含水量分布，土壤水分储量较高。由于土壤水分运移状态呈蒸发型，所以土壤水分储量减小的途径只能是蒸发损耗，引起土壤表层大量积盐。

(3)灌期结束后，由于蒸发作用使表层土壤水溶液浓缩。因小麦早已收获，玉米已有较高耐盐能力，土壤水溶液浓度增加对作物生长并未构成明显危害。

4. 冬灌脱盐阶段水盐运移机理

冬灌前试验区土壤水势函数呈单调递减型，土壤水分运移状态为蒸发型。10月底 11 月初冬灌后土壤水势函数由单调递减型转化为极小值型，当极小值面 $z_x(t)$ 向下迁移与潜水面相遇消失后，土壤水势函数转化为单调递增型，这一过程中相应的土壤水分运移状态由蒸发型转化为下渗–上渗型，再转化为入渗型，土壤水分入渗过程将土壤表层大量盐分带到土壤剖面下部或潜水中。在土壤水分持续下渗过程中，冻结层首先在土壤表层形成并向下发育，冻结层以下土壤水分运移状态呈上渗型，土壤水分不断向冻结层下界面处运移、冻结层下界面随之向下发育，潜水位持续下降。到 2 月份冻结层下部开始融化前，潜水位达到年度内第三个低谷期。在此阶段盐分随上渗的土壤水分向上迁移，但因冻结层阻隔，下部盐分不会迁移至地表，随着冻结层加厚它的上移高度也随之减小。冻结期长达 140 天左右，但因冬季气温低，又有冻结层阻隔，土壤水分蒸发损耗较少，因此冬灌脱盐阶段的脱盐效果比较明显。图 6.9 和图 6.10 分别给出 3 号监测点试验田 1992 年 10 月 25 日(冬灌前)和 1993 年 3 月 27 日的土壤盐剖面及 1992 年 10 月 23 日(冬灌前)和 1993 年 3 月 29 日土壤水溶液浓度分布图。可以看出，在冬灌前至翌年 3 月底以前表层土壤虽然一直受到蒸发作用，但表层积盐并不严重，与冬灌前相比，在整个阶段显示了明显脱盐的效果。

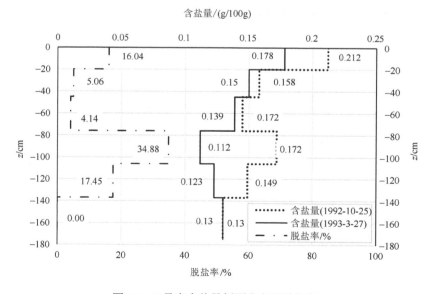

图 6.9　3 号点含盐量剖面分布及脱盐率

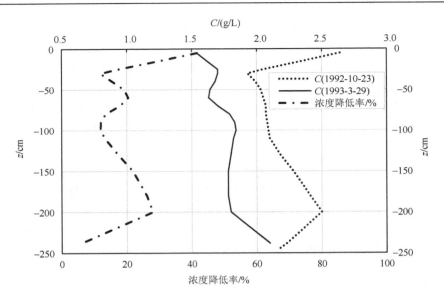

图 6.10　3 号点土壤水溶液浓度分布及浓度降低率

二、降水-蒸发型土壤水盐运移机理

非调控试验区内的盐荒地受调控试验影响较小。土壤水盐动态受降水、蒸发和潜水埋深等自然因素制约。该区潜水埋深浅,最大埋深在 1 m 左右,最小时接近地表。从年度考虑,蒸发积盐占主导地位,只有在降水较集中的雨季(7 月、8 月、9 月)才可能出现较短时段的脱盐期。即使在丰水年,如 1992 年降水量达到 253.8 mm,同年土壤水的年蒸发量为 422.5 mm。非饱和带上行水量远大于下行水量。而且雨水带入非饱和带的盐量要远小于潜水带入非饱和带的盐量。所以对比区土壤水盐动态为蒸发积盐占主导地位的降水-蒸发型,调控试验区内的盐荒地水盐运移状态为受农田灌溉和调控试验影响的降水-蒸发型。

第三节　土壤水盐动态调控

灌溉和排水是调控土壤水盐动态的最基本手段。根据试区地势低、径流条件差、潜水埋深较浅、明沟排水不畅等具体情况,机井排水是调控土壤水盐动态的最有效方法之一。

一、机井排水对土壤水盐运移动态影响机制

试区潜水含水层位于上黏下砂的二元结构地层中,由于潜水埋深较浅,非饱和带一般位于砂黏土层。根据土壤水势函数动态分段单调性等理论,对机井排水影响

分析如下。

在春、秋返盐期，蒸发起主导作用，土壤水势函数呈单调递减型，相应的土壤水分运移状态为蒸发型，土壤水的蒸发引起表层土壤水溶液的浓缩和盐分向地表聚集，同时矿化潜水也将盐分带入非饱和带，使非饱和带处于积盐状态（见图 6.11 中 A 时段所示）。此时采取机井排水，将引起潜水下降，必然在潜水面上方形成一个向上发育的土壤水势极大值面 $z_d(t)$，并逐渐趋于一个较稳定的深度上。试验区无作物期或幼苗期，极大值面 $z_d(t)$ 深度在 20～60 cm。作物生长旺盛期极大值面 $z_d(t)$ 的深度在 70～120 cm。因此，在机井调控试验过程中，土壤水势函数由单调递减型转化为极大值型，相应土壤水盐动态由蒸发型转化为蒸发-入渗型，非饱和带由一个水盐上行带转化为 2 个水盐运移带，即 $z_d(t)$ 以上至地面为水盐上行带，$z_d(t)$ 至潜水面为水盐下行带。随着抽水时间增长，水盐上行带厚度逐渐减小，而水盐下行带逐渐变厚（见图 6.11 中 B 时段）。若不考虑水动力弥散作用和作物对盐分的吸收，那么表层土壤的积盐仅来源于 $z_d(t)$ 以上的土壤水溶液，当 $z_d(t)$ 的深度趋于稳定后，$z_d(t)$ 以上总的盐储量并未发生变化，只是盐分向土壤表层聚积。$z_d(t)$ 以下的土壤水下渗将盐分带入潜水中。当潜水面降至砂黏土层以下的细砂或粉细砂层时，潜水的运移近似于水平方向，将非饱和带下渗进入潜水的土壤水溶液混合带走，它是引起机井排出水的矿化度变化的主要原因之一。当土壤剖面上部高于下部的土壤水溶液浓度时，机井排水使高浓度土壤水的前锋面向下移动（见图 6.12），机井停止抽水后，低矿化度潜水向上运动与土壤水前锋面处的高浓度土壤水溶液混合，使其浓度降低（见图 6.13）。若潜水矿化度高于其上部土壤水溶液浓度时，将出现相反的结果。

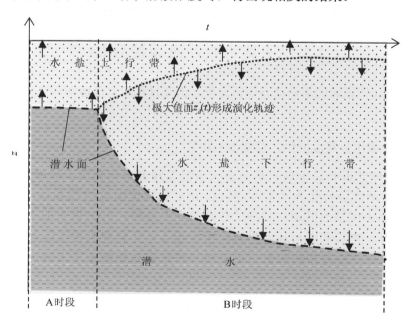

图 6.11　机井排水引起土壤水盐运移状态演化过程示意图

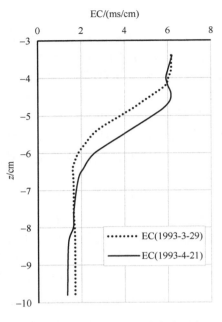

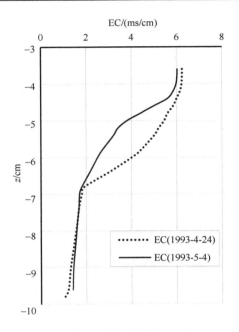

图 6.12　机井排水引起土壤水电导率
　　　　　剖面分布变化

图 6.13　机井排水停后引起土壤水电导率
　　　　　剖面分布变化

　　上述结果表明，机井排水转化为非饱和带土壤水势函数类型和土壤水渗流状态，对潜水、非饱和带水盐运移都产生很大影响，排出的井水是非饱和带下渗的土壤水溶液和潜水的混合产物。因此，机井排水是调控水盐动态的有效方法之一。

二、土壤水盐动态调控分析

　　根据试区调控试验的水盐动态资料分析，机井排水对水盐运动调控作用归纳为六个方面。

1. 减小土壤水分蒸发损耗，抑制表土积盐

　　机井排水使非饱和带土壤水势函数由单调递减型转化为极大值型，相应的土壤水分运移状态由蒸发型转化为蒸发-入渗型。由于极大值面 $z_d(t)$ 的存在，阻断了下部土壤水向 $z_d(t)$ 以上运移的通道，制约了盐分的向上迁移。$z_d(t)$ 以上的土层处于作物根系带活动范围；若不考虑水动力弥散作用，那么在作物根系带仅仅是土壤水分储量的减少，而盐分并没有新的积累，可见机井排水有效地阻止了下部土壤盐分进入作物根系层。

2. 促进非饱和带脱盐，减少土壤剖面基础盐量

　　机井排水形成由下向上发育的极大值面 $z_d(t)$，$z_d(t)$ 以下土壤水分携带盐分入渗补

给潜水,图 6.14、图 6.15 和图 6.16 分别给出 3 号、4 号和 5 号监测点试验田在一次调控试验中不同深度位置通过的水量(Q)、盐量(S)和土壤溶液浓度(C)计算结果,可以看出如下特点。

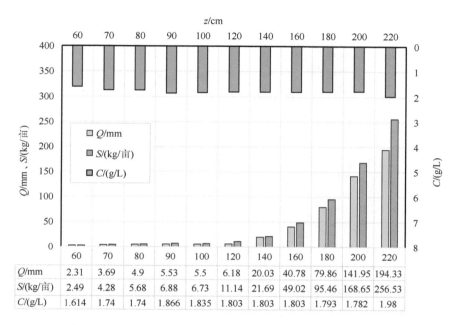

z/cm	60	70	80	90	100	120	140	160	180	200	220
Q/mm	2.31	3.69	4.9	5.53	5.5	6.18	20.03	40.78	79.86	141.95	194.33
S/(kg/亩)	2.49	4.28	5.68	6.88	6.73	11.14	21.69	49.02	95.46	168.65	256.53
C/(g/L)	1.614	1.74	1.74	1.866	1.835	1.803	1.803	1.803	1.793	1.782	1.98

图 6.14　3 号点调控试验不同深度通过水量、盐量及土壤水溶液浓度

图中:Q——水量(mm);S——盐量(kg/亩);C——土壤溶液浓度(g/L)

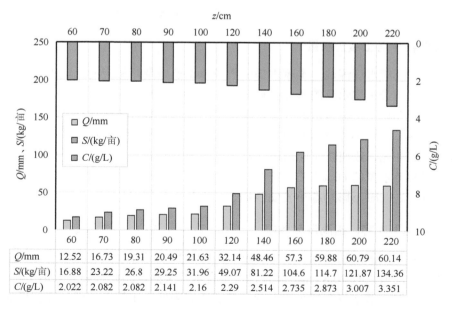

z/cm	60	70	80	90	100	120	140	160	180	200	220
Q/mm	12.52	16.73	19.31	20.49	21.63	32.14	48.46	57.3	59.88	60.79	60.14
S/(kg/亩)	16.88	23.22	26.8	29.25	31.96	49.07	81.22	104.6	114.7	121.87	134.36
C/(g/L)	2.022	2.082	2.082	2.141	2.16	2.29	2.514	2.735	2.873	3.007	3.351

图 6.15　4 号点调控试验不同深度通过水量、盐量及土壤水溶液浓度

图中:Q——水量(mm);S——盐量(kg/亩);C——土壤溶液浓度(g/L)

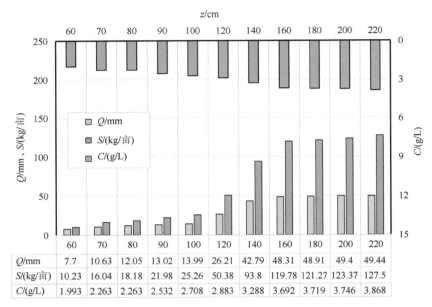

图 6.16　5 号点调控试验不同深度通过水量、盐量及土壤水溶液浓度

图中：Q——水量（mm）；S——盐量（kg/亩）；C——土壤溶液浓度（g/L）

	60	70	80	90	100	120	140	160	180	200	220
Q/mm	7.7	10.63	12.05	13.02	13.99	26.21	42.79	48.31	48.91	49.4	49.44
S/(kg/亩)	10.23	16.04	18.18	21.98	25.26	50.38	93.8	119.78	121.27	123.37	127.5
C/(g/L)	1.993	2.263	2.263	2.532	2.708	2.883	3.288	3.692	3.719	3.746	3.868

（1）随着深度增加，极大值面 $z_d(t)$ 与该深度之间的释水量和脱盐量也增加；

（2）极大值面 $z_d(t)$ 与不同深度之间的释水量与土壤岩性有关；

（3）极大值面 $z_d(t)$ 与不同深度之间的释水量、脱盐量与土壤剖面初始含水量分布和土壤水溶液浓度有关。

以上结果表明，机井排水明显降低极大值面 $z_d(t)$ 以下土壤剖面盐分的基础含量。

3. 降低耕作层土壤含水量

春季在试区潜水埋深浅，土壤水势函数呈单调递减型，相应的土壤水分运移状态呈蒸发型，非饱和带土壤水分的蒸发损耗得到了潜水的补充。因此，土壤表层处于高含水量状态，影响春耕。机井排水改变了土壤水势函数和土壤水分运移状态，土壤剖面形成了向上发育并趋于较稳定深度的极大值面 $z_d(t)$，表层土壤水分蒸发因受其阻隔得不到下部土壤水分的补充，致使耕作层由田间持水量的 80% 左右甚至接近田间持水量的土壤含水量降至田间持水量的 60% 左右。它对及早将土壤含水量降至适宜耕种的土壤湿度范围有着重要意义。同时不影响春小麦幼苗期正常生长。

4. 增加地下库容，提高洗盐效率

天然条件下试区潜水埋深浅，据 1993 年 3 月 29 日水位资料计算，1 号至 6 号监测点潜水埋深平均值只有 70.8 cm，而且包气带含水量又高，因此实际有效地下库容很小。虽然在蒸发作用下潜水位在灌头水前或冬灌前还能降低一定幅度，但是库容增加不大，而且是以蒸发积盐为代价换来的。它对灌头水前处于幼苗期的春小麦生长很不利。灌溉时水位急剧上升，下渗水流路径短降低洗盐效率。

机井排水调控地下水，迫使潜水位下降是增加地下库容量的有效措施。表 6.1 给出 3 号、4 号、5 号监测点两次调控试验结束时，280 cm 以上土层增加的库容量统计结果。

由表 6.1 可以看出，地下库容的增加量除与潜水降幅有关外，还与地层结构关系很大。如 3 号试点在 140 cm 以下有一厚度为 100 cm 左右(粉)细砂夹层，具有较高的疏干给水度，库容量增加就大。而 4 号和 5 号试点(粉)细砂夹层很薄，疏干给水度低，库容量相应增加得就小。

表 6.1　调控期 3 至 5 号监测点地下库容增加量统计结果

调控试验期	3 号监测点		4 号监测点		5 号监测点	
	增加库容/mm	潜水埋深/cm	增加库容/mm	潜水埋深/cm	增加库容/mm	潜水埋深/cm
1992 年 9 月 26 日～10 月 13 日	287.9	182.1～326.4	93.9	83.7～246.1	76.7	75.0～241.1
1993 年 4 月 2 日～4 月 23 日	282.1	135.4～355.7	81.7	59.6～254.5	82.8	61.6～259.1

春灌前和冬灌前调控地下水增加库容，有利于春灌第一水和冬灌洗盐。图 6.17 和图 6.18 及其列表数据，分别为小麦套种玉米试验田 1992 年冬灌和 1993 年春灌第一水时通过不同深度处的水量、盐量计算结果和土壤水溶液浓度在土壤剖面分布情况。可以看出，在非饱和带土壤剖面较大的范围内灌溉洗盐有明显效果。特别是在作物根系层的脱盐效果更为明显，非常有利于作物的生长。

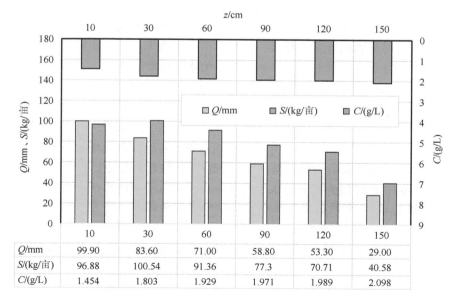

	10	30	60	90	120	150
Q/mm	99.90	83.60	71.00	58.80	53.30	29.00
S/(kg/亩)	96.88	100.54	91.36	77.3	70.71	40.58
C/(g/L)	1.454	1.803	1.929	1.971	1.989	2.098

图 6.17　3 号点冬灌过程通过不同深度水量、盐量及土壤水溶液浓度

图中：Q——水量(mm)；S——盐量(kg/亩)；C——土壤溶液浓度(g/L)

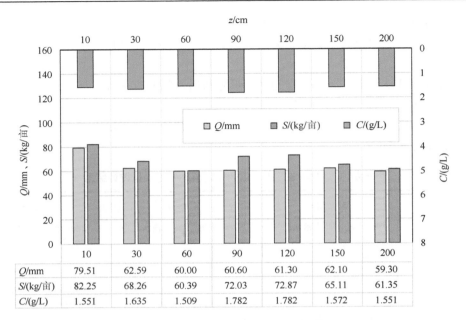

图 6.18　3 号点春灌过程通过不同深度水量、盐量及土壤水溶液浓度

图中：Q——水量(mm)；S——盐量(kg/亩)；C——土壤溶液浓度(g/L)

5. 排洗结合，加速盐荒地改良

银川平原盐荒地分布较广，排、洗结合对加速盐荒地的改良有着重要意义。

由于在灌期潜水埋深较浅，即使用黄河水冲洗盐荒地，一般也得不到理想效果。非灌期潜水埋深较大时，却又没有黄河水供给。因此在调控期选择部分矿化度较低的井水进行冲洗盐荒地的试验具有重要意义。若能取得一定效果，那么在调控期进行冲洗盐荒地，既具备潜水埋深大的条件，又解决了洗盐的水源问题。

6 月 26 日至 10 月 13 日调控试验期内，在 6 号试点盐荒地用井水(溶解性总固体为 3 g/L)，亩灌水量为 553 m³ 进行了洗盐试验。根据土壤水势函数动态分段单调性等理论，图 6.19 给出 6 号试点盐荒地用井水洗盐过程的水盐运移动态演化示意图，可以看出：

(1)图 6.19 中 A 时段所示为 6 号试点在调控前，非饱和带土壤水势函数呈单调递减型，相应的土壤水渗流状态为蒸发型，整个非饱和带为土壤水盐上行带，处于积盐状态。

(2)图 6.19 中 B 时段为机井排水调控开始后，潜水面下降形成一个向上发育的土壤水势极大值面 $z_{d1}(t)$，非饱和带土壤水势函数由单调递减型转化为极大值型，相应土壤水渗流状态转化为蒸发-入渗型，非饱和带转化为两个水盐运行带，极大值面 $z_{d1}(t)$ 与地面之间为水盐上行带，土壤表层处于积盐状态。极大值面 $z_{d1}(t)$ 与潜水面之间为水盐下行带，而且水盐上行带厚度逐渐减小，水盐下行带厚度逐渐加厚，非饱和带在 $z_{d1}(t)$ 以下大范围脱盐。

(3)图 6.19 中 C 时段为盐荒地开始用井水洗盐，由地表形成一个向下发育的极小值面 $z_x(t)$，非饱和带土壤水势函数由极大值型转化为极大-极小值型，相应的土壤水渗流状态转化为下渗-上渗-下渗型，非饱和带转化为三个水盐运行带，极小值面 $z_x(t)$ 与地面之间为水盐下行带，$z_x(t)$ 与极大值面 $z_{d1}(t)$ 之间为水盐上行带，极大值面 $z_{d1}(t)$ 与潜水面之间为水盐下行带，水盐上行带厚度逐渐缩小，水盐下行带逐渐增厚，进一步加大脱盐范围。

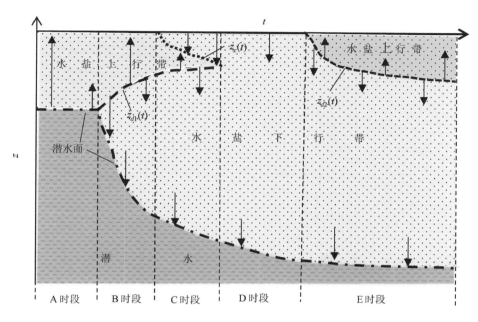

图6.19 6 号试点调控期井水洗盐过程水盐运移动态演化示意图

（4）图6.19 中 D 时段为极大值面 $z_{d1}(t)$ 与极小值面 $z_x(t)$ 相遇同时消失后，土壤水势函数转化为单调递增型，相应土壤水渗流状态转化为入渗型，非饱和带成为一个水盐下行带，整个非饱和带快速脱盐状态。

（5）图6.19 中 E 时段为洗盐灌水停止后，由于蒸发作用地表形成一个向下发育的极大值面，非饱和带土壤水势函数转化为极大值型，相应的土壤水渗流状态转化为蒸发-入渗型，非饱和带又变成两个水盐运行带，极大值面与地面之间为水盐上行带，极大值面与潜水面之间为水盐下行带，但是整个非饱和带仍处于强烈脱盐阶段。

通过机井排水洗盐，6 号试点盐荒地土壤剖面的土壤水溶液浓度大幅降低（见图6.20）。土壤剖面含盐量的测定结果表明，土壤剖面含盐量显著降低，特别是土壤表层脱盐率高达 79.9%，土壤含盐量从 1.34（g/100g）降至 0.27（g/100g）（见图6.21），氯离子含量也显著降低，土壤表层氯离子含量降低率高达 93.8%，氯离子含量由 0.48（g/100g）降至 0.03（g/100g）（见图6.22）。6 号盐荒地洗盐前后不同厚度土体盐储量变化及脱盐率（见图6.23）。试验结果表明，6 号试点盐荒地通过秋季调控期利用排出的井水洗盐荒地是非常有效的，已经达到中盐渍化耕地的水平。

6. 有利于提高表层土壤温度

土壤含水量对土壤温度有一定影响，在春季升温季节含水量越高土壤温度越低，不利于小麦生长。根据调控区 3 号点和对比区 1 号点 1993 年春季表层土壤温度资料，在灌头水前调控区比对比区土壤温度回升快。4 月 9 日至 28 日，在表土 2.0 cm、2.0～5.0 cm、2.0～10.0 cm 土层日平均温度提高 2.75 ℃、1.92 ℃、1.19 ℃，十分有利于春小麦的生长。

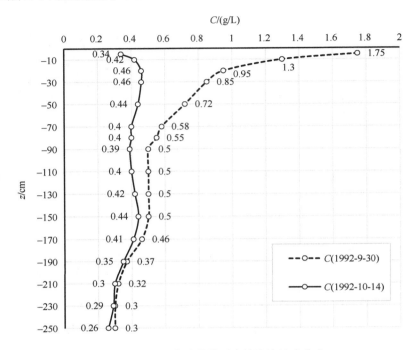

图 6.20　　6 号点洗盐前后土壤溶液浓度分布

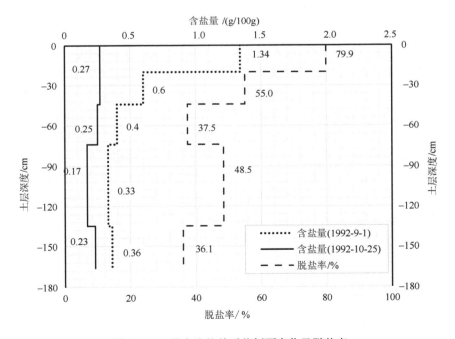

图 6.21　　6 号点洗盐前后盐剖面变化及脱盐率

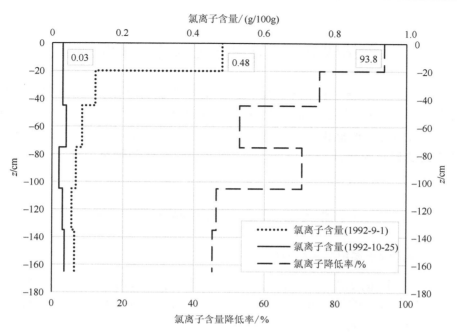

图 6.22　6 号点洗盐前后氯离子含量分布及降低率

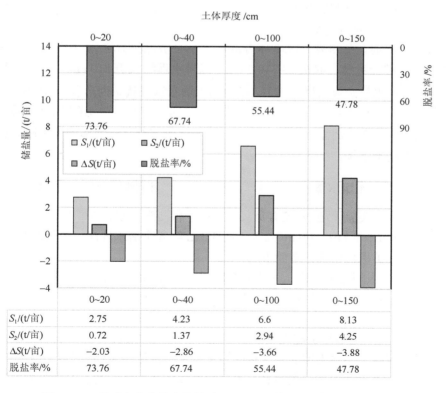

图 6.23　6 号试点盐荒地洗盐前后不同土体厚度盐储量变化及脱盐率

图中：S_1——洗盐前盐量(t/亩)；S_2——洗盐后盐量(t/亩)；ΔS——洗盐盐量(t/亩)

第四节　适宜潜水埋深动态分析

土壤水的蒸发蒸腾、土壤的积盐和脱盐都与潜水埋深有着密切关系。要实现盐渍土改良，就需要寻求使土壤盐分（土壤水溶液浓度）始终保持在作物正常要求的耐盐度以下，为作物高产提供一个适宜潜水埋深的动态分布。根据试验区非饱和带土壤水势函数及相应的水盐动态资料，对非灌期和灌期两种情况的适宜潜水埋深进行动态分析。

一、非灌期适宜潜水埋深动态分析

1. 非灌期潜水上渗损耗极限深度

根据小麦套种玉米试验田土壤水势函数特征，利用非灌期土壤水势函数极大值面 z_d（或零通量面 ZFP）的形成发育过程资料，计算潜水上渗损耗极限深度（或称潜水蒸发极限深度），计算公式为

$$h_0 = \psi(z_{d\max})_{\min} / 98$$

式中，h_0——潜水上渗损耗极限深度处潜水面位置；$\psi(z_{d\max})_{\min}$——z_d 向下发育最大深度处的最小土壤水势值（见第八章）。

1992 年春灌前、冬灌前、1993 年春灌前 h_0 的计算结果分别为–302.3 cm、–305.4 cm 和–301.4 cm。综合考虑，取 $h_0 = -310.0$ cm。当潜水埋深大于 310 cm 时，在春秋两季蒸发积盐阶段土壤水势函数为极大值型，相应的土壤水渗流状态为蒸发-入渗型；由于极大值面的阻隔，在其下方土壤水不能把盐分带到其上方土壤中，而 $z_d(t)$ 以下土壤剖面呈脱盐状态。又因在灌期灌溉脱盐占主导地位，从年度角度看，非饱和带处于脱盐状态，表层土壤积盐也趋于下降。

2. 蒸发条件下土壤水蒸发量、潜水上渗损耗量、积盐量与潜水埋深关系

采用田间模拟实验设施（安装有负压计、中子仪测管、水位控制监测等设备），人为控制 0.5 m、1.0 m、1.5 m、2.0 m、2.5 m 和 3.0 m 等 6 个潜水埋深，在天然蒸发条件下，对蒸发过程进行了探讨研究。实验表明：

（1）土壤水蒸发引起的潜水上渗损耗量随潜水埋深增加而减小（见图 6.24 中虚线）。

（2）土壤水蒸发量大于潜水上渗损耗量，并且两者随潜水埋深增加而减小（见图 6.24 中实线）。

（3）土壤水的蒸发必然引起土壤表层积盐。不论潜水埋深多深，表层土壤在水分蒸发过程中都会积盐。表层土壤的积盐量除与土壤水溶液浓度垂向分布有关外，其他条件相同情况下，表层土壤的积盐量随着潜水埋深的增加而减小。潜水上渗带入非饱和带的盐量随潜水埋深增加而减小。

（4）当潜水埋深大于潜水上渗损耗极限深度后，非饱和带不但不增加盐分，而且是脱盐。图 6.25 中实线为土壤表层 1.0～10.0 cm 积盐量，虚线是潜水上渗带入非饱和带的盐量。可以看出，在蒸发阶段土表积盐量、潜水上渗带入盐量与潜水埋深关系与土壤水蒸发量、潜水上渗损耗量与潜水埋深关系的规律基本一致。

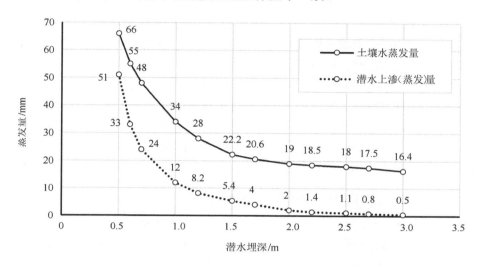

图 6.24　土壤水蒸发量、潜水上渗损耗量与潜水埋深关系

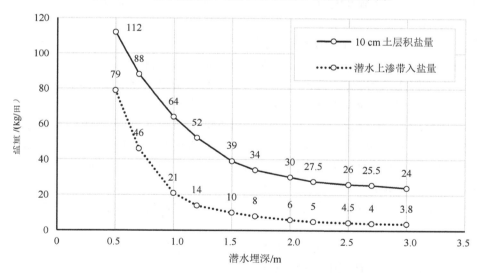

图 6.25　土表积盐量、潜水上渗带入盐量与潜水埋深关系

从图 6.24 和图 25 可以看出，当潜水埋深控制在 1.5 m 以下时，土壤水蒸发量、潜水上渗损耗量、土壤表层积盐量和潜水上渗带入非饱和带的盐量都明显减小。当然土壤表层积盐量除与蒸发有关外还与土壤水溶液浓度有很大关系。因此，在非灌期潜水埋深控制在 1.5～2.0 m 以下可以有效地抑制土壤盐分的积累。

二、灌期适宜潜水埋深分析

1. 灌期潜水埋深动态变化对潜水上渗损耗深度的影响

正常情况下，在小麦生长期，土壤含水量降到田间持水量的 70% 左右时就需要灌水。这时在地表以下 40 cm 土壤水势值约为 –18 500 Pa（根据小麦套种玉米试验田土壤水势资料）。因此，在正常农业管理条件下，潜水埋深若能保持在 190 cm 以下，将使潜水面处的土壤水势值小于 –18 500 Pa，潜水不会上渗。可见在灌期由于灌溉作用的影响，使潜水上渗损耗极限深度有较大的减小。若灌期潜水埋深保持在 190 cm 以下，灌溉将使非饱和带呈脱盐状态。即使停止灌溉后，非饱和带也不会增加盐分，仍然处于脱盐状态。但是潜水埋深若小于 190 cm，非饱和带土壤水势函数可能出现单调递减型，相应土壤水渗流状态为蒸发型而形成相应的积盐期。

2. 灌期潜水动态变化对作物受盐、渍害的影响

根据灌期实际潜水埋深状态，试验区由于稻田灌水的影响，潜水埋深远远小于 190 cm，小麦套种玉米试验田从灌溉第二水至小麦收割，潜水埋深平均值只有 49.02 cm。潜水埋深最浅时为 32.1 cm，但是小麦并未明显受到盐害和渍害，取得较好的收成（1992 年小麦套种玉米总产量达到 875.2 kg/亩）。根据 3 号和 7 号试验点水位动态资料分析，潜水埋深控制在 50～120 cm 即可。

除正常农业管理外，主要还有以下原因：

小麦套种玉米试验田全年蒸发蒸腾量为 724.02 mm，灌期灌溉量为 500 mm，冬灌 120 mm，全年降水量为 253.8 mm。试验田全年下行水量比上行水量大 149.78 mm。因此，非饱和带呈脱盐状态。另外与土壤剖面土壤水溶液浓度降低也有关，图 6.26 给出小麦套种玉米田 1992 年 5 月 17 日（小麦灌头水后）和 1993 年 5 月 4 日（小麦灌头水后）土壤水溶液浓度分布，有明显的变化，土壤剖面土壤水溶液浓度降低 9.1%～36.9%。这说明在当时灌溉定额和调控情况下，尽管灌期潜水埋深浅，仍能使农业生态地质环境处于良性循环，取得较好的效果。

上述适宜潜水埋深的动态分析研究，为确定试验区动态调控地下水埋深提供了重要科学依据。

（1）非灌期潜水埋深在 3.1 m（非灌期潜水上渗损耗极限深度）以下，灌期潜水埋深在 1.9 m（灌期潜水上渗损耗极限深度）以下。非饱和带土壤水势函数只可能出现单调递增型、极大值型和极大-极小值型，相应的土壤水渗流状态为入渗型、蒸发-入渗型和下渗-上渗-下渗型。三者不论出现哪一种情况，潜水都是处于入渗补给状态，非饱和带处于部分剖面脱盐（极大值面以下剖面）或全剖面脱盐。因此，这是一组较理想的土壤水盐动态调控的潜水埋深，若能实现这一目标，试验区土壤盐渍化即可得到根治。

（2）春灌第一水以前和冬灌第一水前潜水埋深控制在 2.5 m 以下，灌期潜水埋深在 0.5～1.2 m 以下。江南村试验区的试验已证实，实现这一目标后土壤盐渍化问题可得到

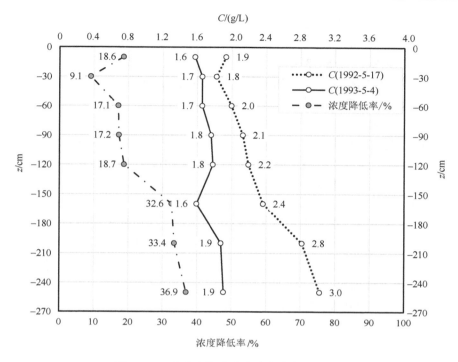

图 6.26　3 号点土壤水溶液浓度分布及降低率

初步解决，表层土壤含盐量和非饱和带土壤盐分均呈脱盐趋势，土壤水溶液浓度相应降低，农业生态环境趋于良性循环。

三、非饱和带土壤水盐动态调控的初步认识

非饱和带土壤水盐动态调控是开发盐荒地资源和改造中、低产田盐渍土的重要途径。通过非饱和带土壤水盐运移机理研究，土壤水盐动态调控和适宜潜水埋深的动态分析，对土壤水盐动态调控取得如下认识。

(1)土壤水盐动态调控重点应放在盐荒地资源的开发和重、中盐渍土的改良上，自然促进轻、微盐渍土的进一步改良。

(2)小范围的土壤水盐动态调控可以在一定程度上取得盐渍土改良效果，但因受区域地下水埋深浅，农作物布局不合理和各种自然因素及人为因素等影响，降低了盐渍土改良效率。因此从全银川平原着眼规划区域土壤水盐动态调控是盐渍土改良的根本出路。

(3)非饱和带潜水变动带位于上黏下砂二元结构情况下，若上覆黏土层较薄，而且能实现明沟排水的土壤水盐动态调控模式。但是必须具备以下条件：首先明沟开挖深度必须穿透砂黏土层使下伏砂层出露，使明沟排水过程形成地下径流，加速非饱和带土壤水盐向下运移；其次必须采取有效的防淤措施，保证沟水与砂层之间良好的水力联系，加速土壤水盐排放。

(4)试验区在潜水埋深浅，径流条件差，明沟排水不畅的情况下，采用机井排水与

明沟排水相结合的土壤水盐动态调控模式。

A. 春、秋调控模式

潜水埋深调控深度：2.5～3 m。

调控期：春季调控在冻土层全部融通或即将融通至春小麦灌第一水之前。秋季调控在秋收后或秋收基本结束至冬灌前。

调控时间：春季 25 天左右，秋季 20～25 天。

第二次调控选择在秋季进行，其中一个重要原因是秋季调控与冲洗盐荒地结合开发盐荒地资源。根据已经试验效果，冲洗盐荒地井水矿化度小于 4 g/L，冲洗定额为 500～600 t/亩，冲洗时间选在调控初期，以保证非饱和带水盐充分下渗脱盐。

B. 春、冬调控模式

春季调控同 A 所述，冬季调控在冬灌结束后进行，调控天数和深度同 A。冬季调控除促进非饱和带大量脱盐外，还减小冻结前和冻土层形成过程中返盐作用。春冬调控模式是在不考虑调控期冲洗盐荒地开发新的盐荒地资源情况下进行的一种调控方式。

C. 春季一次调控模式

当重盐渍土基本得到改良后，可以采用春季一次调控模式。调控时间延长到 30 天，调控潜水埋深：>3 m。

第七章　土壤水分通量法

土壤水运移的定量分析是非饱和带土壤水运移的重要研究内容之一。1956年理查德等曾试用零通量面ZFP（zero flux plane）方法的原理进行测参试验，但是因受测量土壤水势和含水量技术受到制约，直到20世纪70年代英、美等国研制出便携式中子水分仪和负压计，英国水文研究所等先后将ZFP方法用于研究非饱和带水均衡问题。1983年中国地质科学院水文地质环境地质研究所引进ZFP方法的最新研究成果，和相应的测试技术方法（籍传茂等，1983）。通过南宫、南皮、石家庄试验场的现场试验和石家庄室内物理模拟实验研究，在我国华北平原引进ZFP方法计算浅层地下水入渗补给试验，取得初步效果，表明ZFP方法在我国北方干旱半干旱平原区具有一定的应用前景。同时显现出ZFP方法有较大的局限性，ZFP方法的许多理论和应用基础问题还尚未得到解决，最突出的问题是土壤剖面土壤水势分布测量技术方法的滞后，成为对ZFP方法的全面认识和发展新的土壤水分通量法及土壤水分运移研究的技术瓶颈。为此，荆恩春等设计研制出新型的非饱和带土壤剖面的土壤水势测量系统，解决了采用大型物理模拟实验和现场试验相结合的方法，对非饱和带土壤水运移和土壤水分通量法进行探索和应用基础问题的研究技术短板（荆恩春，1987；荆恩春等，1990）。经过多年的实验研究，解决了零通量面（ZFP）方法的理论和应用基础问题。之后在探索研究零通量面（ZFP）方法失效期的土壤水分通量计算方法过程中，在深化定位通量法基础上，提出了纠偏通量法，建立了相应的计算公式，解决了ZFP方法和定位通量法存在间断失效性等难题，土壤水分通量法研究取得了新的进展，出版了专著《土壤水分通量法实验研究》（荆恩春等，1994）。并在以后与土壤水运移的相关项目实验研究中，对土壤水分通量法的理论认识和应用方面得到了进一步深化与拓展（荆恩春，2006）。根据土壤水势函数动态分段单调性与土壤水渗流动态分带单向性理论，从数学理论分析可知，零通量面实际上是应用了土壤水势函数极大值面的一个性质，零通量面（ZFP）法本质上就是以极大值面为已知边界的通量法（详见第二章）。因此，本书在论述土壤水分通量法时采用极大值面通量法的名称。

第一节　极大值面通量法

一、基本原理与计算公式

1. 基本原理

根据土壤水分通量基本方程，即

$$q(z) - q(z^*) = -\int_{z^*}^{z} \frac{\partial \theta}{\partial t} dz$$

和

$$Q(z) - Q(z^*) = \int_{z^*}^{z} \theta(z,t_1)dz - \int_{z^*}^{z} \theta(z,t_2)dz$$

一般情况下，确定断面 z^* 处的通量 $q(z^*)$ 或水量 $Q(z^*)$ 的值是比较困难的，需要应用达西定律或其他方法求得。一个特殊的情况是，当非饱和带土壤水势函数为极大值型和相应的土壤水渗流状态呈蒸发-入渗型时，整个非饱和带的土壤水运移由上渗带、下渗带构成，极大值面 $z_d(t)$ 与潜水面之间为下渗带，极大值面 $z_d(t)$ 与地面之间为上渗带，极大值面 $z_d(t)$ 是上、下渗带的分界面（如图 7.1 所示）。

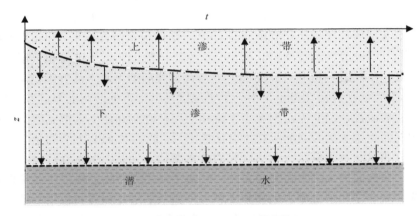

—— —极大值面 $z_d(t)$；- - - - 潜水面

图 7.1　蒸发-入渗型土壤水渗流状态示意图

由于极大值面 z_d 处具有土壤水分通量为零的特征（见第二章），因此土壤水分通量基本方程中 $q(z^*)=0$ 或 $Q(z^*)=0$。这时上述方程变为

$$q(z) = -\int_{z_d}^{z} \frac{\partial \theta}{\partial z}dz \tag{7.1}$$

或

$$Q(z) = \int_{z_d}^{z} \theta(z,t_1)dz - \int_{z_d}^{z} \theta(z,t_2)dz \tag{7.2}$$

综上所述，利用负压计（系统）测得土壤剖面上土壤水势函数的极大值面的位置，并将其作为一个通量为 0 的已知边界，利用中子水分仪或其他方法，测定土壤剖面含水量分布 $\theta(z,t)$，通过式(7.1)或式(7.2)求得某一断面 z 处的土壤水分通量或水量的方法称为极大值面方法（或零通量面方法，下同）。例如，z 的位置选在地表面时，由式(7.1)或式(7.2)可以计算土壤水分蒸发量；若 z 的位置选择在潜水面时，则可以计算潜水入渗补给量。

2. 计算公式

应用极大值面方法计算土壤水分通量时，在计算时段内，根据极大值面的迁移演化状态不同，分两种情况处理。

1）极大值面 $z_d(t)$ 稳定条件下计算公式

一般情况下，极大值面 $z_d(t)$ 的位置是随时间而变化的。当在某个计算时段内极大值面 $z_d(t)$ 迁移的位置变化极小或者测量不到其位移时，可以近似地把极大值面 $z_d(t)$ 看作稳定不变的，即 $z_d(t) = z_d$。例如，此时土壤水蒸发量的计算公式可以表述为

$$E = \int_{z_d}^{0} \theta(z, t_1) dz - \int_{z_d}^{0} \theta(z, t_2) dz \tag{7.3}$$

当在 t_1 至 t_2 时段内发生过较小的降水，且未形成地表径流的入渗过程，入渗水未影响到土壤水势函数极大值面 $z_d(t)$ 的迁移演化时，计算土壤蒸发量的公式为

$$E = P + \int_{z_d}^{0} \theta(z, t_1) dz - \int_{z_d}^{0} \theta(z, t_2) dz \tag{7.4}$$

式中，E——蒸发（蒸腾）量；P——t_1 至 t_2 时段内降水量；$\theta(z, t_1)$、$\theta(z, t_2)$——分别为 t_1 和 t_2 时刻土壤剖面含水量分布。

t_1 至 t_2 时段内极大值面 $z_d(t)$ 以下任一深度 z 处的下渗量计算公式为

$$D = \int_{z_d}^{z} \theta(z, t_1) dz - \int_{z_d}^{z} \theta(z, t_2) dz \tag{7.5}$$

式中，D——极大值面 $z_d(t)$ 以下任一深度 z 处的下渗量；若 z 位于潜水面处，则 D 为潜水入渗补给量。

图 7.2（a）中虚线表示 t_1 时刻土壤水势函数 $\psi(z, t_1)$，实线表示 t_2 时刻土壤水势函数 $\psi(z, t_2)$，可以看出土壤水势函数为极大值型，并在计算时段内极大值面位置不变，即 $z_d(t) = z_d$。图 7.2（b）中虚线表示 t_1 时刻土壤含水量的分布 $\theta(z, t_1)$，实线表示 t_2 时刻土壤含水量的分布 $\theta(z, t_2)$。图 7.2（b）中极大值面 $z_d(t)$ 位置之上的阴影区面积 E，其数值代表极大值面 $z_d(t)$ 以上土壤剖面中的土壤水已蒸发和蒸腾的消耗量。极大值面 $z_d(t)$ 位置之下的阴影区面积 D，其数值代表极大值面 $z_d(t)$ 稳定条件下，其下方土壤剖面中的土壤水消耗量；当阴影区的下界面为潜水面时，此消耗量即为潜水入渗补给量。

2）极大值面 $z_d(t)$ 移动演化条件下计算公式

通常极大值面 $z_d(t)$ 的位置也是时间的函数。它的形成迁移演化过程受多种因素的影响，所以极大值面 $z_d(t)$ 的实际位置是随时间不断变化的。在这种情况下，土壤水蒸发（蒸腾）量的计算公式为

$$E = P + \int_{z_d(t_1)}^{0} \theta(z, t_1) dz - \int_{z_d(t_2)}^{0} \theta(z, t_2) dz + \int_{z_d(t_2)}^{z_d(t_1)} \theta(z, t(z_d)) dz \tag{7.6}$$

下渗量的计算公式为

$$D = \int_{z_d(t_1)}^{z} \theta(z, t_1) dz - \int_{z_d(t_2)}^{z} (z, t_2) dz - \int_{z_d(t_2)}^{z_d(t_1)} \theta(z, t(z_d)) dz \tag{7.7}$$

式 (7.6) 和式 (7.7) 中：最后一项可视为极大值面 $z_d(t)$ 移动情况下的修正项；$z_d(t_1)$、$z_d(t_2)$ 分别表示计算时段始末 t_1、t_2 时刻的极大值面位置；$t(z_d)$ 表示极大值面在 z_d 的时间；$\theta(z, t(z_d))$ 表示 $t(z_d)$ 时刻土壤剖面含水量分布。在实际应用中，由于测量 t_1 至 t_2 时段内的土壤含水量分布演化的过程较困难，$\theta(z, t(z_d))$ 的值往往作如下近似处理。

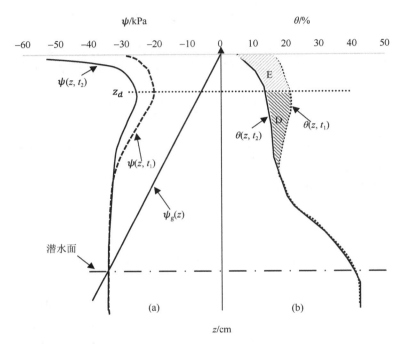

图 7.2　极大值面稳定条件下土壤水势和含水量分布示意图

$$\theta\left(z, t(z_d)\right) \approx \theta[(z, t_1) + \theta(z, t_2)] / 2 \tag{7.8}$$

图 7.3 (a) 中 $\psi(z, t_1)$ (虚线)、$\psi(z, t_2)$ (实线) 分别为计算时段始、末 (t_1, t_2) 时刻非饱和带土壤水势函数曲线，$z_d(t_1)$、$z_d(t_2)$ 分别表示计算时段始末时刻极大值面的位置。在极大值面以上，土壤水势梯度 $\dfrac{\partial \psi}{\partial z} < 0$，土壤水分通量向上，土壤水向作物根系层和土壤表层运移。在极大值面以下，土壤水势梯度 $\dfrac{\partial \psi}{\partial z} > 0$，土壤水向下部土壤剖面和潜水运移。

图 7.3 (b) 中 $\theta(z, t_1)$ (虚线)、$\theta(z, t_2)$ (实线) 分别为计算时段始、末 $((t_1, t_2)$ 时刻非饱和带土壤含水量分布。图 7.3 (b) 中阴影区面积 E，其数值代表极大值面 $z_d(t)$ 移动演化过程中在其以上土壤剖面中的蒸发和蒸腾量。图 7.3 (b) 中阴影区面积 D，其数值代表极大值面 $z_d(t)$ 移动演化过程中在其以下土壤剖面中的下渗量，当阴影区的下界面为潜水面时，为潜水入渗补给量。

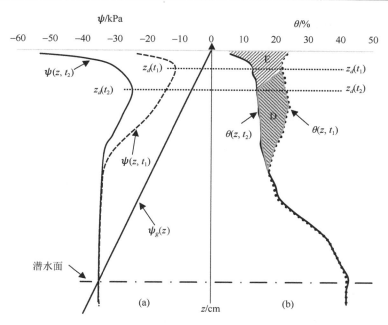

图 7.3　极大值面(ZFP)位置移动时土壤水势和含水量分布

二、极大值面通量法计算效果与误差分析

1. 极大值面通量法计算效果

采用第一章介绍的大型物理模拟土壤水运移实验系统和与之相配套的各种监测仪器设备和控制系统，进行了长时间的模拟降水、蒸发的土壤水运移实验。应用极大值面通量法计算实验期极大值面通量法有效期。以实测潜水入渗补给量为标准，计算结果表明：

(1)极大值面通量法有效期，应用该方法计算降水入渗补给量精度较高，能取得很好的应用效果。

图 7.4 给出了 6 个时段的入渗补给量 D 的实测值、计算值和相对误差的柱形图和数据表。从中可以看出，在 6 个计算时段中，计算结果的最大相对误差 $\delta = -10.85\%$，最小误差 $\delta = 0.33\%$，6 个时段合计总的计算结果的相对误差 $\delta = 2.18\%$。实验表明，正确应用极大值面通量法可以取得较好的计算效果。

(2)应用极大值面通量法的计算方式不同，计算降水入渗补给量 D 的效果也不相同，以逐日计算降水入渗补给量 D 的累积量，要优于按计算时段计算降水入渗补给量的效果。

图 7.5 给出 5 个计算时段入渗补给量 D 的实测值、极大值面通量法，用两种方式计算的降水入渗补给量 D 他的计算值和相对误差柱形图和数据表。其中计算值 1 是按整个计算时段计算入渗补给量 D 的结果，相应的计算误差为相对误差 1。计算值 2 是逐日计算降水入渗补给量的累积量，相应的计算误差为相对误差 2。各个计算时段的相对误差 2 均明显小于相对误差 1。5 个计算时段总的相对误差 δ 也由 6.38% 降到 2.23%。

(3)在极大值面通量方法有效期内，总的趋势是实际降水入渗补给量较大，极大值面通量法计算结果的相对误差较小。反之，实际降水入渗补给量较小，计算结果的相对误差较大。

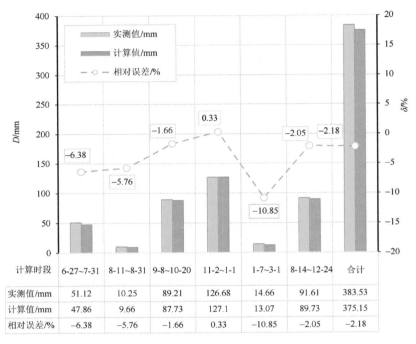

计算时段	6-27~7-31	8-11~8-31	9-8~10-20	11-2~1-1	1-7~3-1	8-14~12-24	合计
实测值/mm	51.12	10.25	89.21	126.68	14.66	91.61	383.53
计算值/mm	47.86	9.66	87.73	127.1	13.07	89.73	375.15
相对误差/%	−6.38	−5.76	−1.66	0.33	−10.85	−2.05	−2.18

图 7.4　6 个极大值面有效期入渗补给量实测值计算值及其相对误差

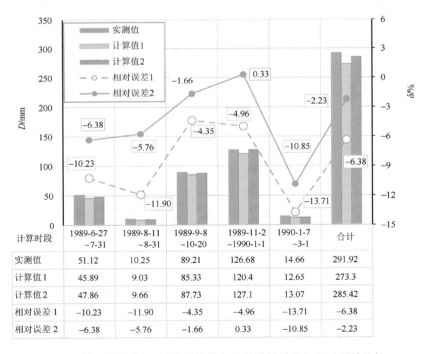

计算时段	1989-6-27~7-31	1989-8-11~8-31	1989-9-8~10-20	1989-11-2~1990-1-1	1990-1-7~3-1	合计
实测值	51.12	10.25	89.21	126.68	14.66	291.92
计算值1	45.89	9.03	85.33	120.4	12.65	273.3
计算值2	47.86	9.66	87.73	127.1	13.07	285.42
相对误差1	−10.23	−11.90	−4.35	−4.96	−13.71	−6.38
相对误差2	−6.38	−5.76	−1.66	0.33	−10.85	−2.23

图 7.5　极大值面法两种方式计算入渗补给量结果与相对误差比较

由图 7.6 和图 7.7 看出，图 7.6 所示降水入渗补给累积量仅为 10.25 mm，远小于图 7.7 所示降水入渗补给累积量 126.68 mm，但是前者的相对误差明显大于后者。

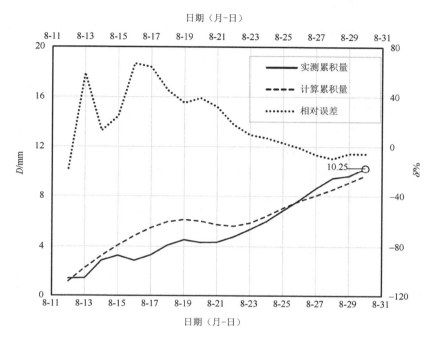

图 7.6　8 月 11～31 日实测和计算降水入渗补给累积量与相对误差过程线

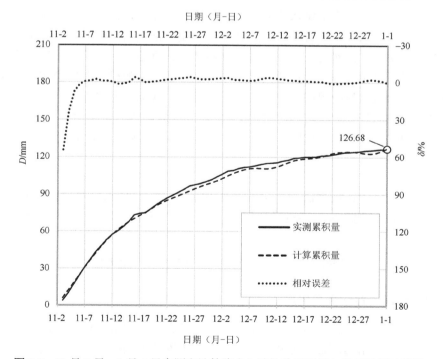

图 7.7　11 月 2 日～1 月 1 日实测和计算降水入渗补给累积量与相对误差过程线

2. 极大值面通量法计算误差原因分析

1) 极大值面位置误差

极大值面 $z_d(t)$ 是极大值面通量法的一个已知通量边界，$z_d(t)$ 处通量的理论值为

$$q(z_d(t)) = 0$$

但是在实际工作中，由于负压计的安装位置、间距、工作状态以及某些人为因素等原因，极大值面的测量值 $z_d^*(t)$ 可能偏离极大值面 $z_d(t)$ 的实际位置，必然引起一定的计算误差。可见，极大值面 $z_d(t)$ 测量值偏离实际位置越大，计算时段越长，引起计算误差越大。确定极大值面的位置不准确的原因很多，但是主要集中反映在土壤剖面水势分布曲线的失真及其资料的处理上。土壤剖面水势监测工作中，特别是在野外条件下，部分负压计不正常是完全可能的事情，使用这样的观测资料分析极大值面的位置，往往与实际位置偏差很大。此时应用极大值面通量法计算降水入渗补给量和蒸发量，可能将部分降水入渗补给量计入蒸发量中，或将部分蒸发量计入降水入渗补给量中，并且极大值面的位置偏差越大，产生计算误差就越大。

减小位置误差的根本途径是，合理布局和正确运用土壤剖面负压计监测系统，正确认识和掌握极大值面 $z_d(t)$ 形成、迁移、消失演化规律（见第二章）的基础上，合理处理土壤水势资料。

2) 中子水分仪测量误差

极大值面通量法计算土壤水分通量时，需要各计算时段始、末的土壤剖面含水量分布资料。由于中子水分仪具有随机计数误差，即使正常使用，也会使土壤剖面含水量测量值产生随机误差，必然会反映在土壤水分通量的计算结果中。除了正确使用中子水分仪，合理选择计算时段外，通过适当的数据处理方法减小随机误差的影响。如图 7.8 是实测和计算降水入渗补给累积量 $A(mm)$ 与相对误差 $A(\%)$ 过程线（处理前）。图 7.9 是同一个计算时段，通过滑动平均方法处理后的实测和计算降水入渗补给累积量 $B(mm)$ 与相对误差 $B(\%)$ 的过程线。可以看出，对随机误差的影响得到了一定的改善。

3) 修正项误差

修正项误差隐含在极大值面 $z_d(t)$ 移动演化条件下的土壤水分通量计算公式中，其误差值与 $z_d(t)$ 移动过程有关，通过增加划分小的计算时段数，可以相应减小其影响。

三、极大值面通量法优缺点及适用范围

1. 极大值面通量法主要优点

(1) 极大值面通量法与数学模拟方法相比，在确定土壤水分通量法的已知边界时，避开了在现场原位精确测定非饱和带土壤导水率 $k(\theta)$ 和土壤水势梯度等难题。适当加密

非饱和带土壤剖面上的土壤水势和土壤含水量的测点，可以减小土壤剖面的非均质性的影响，有利于提高土壤水分通量的计算效果。

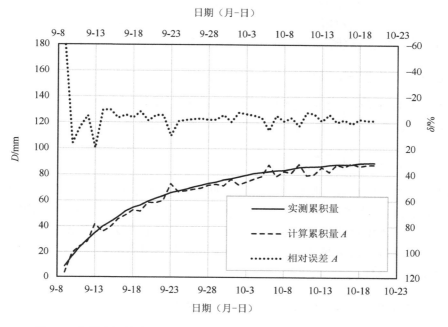

图 7.8　实测和计算降水入渗补给累积量 A 与相对误差 A 过程线（处理前）

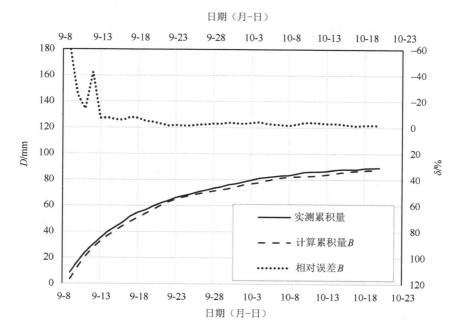

图 7.9　实测和计算降水入渗补给累积量 B 与相对误差 B 过程线（处理后）

（2）极大值面通量法与地中渗透仪方法相比，它所需要的土壤剖面水势分布资料和含水量分布资料都是在现场取得的，不扰动在自然条件下非饱和带土壤水渗流状态，在极大值面通量法有效期具有较高的计算精度和可靠性。

（3）极大值面通量法应用的基础仪器是负压计系统和中子水分仪。根据实际需要合理选择有代表性试验点(场)，仪器布局安装比较简单，灵活、经济且易于面上推广。

2. 极大值面通量法的局限性

极大值面通量法除以上述优点外，还存在较大的局限性。其主要来源于方法本身和应用极大值面通量法的自然环境条件之间不适应性造成的。

1) 极大值面通量法的间断失效性

极大值面通量法在应用时也会存在失效期，严格地说，极大值面通量法不是一个完全独立的计算降水(灌溉)入渗补给量或土壤水蒸发蒸腾量方法。在极大值面通量法失效期必须使用其他土壤水分通量法相配合，最常用的是气象方法(也称表面通量法)。但是气象方法并不是极大值面通量法的理想配套方法，并且很多试验点(场)不具备使用该方法所需气象资料条件。

2) 极大值面通量法的应用也可能受土壤环境条件制约

例如，若极大值面在迁移演化过程中，处于作物主要根系带内或大孔隙裂隙分布带内等情况时，也无法应用极大值面通量方法。因此，即使土壤水势函数的极大值面 $z_d(t)$ 存在期比较长，但是极大值面通量法应用的有效期可能比较短或无法应用。因此，在应用时一定要严格区分极大值面存在期和极大值面通量法有效期。特别是在作物生长条件下，极大值面通量法的有效期明显小于裸地条件下的有效期。

3) 大的降水或灌溉往往使极大值面通量法的应用失效

极大值面的存在是极大值面通量法应用的必要条件，当降水或灌溉引起土壤表层形成一个向下迁移演化的极小值面，在极小值面未与极大值面相遇时，极大值面通量法仍能应用，一旦极小值面与极大值面相遇同时消失，极大值面通量法失效。

通常大的降水或灌溉是引起极大值面通量法失效的主要原因。但是较小的降水不一定引起极大值面通量法失效。如图 7.10 给出了相隔 9 天的两次 9.62 mm 的降水实验，未引起极大值面通量法失效期的情况。

4) 潜水浅埋区不宜使用极大值面通量法

由极大值面形成迁移演化规律可知，在潜水浅埋区发生降水或灌溉入渗后，由于蒸发作用，会形成土壤水势极大值面，但是迅速向下迁移与潜水相遇而消失，土壤水势函数转化为单调递减型。因此，并不适宜极大值面通量法计算土壤水分通量。

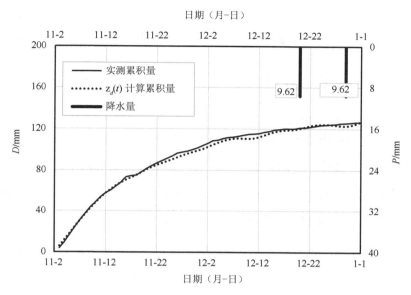

图 7.10　小的降水未引起极大值面通量法失效的情况

5）降水比较集中的季节不适宜应用极大值面通量法

降水量比较集中的雨季，通常是降水入渗补给潜水的主要时期。由于降水量大，降水次数比较频繁，极大值面的形成、发育和消失的周期加快，因此很难应用极大值面通量法计算蒸发量和入渗补给量。

该方法在单调递增型、单调递减型、极小值型、极小–极大值型、双极小值型土壤水势函数的情况下，相应的土壤水渗流状态为入渗型、蒸发型、入渗–上渗型、蒸发–下渗–上渗型、入渗–上渗–下渗–上渗型，极大值面通量法无法应用。

3. 极大值面通量法应用条件

（1）极大值面通量法比较适用于干旱、半干旱平原区，如我国北方广大的平原区。这些地区有利于极大值面的形成发育，极大值面通量法应用的有效期较长，具有极大值面通量法应用的良好条件。

（2）潜水埋深适中，接近或大于潜水上渗损耗极限深度，土壤水势梯度具有明显的分带性，有利于极大值面的形成发育。

（3）土壤质地分布比较均匀，土壤中没有或很少大孔隙。

（4）有利于中子水分仪测管安装和标定工作以及土壤剖面的负压计（系统）的安装使用。

第二节　定位通量法

在极大值面通量法失效期，需要应用其他方法，如表面通量法，但是表面通量法在估算地表通量时，估算蒸发蒸腾量需要较完善的气象资料及一些经验参数，由 Penman

公式或者其他经验公式估算。用表面通量法进行田间水量平衡分析时,精确性和可靠性很难达到理想效果。这就是重新提出实验研究达西方法即定位通量法的原因。

一、达西定律计算定位边界土壤水分通量的可行性

理论上应用非饱和土壤水流达西定律是计算任一位置土壤水分通量的最直接最简单方法,但是在实际应用非饱和达西定律中存在两大难题,即非饱和带土壤导水率 $k(\theta)$ 或 $k(\psi_m)$ 和土壤水势梯度 $\frac{\partial \psi}{\partial z}$ 的测定问题。我们在系统实验研究非饱和带土壤水势函数和土壤水渗流状态的过程中,发现潜水埋深达到潜水上渗损耗极限深度(潜水蒸发极限深度)以深情况下,土壤水势梯度 $\frac{\partial \psi}{\partial z}$ 的分布具有明显的分带性。土壤水势梯度 $\frac{\partial \psi}{\partial z}$ 分为三个带,即土壤水势梯度强烈变化带、土壤水势梯度缓变带、土壤水势梯度基本不变带(或微变带)(荆恩春等,1994)。其中土壤水势梯度缓变带的土壤水势梯度 $\frac{\partial \psi}{\partial z}$ 具有单向性,即 $\frac{\partial \psi}{\partial z} > 0$,因此本书将此带称为单向性土壤水势梯度缓变带(见第八章)。在此带内相对容易做到较精确地测定土壤水势梯度 $\frac{\partial \psi}{\partial z}$ 。由于土壤水势梯度具有单向性,在测定非饱和土壤导水率过程中以及在土壤水分通量方法的研究和应用中,避免了出现土壤水势梯度 $\frac{\partial \psi}{\partial z}$ 方向随时间不断产生转化问题。另一方面,单向性土壤水势梯度缓变带的土壤含水量有一定的动态变化范围,非常有利于原位测定非饱和带土壤导水率;并通过大量实验研究,解决了单向性土壤水势梯度缓变带原位测定非饱和带土壤导水率的问题(见第九章)。若将定位通量法的定位边界选在单向性土壤水势梯度缓变带内,就可以应用非饱和水流达西定律计算定位边界土壤水分通量,使定位通量法的实际应用成为可能。

二、定位通量法原理

定位通量法和极大值面通量法一样,其理论基础都是达西定律和质量守恒原理。计算公式为

$$q(z) - q(z^*) = -\int_{z^*}^{z} \frac{\partial \theta}{\partial t} dz$$

或

$$Q(z) = Q(z^*) + \int_{z^*}^{z} \theta(z, t_1) dz - \int_{z^*}^{z} \theta(z, t_2) dz \tag{7.9}$$

式中, $q(z)$ 、 $q(z^*)$ 分别表示在断面 z 和 z^* 处的土壤水分通量; $Q(z)$ 、 $Q(z^*)$ 分别表示在 t_1 至 t_2 时段内在断面 z 和 z^* 处通过的水量。

方程(7.9)右端后两项的值可以通过测定土壤剖面 t_1 和 t_2 时刻的土壤含水量分布 $\theta(z, t_1)$ 和 $\theta(z, t_2)$ 确定。若能测得通过给定断面 z^* 处的水量 $Q(z^*)$,由方程(7.9)即可求得

任一断面 z 处通过的水量 $Q(z)$。计算 $q(z^*)$ 或 $Q(z^*)$ 最好的方法就是用达西定律。

综上，由达西定律计算某一选定计算边界（即定位边界）z^* 处的土壤水分通量 $q(z^*)$ 或通过的水量 $Q(z^*)$，再利用土壤剖面含水量分布 $\theta(z,t)$ 资料计算出计算时段内 z 至 z^* 之间土体水分的变化量，应用方程 (7.9) 计算通过任一个断面 z 处的土壤水分通量 $q(z)$ 或水量 $Q(z)$。此方法称为定位通量法，由于定位面处的通量或水量直接用达西定律计算的，所以也称达西方法。

实际应用定位通量法时，在土壤剖面上选定一个合适的位置 z^* 作为定位边界，在其上方和下方各安装一支负压计测量土壤水势，设这两点的纵坐标分别为 z_1 和 z_2，且满足：

$$z^* = (z_1 + z_2)/2$$
$$\Delta z = z_2 - z_1$$

设法测得 z^* 处的非饱和土壤导水率 $k(\theta)$ 或 $k(\psi_{\mathrm{m}})$（详见第九章），应用达西定律计算 z^* 处的土壤水分通量为

$$q(z^*) = -k(\theta)\frac{\Delta\psi}{\Delta z}$$

一般计算时段都比较长，可根据定位边界处的土壤含水量和土壤水势梯度随时间变化的情况，将计算时段划分成 n 个小时段。此时，通过定位边界处的水量可用下式计算

$$Q(z^*) = -\sum_{i=1}^{n} k(\theta_i)\left(\frac{\Delta\psi}{\Delta z}\right)_i (\Delta t)_i \qquad i = 1,\ 2,\cdots,n \tag{7.10}$$

式中，$Q(z^*)$ 表示在 $t_1 \sim t_2$ 时段内定位边界 z^* 处通过的水量。$(\Delta t)_i$ 表示第 i 小时段；θ_i 和 $\left(\dfrac{\Delta\psi}{\Delta z}\right)_i$ 分别表示在第 i 时段定位边界 z^* 处土壤含水量的平均值和土壤水势梯度平均值；$k(\theta_i)$ 为相应于 θ_i 的非饱和土壤导水率。

在 t_1 至 t_2 时段内，通过某一断面 z 处的水量 $Q(z)$ 可用方程 (7.9) 计算，其中定位边界 z^* 处通过的水量 $Q(z^*)$ 由式 (7.10) 计算获得。当 $z=0$（地面）时，$Q(0)$ 为 t_1 至 t_2 时段内的土壤水蒸发蒸腾量。当 $z = -h_0$（潜水面），$Q(-h_0)$ 为 t_1 至 t_2 时段内的降水（灌溉）潜水入渗补给量。

三、定位通量法计算效果

采用大型物理模拟实验系统，通过大量的降水蒸发模拟实验，对定位通量法计算效果进行了检验。实验中，定位边界选在单向性土壤水势梯度缓变带，用极大值面通量法测定不同深度位置的非饱和土壤导水率 $k(\theta)$，用负压计监测系统测量土壤水势分布。用定位通量法计算不同时段的降水入渗补给量，与物理模拟实验系统实测降水入渗补给量 D 进行了比较，结果如下。

1. 在极大值面方法有效期，定位通量法计算效果

在极大值面方法有效期，定位通量法与极大值面通量法的计算效果相近，两者都可

以取得较好的计算精度,并且定位边界选在单向性土壤水势梯度缓变带,上部优于下部。如图 7.11～图 7.13 所示。图中,D 表示入渗补给量;δ 表示相对误差;"定"表示定位通量法;z_d 表示极大值面通量法。

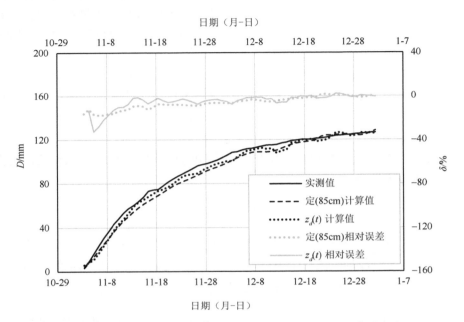

图 7.11 定位通量法(85 cm)、极大值面法计算值、实测值及相对误差(一)

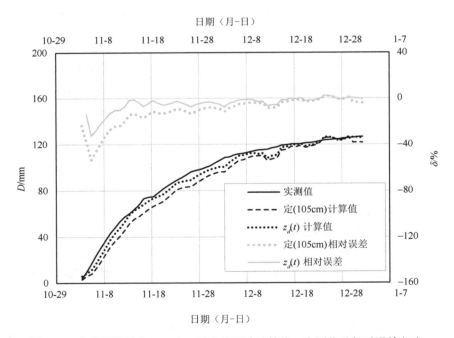

图 7.12 定位通量法(105 cm)、极大值面法计算值、实测值及相对误差(二)

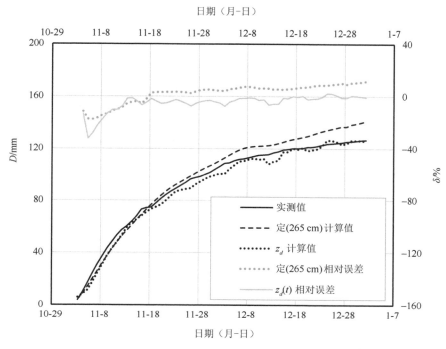

图 7.13　定位通量法（265 cm）、极大值面法计算值、实测值及相对误差（三）

2. 降水引起定位边界土壤水势变化缓慢情况下的计算效果

实验研究表明，通常在两个相邻的极大值面通量法有效期之间存在 1 个因降水或灌溉等引起的失效期，虽然引起了非饱和带土壤水势函数类型发生转化，但是在定位边界处仅引起土壤水势较缓慢变化，定位通量法仍能取得较好的计算效果。

例如图 7.14 所示为定位通量法计算时段（6 月 27 日～8 月 31 日）土壤水势函数演化过程，可以看出计算时段前期为极大值型土壤水势函数，由于 7 月 31 日的降水（40.9 mm）和之后的蒸发作用，使土壤水势函数由极大值型→极大-极小值型→单调递增型→极大值型。由图显示此计算时段包含了两个极大值面通量法有效期和一个由 40.9 mm 降水引起的失效期。图 7.15 所示为计算时段内不同深度处的土壤水势演化过程线，表明土壤表层土壤水势变化强烈，随深度增加而逐渐变缓，85 cm 以下土壤水势变幅已经很小，应用定位通量法计算同样可以取得很好的效果，如图 7.16～图 7.18 所示，定位边界分别选在 85 cm、105 cm 和 265 cm 处时，潜水入渗补给累积量的计算值与实测值过程线，表明定位通量法计算效果比较理想。这说明对于此类极大值面通量法的失效期，定位通量法仍能取得很好的计算效果。

3. 长计算时段定位通量法的计算效果

为了全面认识定位通量法的计算效果，对于包括十多次不同方式不同雨量的降水实验过程，实验期间形成多个极大值面通量法（零通量面法）的有效期和失效期，对此长实验期应用定位通量法对降水入渗补给量进行了计算。计算时定位通量法采用不同的定

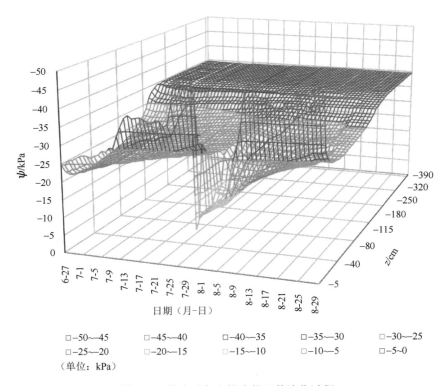

图 7.14　降水引起土壤水势函数演化过程
极大值型（40.9 mm 降水）→极大–极小值型→单调递增型→极大值型

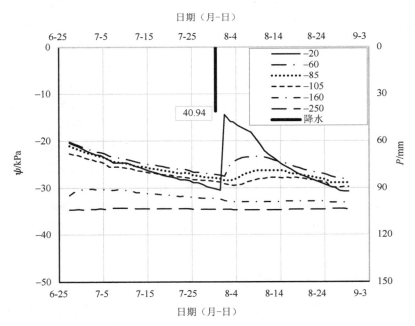

图 7.15　计算期间降水（40.9 mm）引起不同深度土壤水势演化过程

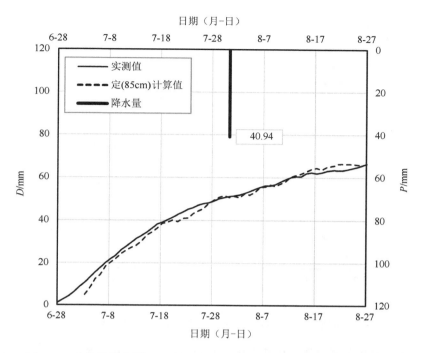

图 7.16　定位通量法(85 cm)入渗补给累积量计算值与实测值过程线(一)

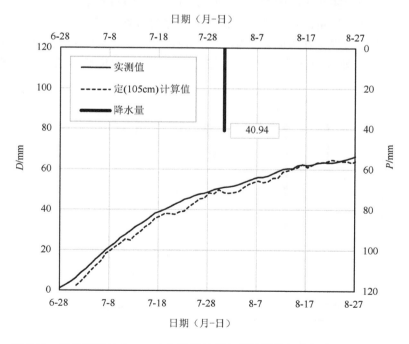

图 7.17　定位通量法(105 cm)入渗补给累积量计算值与实测值过程线(二)

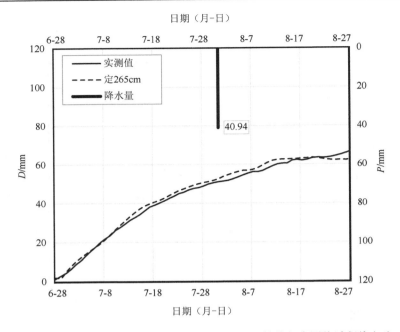

图 7.18　定位通量法（265 cm）入渗补给累积量计算值与实测值过程线（三）

位边界，其计算效果差异显著，其基本规律是定位边界先在单向性土壤水势梯度缓变带，下部优于上部。例如图 7.19～图 7.21 分别显示定位边界为 85 cm、105 cm 和 265 cm 时，定位通量法对入渗补给量的计算值和实测值累积量过程线。可以看出，在如此长计算时段的情况下，定位边界选在单向性土壤水势梯度缓变带，上部 85 cm 处定位通量法计算效果最差，105 cm 处其计算效果次之，下部 265 cm 处，定位通量法计算效果最好。

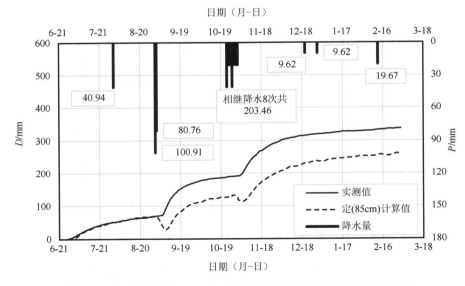

图 7.19　定位通量法（85 cm）入渗补给累积量计算值与实测值过程线

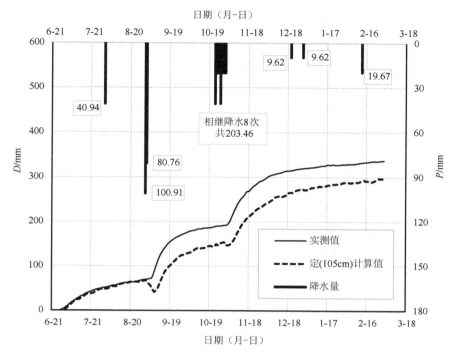

图 7.20　定位通量法(105 cm)入渗补给累积量计算值与实测值过程线

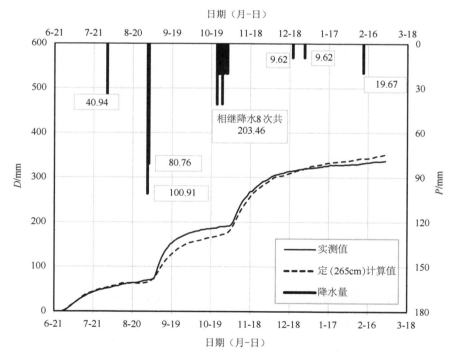

图 7.21　定位通量法(265 cm)入渗补给累积量计算值与实测值过程线

4. 长计算时段定位通量法与极大值面通量法联合运用的效果

在一个长的计算时段内，在极大值面通量法有效期，应用极大值面通量法计算入渗补给量。在极大值面通量法失效期，应用定位通量法计算入渗补给量。仍以上述长计算时段为例，图 7.22 所示，在极大值面通量法有效期用极大值面通量法计算降水入渗补给量，在极大值面通量法失效期，定位边界选在单向性土壤水势梯度缓变带，分别为：85 cm、105 cm、125 cm、165 cm、185 cm、205 cm、225 cm 和 265 cm 处，用定位通量法计算降水入渗补给量。即用两种方法联合计算出长计算时段的降水入渗补给量。由相对误差曲线给出了选用不同定位边界相应的联合计算降水入渗补给量的相对误差（如相对误差曲线数据标签所示）。结果表明，定位边界选在单向性土壤水势梯度缓变带下部 265 cm 处时，定位通量法与极大值面通量法联合运用效果最好。定位边界选在单向性土壤水势梯度缓变带，上部 85 cm 处的计算效果最差，中部定位通量法与极大值面通量法联合运用效果虽有所改善，但是仍然不如定位边界选在单向性土壤水势梯度缓变带下部的情况理想。图 7.22 中，定 85 或定（85 cm）表示定位通量法（定位边界在 85 cm 处）……；z_d 表示极大值面通量法。

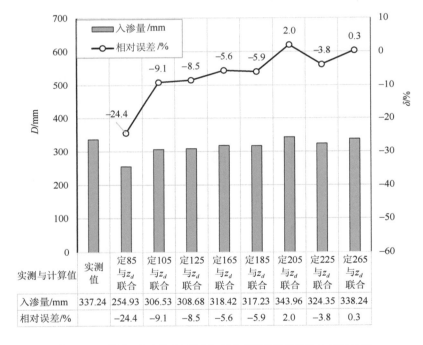

实测与计算值	实测值	定85与z_d联合	定105与z_d联合	定125与z_d联合	定165与z_d联合	定185与z_d联合	定205与z_d联合	定225与z_d联合	定265与z_d联合
入渗量/mm	337.24	254.93	306.53	308.68	318.42	317.23	343.96	324.35	338.24
相对误差/%		−24.4	−9.1	−8.5	−5.6	−5.9	2.0	−3.8	0.3

图 7.22　不同深度定位通量法与极大值面通量法联合应用效果

5. 长计算时段定位通量法选用不同定位边界联合运用效果

如前面所述，在极大值面通量法有效期，将定位边界选在上部时，定位通量法可以取得很好的计算效果。因此在极大值面通量法有效期，定位边界选在上部，如该实验研究中选在 85 cm 和 105 cm 等处；在极大值面通量法失效期，定位边界选在下部，如 265 cm 处。应用定位通量法计算降水入渗补给量，同样可以取得较好的效果。如定位边界选在

85 cm 与 265 cm 和 105 cm 与 265 cm 联合运用定位通量法计算降水入渗补给量的相对误差，分别为 4.1% 和 2.7%。

四、定位通量法的适用范围

1. 定位通量法主要优点

(1) 与极大值面通量法相比，拓宽了土壤水分通量法的应用范围，使极大值面通量法失效期土壤水分通量的计算问题在一定程度上得到解决。合理应用定位通量法，可以取得比较好的计算效果。

(2) 应用定位通量法时可根据具体情况，合理选择定位边界的位置(如地层情况、作物生长期根系的影响、土壤水监测等)，有利于非饱和带土壤导水率的测定和定位通量法的应用。

2. 定位通量法的局限性

(1) 当定位边界选择在单向性土壤水势梯度缓变带，在下部定位通量法的运用比较理想，可以在极大值面通量法失效期，以至于全时段都能取得较好的效果。但是在单向性土壤水势梯度缓变带下部(特别在复杂地层条件下)，土壤含水量动态变化范围较小，土壤水势梯度测量难度大，非饱和土壤导水率 $k(\theta)$ 原位测定较困难，只有存在较厚的均质土层，才能较精确地测定 $k(\theta)$，在很大程度上制约了定位通量法的应用范围。

(2) 定位边界选择在单向性土壤水势梯度缓变带，上部非饱和土壤导水率 $k(\theta)$ 的原位测定相对容易，土壤水势梯度的精确性和可靠性也容易保证。但是当大的降水或灌溉过程引起定位边界处土壤水势和含水量产生大的突变期时，定位通量法计算土壤水分通量会出现重大的误差，降低定位通量法的可靠性和适用性。

第三节　纠偏通量法

前述实验研究已经表明，定位边界选择在单向性土壤水势梯度缓变带的上部，计算土壤水分通量可能会产生大的误差。定位边界选择在单向性土壤水势梯度缓变带下部，对提高定位通量法的计算精度是很有效的方法。但是当下部地层条件不适合，或者不易安装负压计时，使定位通量法计算降水(灌溉)入渗补给量或蒸发蒸腾量等应用范围受限。所以回避将定位边界选择在上部，不是从根本上解决问题的办法。要使定位通量法真正具有广泛的可靠性和适用性，必须在定位通量法基础上加以深化和提高。

一、定位通量法误差分析

定位通量法公式可知，计算土壤水分通量的值由两部分构成：一部分是直接用达西定律计算定位边界处通过的水量 $Q(z^*)$；另一部分是计算时段内定位边界至被测断面 z 之间土体水分储量的变化量 D_w，即：

$$D_{\mathrm{w}} = \int_{z^*}^{z} \theta(z,t_1)dz - \int_{z^*}^{z} \theta(z,t_2)dz$$

　　D_{w} 的计算误差主要是土壤剖面含水量分布 $\theta(z,t)$ 的测量误差引起的，中子水分仪读数的随机误差对定位通量法计算效果的影响类似于对极大值面通量法计算效果的影响，它并不是定位通量法产生大的误差的关键因素。

　　计算时段内定位边界的水量是由达西定律计算的，即

$$Q(z^*) = \sum_{i=1}^{n} k(\theta_i)\left(\frac{\Delta\psi}{\Delta z}\right)_i (\Delta t)_i$$

　　由上式可以看出，影响 $Q(z^*)$ 计算效果的主要因素是非饱和土壤导水率 $k(\theta)$ 和每个时段 $(\Delta t)_i$ 内在定位边界处的土壤含水量平均值，和土壤水势梯度平均值的精确性和可靠性，因此与在计算时段内的土壤水势与土壤含水量分布状态的演化过程关系十分密切。例如，图 7.23 是 8 月 10 日至 12 月 11 日土壤水势时空分布曲面，该时段内有 2 次大的降水过程，8 月 31 日和 9 月 1 日两天共降水 181.67 mm，引起表层土壤水势突变如图中虚线 a 所示，10 月 23 日至 10 月 31 日相继 8 次降水共 203.46 mm，引起表层土壤水势突变如虚线 b 所示。由图可以看出，随着深度增加，土壤水势突变时间逐渐向后推移，土壤水势突变幅度也随之减小。在 $z = -220$ cm 以下土壤水势已无明显变化如虚线 c 所示。因此，定位通量法的定位边界选择深度位置不同，定位边界处土壤水势突变时间和突变幅度也不同。图 7.24 是同期不同定位边界处的土壤水势函数过程线，在单向性土壤水势梯度缓变带上部的定位边界处（如 $z = -85$ cm、$z = -105$ cm），土壤水势在 2 个大的降水过程形成较大幅度的突变，而在单向性土壤水势梯度缓变带的下部定位边界处（如 $z = -265$ cm）的土壤水势无明显变化。

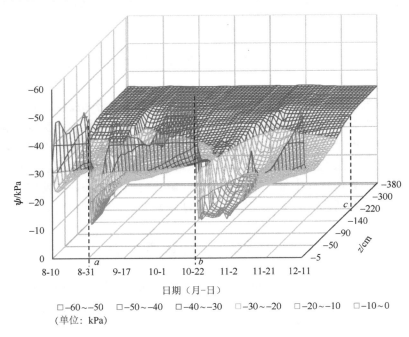

图 7.23　8 月 10 日至 12 月 11 日土壤水势时空分布演化过程

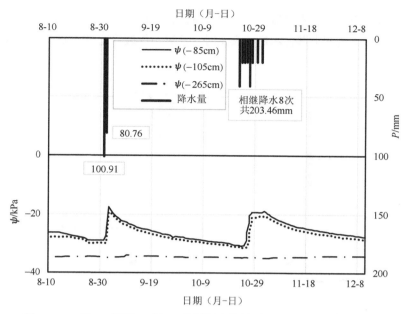

图 7.24　8 月 10 日至 12 月 11 日不同定位边界处土壤水势分布过程线

　　同期土壤含水量 θ 时空演化和单向性土壤水势梯度缓变带不同定位边界处的土壤含水量变化规律如图 7.25、图 7.26 所示。它与上述的土壤水势的演化规律是一致的。图 7.27 是选择定位边界为单向性土壤水势梯度缓变带上部的 $z = -85$ cm 处入渗补给量的计算值和实测值的累积曲线。可以看出，在土壤水势和土壤含水量的突变期入渗补给累积量的计算值出现严重偏差。在 $t_{n_1} \sim t_{n_2}$ 时段和 $t_{n_3} \sim t_{n_4}$ 时段内，入渗补给累积量计算值不升反降，这与单向

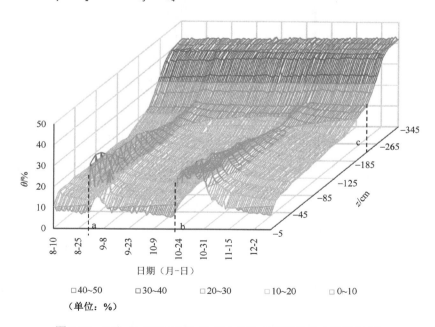

图 7.25　8 月 10 日至 12 月 11 日土壤含水量时空分布演化过程

性土壤水势梯度缓变带土壤水渗流状态必然是下渗状态相矛盾。由此表明，定位通量法在定位边界处出现土壤水势和土壤含水量的突变时，计算定位边界通量的公式不太适用。

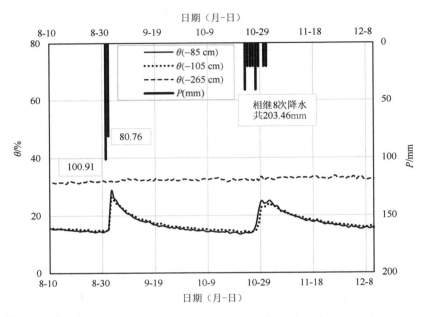

图 7.26　8 月 10 日至 12 月 11 日不同定位边界土壤含水量 θ 过程线

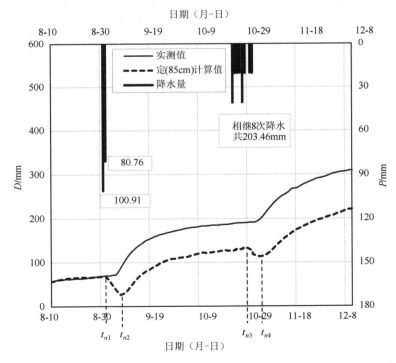

图 7.27　8 月 10 日至 12 月 11 日降水、入渗补给累积量计算值和实测值曲线(定位边界 85 cm)

假设定位边界 z^* 选择在单向性土壤水势梯度缓变带的上部，在其上部 z_1 和下部 z_2 处各安装一支负压计测量两点的土壤水势差：$\Delta z = z_2 - z_1$，$z^* = (z_1 + z_2)/2$。在一次大的降水(灌溉)过程中，当湿润锋面经过 z^* 与 z_2 之间时，如图 7.28 所示，定位边界 z^* 处土壤水势和土壤含水量快速增加，土壤水势函数由 ψ_1 变为 ψ_2，这时定位边界 z^* 处土壤水势梯度近似地用直线 2 的斜率代替，实际参与定位边界通量计算的土壤水势梯度为直线 1 的斜率。所以在计算定位边界通量时采用的土壤水势梯度，比实际的土壤水势梯度值小。另外，在定位边界 z^* 处的土壤含水量明显增加，非饱和土壤导水率 k 是土壤含水量 θ 的幂函数，$k(\theta)$ 值显著增加。因此，在定位边界 z^* 的通量计算值远远小于实际值。直到湿润锋面移出 $z^* + \Delta z/2$ 以后，土壤水势梯度的测量值和实际值才能恢复一致。由此也可以看出，选择 Δz 的大小也很重要，Δz 越大造成 z^* 处的土壤水势梯度的测量值偏离实际值的时间越长，引起定位边界 z^* 处通量计算也就越大。从理论上讲，Δz 越小越好；当 Δz 趋于零时，在 z^* 处土壤水势梯度的测量值偏离实际值的时间也趋于零，使定位边界 z^* 处的计算误差减至最小。由于土壤水势测量技术限制，如果将 Δz 取值太小，也会因土壤水势测量仪器精度不高造成读数误差掩盖了定位边界 z^* 处的土壤水势梯度的实际变化量。所以过小选择 Δz 同样使定位边界处通量计算发生较大误差。选取 Δz，除了考虑以上原因外，还要考虑在单向性土壤水势梯度缓变带均质土层的分布情况。

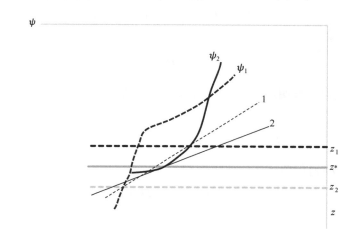

图 7.28 边界通量计算误差分析示意图

二、纠偏通量法原理与公式

以上分析表明，在定位边界处不存在土壤水势和土壤含水量突变条件下，定位通量法具有很好的计算效果。因此，只要在定位边界处土壤水势和土壤含水量出现突变期时，能把定位通量的计算误差加以纠正，定位通量法就是一个很好的土壤水分通量的计算方法，称其为纠偏通量法(荆恩春等，1994)。

(1)设定位边界为 z^*，在计算时段内，若通过待求断面 z 处的土壤水分通量累积值

为 $D(z)$ 。应用定位通量法计算 z 断面处的土壤水分通量的累积值由以下公式表示：

$$Q_k(z) = \sum_{i=1}^{k} q_i(z) \qquad k = 1, 2, \cdots, n \tag{7.11}$$

式中，$Q_k(z)$ 是计算时段划分为 n 个小时段时，在 z 断面处 1 至第 k 个小时段的土壤水分通量的累积值。

$$q_i(z) = -k(\theta_i)\left(\frac{\Delta\psi}{\Delta z}\right)_i (\Delta t)_i + \int_{z^*}^{z} \theta(z, t_{i-1})dz - \int_{z^*}^{z} \theta(z, t_i)dz \tag{7.12}$$

$$i = 1, 2, \cdots, n$$

式中，$q_i(z)$ 为计算时段划分为 n 个小时段时，第 i 个小时段在 z 处的下渗水量。其他符号意义同前。

(2) 绘制降水(灌溉)过程和定位边界 z^* 处的土壤水势(或土壤含水量)过程线以及用定位通量法计算断面 z 处的下渗累积量曲线。根据这些曲线资料确定是否存在土壤水势(或土壤含水量)突变时段。如果存在突变时段，需确定影响定位通量法计算下渗累积量突变时段的个数和长度，如图 7.27 所示为 2 个突变时段，即 (t_{n_1}, t_{n_2}) 和 (t_{n_3}, t_{n_4})。

设在整个计算时段内存在 m 个影响定位通量法计算下渗累积量 D 的突变时段：

$$(t_{n_1}, t_{n_2}),\ (t_{n_3}, t_{n_4}), \cdots, (t_{n_{2m-1}}, t_{n_{2m}})$$

很明显，当 $k \leqslant n_1$ 时

$$D(z) = Q_K(z) \tag{7.13}$$

当 $n_1 < k \leqslant n_2$ 时，$Q_K(z)$ 值明显递减，可根据 $k \leqslant n_1$ 时的 $Q_K(z)$ 值建立 $D(z)$ 的近似表达式，即

$$D(z) = QS_K(z) \qquad n_1 < k \leqslant n_2 \tag{7.14}$$

当 $n_2 < k \leqslant n_3$ 时，$D(z)$ 的值比实际值偏低约：

$$R_1(z) = QS_{n2}(z) - Q_{n_2}(z)$$

所以 $D(z)$ 为

$$D(z) = Q_K(z) + R_1(z) \qquad n_2 < k \leqslant n_3 \tag{7.15}$$

整理式(7.13)～式(7.15)，建立 $D(z)$ 的表达式如下：

$$D(z) = \begin{cases} Q_k(z) & k \leqslant n_1 \\ QS_K(z) + R_{l-2}(z) & n_l < k \leqslant n_{l+1} \\ Q_k(z) + R_l(z) & n_{l+1} < k \leqslant n_{l+2} \text{ 或 } n_{2m} < k \end{cases} \tag{7.16}$$

$$k = 1, 2, \cdots, n_1, \cdots, n_2, \cdots, n_{2m}, \cdots, n$$
$$l = 1, 3, \cdots, 2m - 1$$

式中

$$R_{-1} = 0$$

$$R_l(z) = \sum_{p=1}^{\frac{l+1}{2}} \left[QS_{n_{2p}}(z) - Q_{n_{2p}}(z) \right] \qquad l = 1, 3, \cdots, 2m-1 \tag{7.17}$$

式(7.16)为纠偏通量法计算下渗量的基本公式。若在突变时段内($l = 1, 3, \cdots, 2m-1$)，$Q_K(z)$增量趋于 0 时，$QS_K(z)$可近似为

$$QS_K(z) = Q_{n_l}(z) \tag{7.18}$$

因此
$$R_l(z) = \sum_{p=1}^{\frac{l+1}{2}} \left[QS_{n_{2p-1}}(z) - Q_{n_{2p}}(z) \right] \qquad l = 1, 3, \cdots, 2m-1 \tag{7.19}$$

这时纠偏通量法基本公式(7.16)中的$QS_K(z)$和$R_l(z)$，可以分别由式(7.18)和式(7.19)计算。

用定位通量法计算蒸发蒸腾量时，同样在土壤水势(或土壤含水量)突变时段会产生较大的计算误差。从整个土壤剖面水量均衡分析，若计算下渗量偏小某个量，在计算蒸发蒸腾量时会偏大相同的量。这就为建立计算蒸发蒸腾量的纠正项公式提供了方便。建立计算蒸发蒸腾量公式类似于建立式(7.16)的过程。

$$E(0) = \begin{cases} Q_K^*(0) & k \leqslant n_1 \\ Q^* S_K(0) + R_{l-2}(0) & n_l < k \leqslant n_{l+1} \\ Q_K^*(0) + R_l(0) & n_{l+1} < k \leqslant n_{l+2} \text{ 或 } n_{2m} < k \end{cases} \tag{7.20}$$

$$k = 1, 2, \cdots, n_1, \cdots, n_2, \cdots, n_{2m}, \cdots, n$$
$$l = 1, 3, \cdots, 2m-1$$

式中
$$Q_K^*(0) = \sum_{i=1}^{k} q_i^*(0) \qquad k = 1, 2, \cdots, n \tag{7.21}$$

$$q_i^*(0) = p_i - R_i - k(\theta_i) \left(\frac{\Delta \psi}{\Delta z} \right)_i (\Delta t)_i + \int_{z^*}^{0} \theta(z, t_{i-1}) dz - \int_{z^*}^{0} \theta(z, t_i) dz \tag{7.22}$$

$$i = 1, 2, \cdots, n$$

式中，p_i和R_i分别表示在第i时段的降水量(灌溉量)和地表径流量；$Q^* S_K(0)$为突变时段内$Q_k(0)$的校正值。其余符号含义同前。

三、纠偏通量法计算效果

为了对纠偏通量法的计算效果给出比较客观的认识，避免在计算时段的选取和资料选择上受偶然因素的影响，研究中采用长实验时段内连续实验观测资料，以实测值为基准，并比对定位通量法和纠偏通量法计算降水入渗补给累积量检验研究。

图 7.29 和图 7.30 分别为实验时段的非饱和带土壤水势$\psi(z)$和土壤含水量$\theta(z)$的时空分布演化过程。可以看出，在降水(灌溉)和蒸发作用综合影响下，土壤剖面表层土壤水势和土壤含水量变化强烈，非饱和带土壤水势函数类型和相应的土壤水渗流状态处于不断转化和连续演化过程中。虽然土壤水势函数类型演化过程非常复杂，但是在研究期

内单向性土壤水势梯度缓变带，始终保持有土壤水势梯度 $\dfrac{\partial \psi}{\partial x} > 0$，土壤水向下运移的特性。单向性土壤水势梯度缓变带，为定位通量法和纠偏通量法的定位边界位置的选择提供了有利条件。

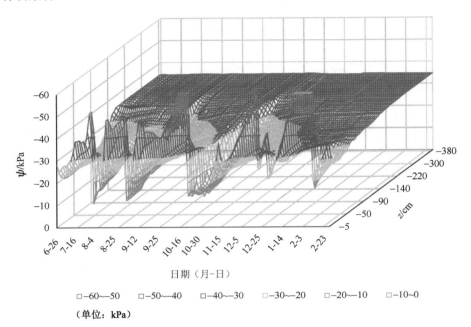

（单位：kPa）

图 7.29　非饱和带土壤水势 ψ 时空分布演化过程

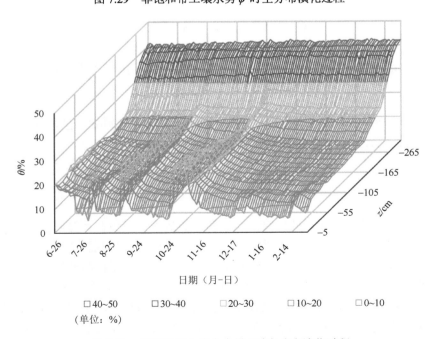

（单位：%）

图 7.30　非饱和带土壤含水量 θ 时空分布演化过程

　　定位边界选择在单向性土壤水势梯度缓变带的下部时，或者在计算期内定位边界虽在单向性土壤水势梯度缓变带的上、中部，在降水入渗过程未引起定位边界处产生明显的土壤水势和土壤含水量的突变时段的情况下，纠偏通量法和定位通量法的计算公式是没有区别的，即定位通量法计算结果无需校正。此种情况下定位通量法的计算效果就是纠偏通量法的计算效果（如图 7.21 定位通量法（265 cm）入渗补给累积量计算值、实测值过程线所示）。

　　定位边界选择在单向性土壤水势梯度缓变带，在上部或中部时,大的降水（灌溉）过程会引起定位边界处的土壤水势和土壤含水量的突变时段，如图 7.31 和图 7.32，分别为定位边界选择在单向性土壤水势梯度缓变带，−85 cm 和−105 cm 处土壤水势和土壤含水量的过程线。此时纠偏通量法和定位通量法的公式有着显著的差异。图 7.33 和图 7.35 给出全实验期降水、蒸发过程中，定位边界选择在−85 cm 和−105 cm 处，用定位通量法和纠偏通量法计算潜水入渗补给累积量的计算值、实测值曲线，图 7.34 和图 7.36 给出同期定位通量法、纠偏通量法计算潜水入渗补给累积量及其相对误差曲线。可以看出：

　　（1）大降水量入渗过程对定位通量法计算入渗补给累积量的结果影响显著，而对纠偏通量法计算入渗补给累积量的结果影响很小。

　　（2）定位边界受土壤水势和土壤含水量突变期的影响，如定位边界为−85 cm 和−105 cm 时，定位通量法计算入渗补给量的最高相对误差分别为−69.62%和−56.19%，全实验期的相对误差分别为−22.57%和−11.84%。纠偏通量法计算入渗补给量的相对误差最高分别为−7.64%和−13.69%，全实验期总的相对误差分别为0.18%和0.92%。与定位通量法相比，纠偏通量法可以取得更理想的计算效果。

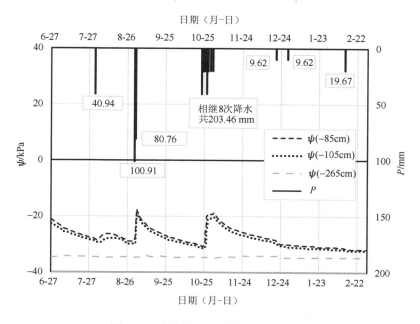

图 7.31　定位边界处土壤水势演化过程

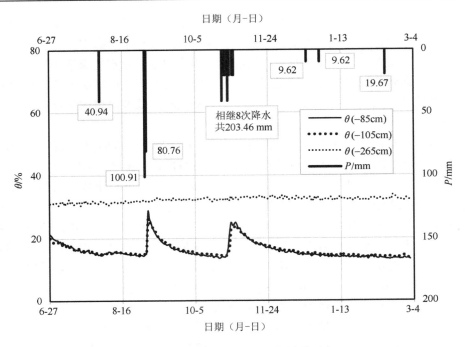

图 7.32　定位边界土壤含水量演化过程

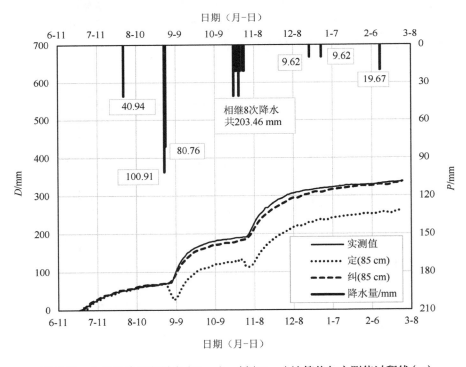

图 7.33　入渗补给累积量定(85 cm)、纠(85 cm)计算值与实测值过程线(一)

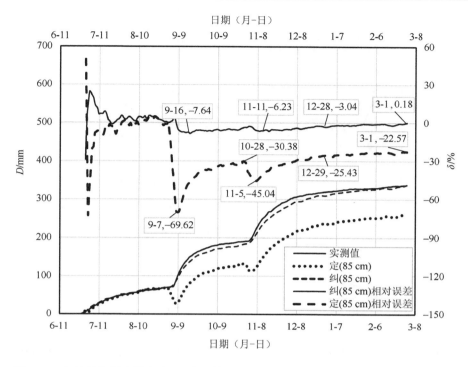

图 7.34　入渗补给累积量定(85 cm)、纠(85 cm)计算值实测值与相对误差过程线(二)

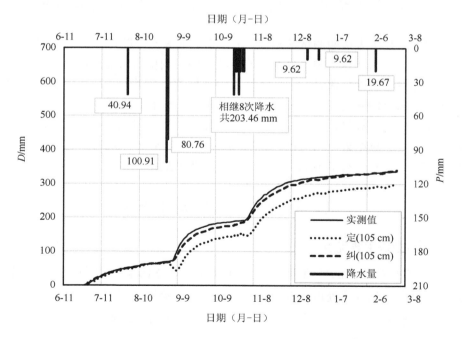

图 7.35　入渗补给累积量定(105 cm)、纠(105 cm)计算值与实测值过程线(三)

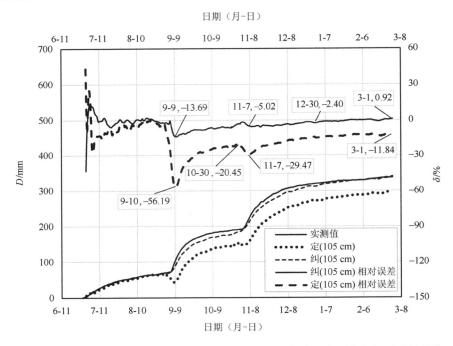

图 7.36　入渗补给累积量定(105 cm)、纠(105 cm)计算值、实测值与相对误差(四)

四、纠偏通量法与极大值面通量法联合计算效果

纠偏通量法与极大值面通量法相比,在计算土壤水分通量时,它不存在失效期问题,可以作为一个独立的计算土壤水分通量的方法。同时纠偏通量法也可以与极大值面通量法联合运用计算土壤水分通量,同样能够取得很好的计算效果。以前述实验期为例,并以单向性土壤水势梯度缓变带,−85 cm、−105 cm、−125 cm、−165 cm、−185 cm、−205 cm、−225 cm 和−265 cm 等位置为定位边界,用纠偏通量法与极大值面通量法联合运用计算入渗补给量,其计算结果及相对误差 $\delta(\%)$ 分别为:−0.5%、0.23%、−2.02%、−1.81%、−1.31%、2.73%、−0.53%和−0.27%(图 7.37 及其数据表所示)。

五、纠偏通量法的适用范围

1. 纠偏通量法主要优点

(1)纠偏通量法需要的参数[非饱和土壤导水率 $k(\theta)$]仅限于在单向性土壤水势梯度缓变带,可以在一处或多处进行选择,避开在土壤水势梯度强烈变化带和土壤水势梯度基本不变带(微变带),解决了非饱和土壤导水率 $k(\theta)$ 和土壤水势梯度 $\frac{\partial \psi}{\partial z}$ 及其改变方向的时间的测定等难题,容易实现在定位边界处的非饱和土壤导水率 $k(\theta)$ 和土壤水势梯度 $\frac{\partial \psi}{\partial z}$ 的精确测量。

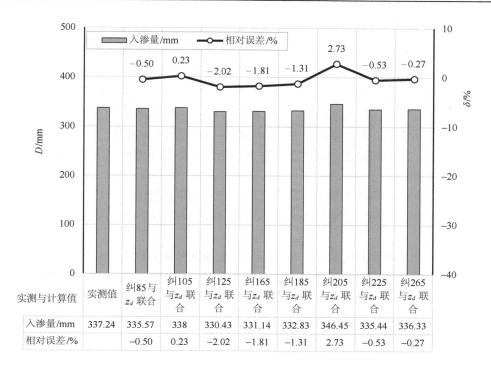

实测与计算值	实测值	纠85与z_d联合	纠105与z_d联合	纠125与z_d联合	纠165与z_d联合	纠185与z_d联合	纠205与z_d联合	纠225与z_d联合	纠265与z_d联合
入渗量/mm	337.24	335.57	338	330.43	331.14	332.83	346.45	335.44	336.33
相对误差/%		−0.50	0.23	−2.02	−1.81	−1.31	2.73	−0.53	−0.27

图 7.37　不同深度纠偏通量法与极大值面通量法联合应用效果

(2)纠偏通量法的定位边界的选择可以在整个单向性土壤水势梯度缓变带，特别是在选择在上部，更有利于非饱和土壤导水率 $k(\theta)$ 的原位测定和原位应用，提高纠偏通量法的计算精度。

(3)极大值面通量法(零通量面法)为现场测定定位通量法和纠偏通量法的定位边界处的非饱和土壤导水率 $k(\theta)$ 提供了极好的技术手段。可以利用一个或多个极大值面通量法(零通量面法)有效期资料，完成定位边界的非饱和土壤导水率 $k(\theta)$ 测定，同时保证了纠偏通量法原位应用 $k(\theta)$ 的质量。

(4)纠偏通量法与极大值面通量法(零通量面法)和定位通量法相比，在后两者的失效期纠偏通量法仍然可用。但是定位通量法是纠偏通量法的基础，而极大值面通量法(零通量面法)解决了纠偏通量法在定位边界处非饱和土壤导水率 $k(\theta)$ 的测定难题，所以三者的有机结合，使纠偏通量法构成一个具有实用价值的土壤水分通量计算方法。

2. 纠偏通量法的局限性

(1)在单向性土壤水势梯度缓变带，不具备非饱和土壤导水率 $k(\theta)$ 原位测定所需要的一定厚度均质土层的情况下，纠偏通量法的应用受到限制。

(2)纠偏通量法与极大值面通量法(零通量面法)和定位通量法一样，潜水埋深过浅，在非饱和带缺失单向性土壤水势梯度缓变带，不利于应用纠偏通量法计算土壤水分通量。

3. 纠偏通量法的应用范围

纠偏通量法是在定位通量法基础上增加了纠正项，不但提高了土壤水分通量的计算精度，而且大大拓宽了定位通量法及极大值面通量法（零通量面法）的应用范围。在非饱和带具有如下土壤水势函数类型或相应的土壤水渗流状态情况下，都可以应用，即土壤水势函数基本类型为：单调递增型、极大值型、极大-极小值型、双极大值型，相应的土壤水渗流基本状态为：入渗型、蒸发-入渗型、入渗-上渗-入渗型、蒸发-下渗-上渗-入渗型的情况下，纠偏通量法均可用于计算某一断面 z 处的下渗量、上渗量或潜水入渗补给量、蒸发蒸腾量。

在我国广大的干旱半干旱平原区，由于大多潜水埋深较深，土壤水势梯度分带性明显，非饱和带具有较稳定的单向性土壤水势梯度缓变带，为纠偏通量法的应用提供了良好的基础条件。

本章所述的土壤水分通量法，与非饱和带土壤水势函数动态分段单调性和土壤水渗流动态分带单向性理论等合理应用，将对整个非饱和带内部及其界面处的物质、能量的传输和转化的连续动态演化过程的理论认识与定量研究有重要意义。在“四水”转化关系、生态环境评价、土壤水资源和地下水资源评价、非饱和带与地下水的污染与防治、土壤水盐运移与动态调控等许多方面的研究中，对土壤水分运移连续动态演化机理和土壤水分运移量的计算，将会有很好的应用前景。

第八章　潜水上渗损耗极限深度与土壤水势梯度分带性

第一节　潜水上渗损耗极限深度

潜水上渗损耗极限深度(或称潜水蒸发极限深度)是地下水生态环境临界指标之一，与水资源利用和生态环境保护密切相关，在利用水资源过程中需要将地下水埋深控制在适宜的范围内，以避免生态环境问题的发生(如土壤次生盐渍化问题)，同时也可以改善生态环境，使其向良性发展。

由非饱和带土壤水势函数的极大值面 z_d (或零通量面，下同)的概念和形成迁移演化规律可以看出，通常在土壤表层形成的土壤水势函数的极大值面 z_d 向下迁移深度，就是土壤水蒸发作用影响深度，极大值面的迁移演化过程反映了土壤水蒸发影响深度的发展过程。当潜水埋深比较浅时，极大值面 z_d 在持续向下迁移演化过程中，可能与潜水面相遇而消失，这时非饱和带土壤水势函数呈单调递减型，土壤剖面上土壤水势梯度为

$$\frac{\partial \psi}{\partial z} < 0 \tag{8.1}$$

因此，相应的土壤水渗流状态呈蒸发型，土壤剖面上的土壤水运移通量为 $q(z) > 0$，土壤水蒸发作用影响深度达到了潜水面，潜水上渗补充非饱和带土壤水的蒸发损耗，形成潜水向土壤水转化过程。

如果极大值面 z_d 在形成和向下迁移演化过程中，出现降水或灌溉，使土壤表层形成一个土壤水势函数的极小值面 z_x，并不断向下迁移演化。如果原极大值面 z_d 还存在，那么它与上方极小值面 z_x 之间土壤水继续维持向上运移，向上运移水分的上界面为极小值面 z_x。这种情况下，原先的极大值面 z_d 的迁移深度，不能反映现时土壤水蒸发作用深度。如果在极小值面之上由于蒸发作用又形成新的极大值面，记作 z_{d2}。那么现时土壤水蒸发作用深度的演化过程，只能用最新形成的极大值面 z_{d2} 来描述。因此，通过极值面形成迁移演化的规律性，可以确定土壤水蒸发作用深度和土壤水蒸发作用期及潜水上渗损耗期。

上述分析表明，在潜水面之上的向下迁移演化的极大值面 z_d 消失之前，并未发生潜水上渗损耗，只有当极小值面 z_x 仍存在，极大值面 z_d 与潜水面相遇消失后，潜水才产生上渗损耗。当潜水埋深足够深时，根据土壤水势函数极大值面形成迁移演化规律，从土壤表层形成向下迁移演化的极大值面 z_d 会逐渐趋于一个稳定深度(即极大值面 z_d 向下迁移最大深度)，并将此深度位置记作 $z_{d\max}$。由于在 $z_{d\max}$ 位置以下的土壤水始终保持向下运移，所以在其以下的土壤水不再以液态形式上渗到 $z_{d\max}$ 以上，所以不能参与其上方的土壤水蒸发损耗过程。如果说在极大值面 $z_{d\max}$ 存在条件下，潜水仍然受蒸发作用影响的

话，只能是以水汽扩散的形式通过极大值面 $z_{d\max}$，这种情况即使存在，其量也是很微弱的。在一定意义上讲，极大值面 $z_{d\max}$ 的存在对潜水起到了保护作用。这种情况下，只有降水(灌溉)入渗才可能使极大值面 $z_{d\max}$ 消失，而且下渗水分一旦达到 $z_{d\max}$ 深度以下就不会再以液态水的形式返回此深度之上，这部分下渗水仅增加极大值面 $z_{d\max}$ 位置以下的土壤水贮量或继续向下入渗补给潜水。根据土壤水势函数动态分段单调性理论和土壤水渗流动态分带单向性理论，在这种潜水埋深条件下，不论非饱和带土壤剖面上是否存在极大值面 z_d，在极大值面向下迁移的最大深度 $z_{d\max}$ 位置至潜水面之间始终保持有

$$\frac{\partial \psi}{\partial z} > 0 \tag{8.2}$$

即 $q(z) < 0$，土壤水向下运移，处于潜水入渗补给状态。

只有当潜水面上升，与 $z_{d\max}$ 之间的土壤水势梯度转化为

$$\frac{\partial \psi}{\partial z} < 0 \tag{8.3}$$

即 $q(z) > 0$ 时，才会形成潜水上渗损耗，并称能产生潜水上渗损耗的最大深度为潜水上渗损耗极限深度。

设极大值面位于 $z_{d\max}$ 时的土壤水势的最小值为 $\psi(z_{d\max})_{\min}$，由于在潜水面 h 处有

$$\psi_m(h) = 0$$

所以在潜水面处的土壤水势函数值为

$$\psi(h) = \psi_g(h) \tag{8.4}$$

式中，$\psi_g(h)$ 为潜水面处的重力势。设极大值面刚好位于 $z_{d\max}$ 处，而且土壤水势函数值为

$$\psi(z_{d\max}) = \psi(z_{d\max})_{\min} \tag{8.5}$$

此时若使潜水面上升，当潜水面处的土壤水势值满足下式时，即

$$\psi(h) > \psi(z_{d\max})_{\min} \tag{8.6}$$

才可能使潜水面与 $z_{d\max}$ 位置之间的土壤水势梯度满足式(8.3)。可见潜水若产生上渗损耗，潜水面必须位于潜水上渗损耗极限深度以上。

当潜水面处的土壤水势函数值满足下式时，即

$$\psi(h) < \psi(z_{d\max})_{\min} \tag{8.7}$$

那么在潜水面与 $z_{d\max}$ 位置之间土壤水势梯度始终满足式(8.2)，即 $q(z) < 0$，可见潜水面位于潜水上渗损耗极限深度之下。

综合式(8.5)和式(8.7)可知，潜水的上渗损耗极限深度位置 h_0 处应满足：

$$\psi(h_0) = \psi(z_{d\max})_{\min} \tag{8.8}$$

即

$$\psi_g(h_0) = \psi(z_{d\max})_{\min} \tag{8.9}$$

式中，h_0 的单位用厘米水柱表示，土壤水势单位用 Pa 表示，1 cm 水柱压力为 98 Pa，那么

$$\psi_g(h_0) = 98h_0 \tag{8.10}$$

由式(8.9)得

$$h_0 = \psi(z_{d\max})_{\min} / 98 \tag{8.11}$$

式中，h_0 表示潜水上渗损耗极限深度处潜水面的位置。

对于极大值面方法预测潜水上渗损耗极限深度位置的式(8.11)，我们曾通过物理模拟实验进行了验证(荆恩春，1994)。

模拟实验的试验土壤为轻亚砂土。经过长时间的模拟实验，极大值面 z_d 向下迁移演化的最大稳定深度为 110 cm(即 $z = -110$ cm 的位置)。土壤水势函数极大值面最大稳定深度处的土壤水势函数的最小值为

$$\psi(z_{d\max})_{\min} = -37 \text{ kPa}$$

根据预测潜水上渗损耗极限深度位置的计算式(8.11)，计算的潜水上渗损耗极限深度位置的理论值为

$$h_0 = -377 \text{ cm}$$

由于物理模拟实验装置在土壤剖面上部的负压计安装间距为 5 cm，所以土壤水势函数极大值面位置测量误差在±5 cm 范围。

物理模拟实验结果如图 8.1 所示，图中水平虚线 $h_0 = -377$ cm 表示预测潜水上渗损耗极限深度的理论值，即潜水埋深为 377 cm($h_0 = -377$ cm)。实线为土壤水势函数的曲线 $\psi(z)$ (6-19)，它表明非饱和带土壤剖面的土壤水势函数为极大值型，极大值面与潜水面之间的土壤水势梯度为

$$\frac{\partial\psi}{\partial z} > 0$$

即

$$q(z) < 0$$

潜水处于入渗补给状态。此时，相应的潜水埋深为 395 cm($z = -395$ cm)，如图中水平虚线 $h(-395)$ 所示，表明潜水面的深度大于潜水上渗损耗极限深度的理论计算值时，潜水处于入渗补给状态，不会形成上渗损耗。

当潜水面升高 40 cm 后，潜水埋深为 355 cm($z = -355$ cm)，小于潜水上渗损耗极限深度理论值 22 cm。如图 8.1 中水平虚线 $h(-355)$ 所示。此时非饱和带土壤剖面的土壤水势函数曲线如图中虚线 $\psi(z)$ (8/1)所示，从土壤水势函数曲线可以看出，此时在 110 cm 深度位置的极大值面已经消失，整个非饱和带土壤水势函数具有

$$\frac{\partial\psi}{\partial z} < 0$$

即

$$q(z) > 0$$

非饱和带土壤水势函数呈单调递减型，相应的土壤水渗流状态呈蒸发型，潜水处于上渗损耗状态。这表明潜水埋深小于潜水上渗损耗极限深度情况下，就会出现潜水上渗损耗。

以上物理模拟实验证明了极大值面预测潜水上渗损耗极限深度的理论、方法和计算公式的正确性。

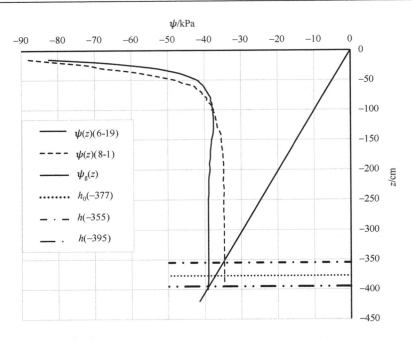

图 8.1　潜水在上渗损耗极限深度理论值位置上、下时的土壤水势分布

　　由于非饱和带土壤水势函数的极大值面向下迁移演化最大深度 $z_{d\max}$ 的位置是通过土壤剖面的土壤水势函数 $\psi(z, t)$ 来确定的，因此它受土壤剖面负压计安装间距、观测周期等因素的影响。另一方面土壤水势函数在极大值面最大深度的最小值 $\psi(z_{d\max})_{\min}$ 的确定同样与负压计的精度、可靠性等因素有关。需要通过干旱年份或多年观测资料获得研究区的 $\psi(z_{d\max})_{\min}$ 的值。但是它比确定潜水上渗损耗极限深度传统方法具有明显的优点。

　　(1) 在潜水深埋区，土壤水势函数极大值面预测潜水上渗损耗极限深度方法，在地下水动态变化条件下就可以进行，结合水均衡实验研究工作，在研究区非饱和带土壤剖面上合理安装和正确运用土壤水势监测系统，通过多年或干旱年份土壤水势观测资料的分析处理，就可以实现在天然条件下原位测定潜水上渗损耗极限深度。方法简捷，易于推广应用。

　　(2) 作物生长条件下，仍然可以应用土壤水势函数极大值面预测潜水上渗损耗极限深度，并能够反映出不同耕作制度及灌溉制度等动态变化条件下潜水上渗损耗极限深度的特征。

　　(3) 与传统地渗仪方法相比，应用土壤水势函数极大值面预测潜水上渗损耗极限深度，在很多方面显示了其优越性。例如：

　　① 土壤水势函数极大值面预测潜水上渗损耗极限深度的试验过程中，不扰动研究区的土壤结构、作物生长状态、气象和水文地质的动态变化等条件，原原本本保持了研究区非饱和带的土壤水势分布状态和土壤水渗流状态，即土壤水运移的内部条件和环境条件都未发生任何改变，保证了原位测定潜水上渗损耗极限深度的质量。而地渗仪方法测定潜水上渗损耗极限深度时，对决定土壤水运移的内部条件和外部环境条件

及其动态变化特征都会产生不同程度地改变，对潜水上渗损耗极限深度的测定带来一定的影响。

② 土壤水势函数极大值面预测潜水上渗损耗极限深度不受大气压变化的影响。而地渗仪方法测定潜水上渗损耗极限深度时，由于大气压变化对地渗仪测筒补排水量的测量有一定的影响，会产生一些假的潜水入渗补给量或潜水上渗损耗量，使采用地渗仪方法准确测定潜水上渗损耗极限深度受到大气压变化的干扰。

③ 土壤水势函数极大值面预测潜水上渗损耗极限深度的方法，不需要在人为控制不同潜水埋深条件下进行反复试验。地渗仪方法测定潜水上渗损耗极限深度，需要人为控制不同潜水埋深条件下进行模拟试验。

④ 土壤水势函数极大值面预测潜水上渗损耗极限深度的方法不受种植条件、灌溉制度等方面的限制。但是在有作物生长条件下，土壤水势函数极大值面的形成迁移演化过程受作物根系影响较大。另外，根据作物的不同生长期，在作物根系带土壤含水量小于 $0.6\theta_f$（θ_f 为田间持水量）或 $0.7\theta_f$ 时就需要灌水，这样根系带土壤含水量的分布也制约着极大值面的迁移演化过程。但是就方法本身的应用并未受到影响。对于地渗仪方法而言，满足上述种植条件下的测定潜水上渗损耗极限深度是比较困难的。

土壤水势函数极大值面预测潜水上渗损耗极限深度的一个最大局限性是不能在潜水浅埋区直接应用。但是，如果用专门的物理模拟实验装置，或者在建有人为可控较大潜水埋深的地渗仪装置的地下水均衡试验场，在地渗仪测筒中设计安装负压计测量系统，仍采用土壤水势函数极大值面方法预测潜水上渗损耗极限深度，虽然达不到原位预测潜水上渗损耗极限深度的理想效果，但是也能通过模拟实验取得较好效果，这就有效弥补了在潜水浅埋区应用土壤水势函数极大值面方法原位预测潜水上渗损耗极限深度的不足之处。

利用土壤水势函数极大值面形成迁移演化的规律性，分析土壤水蒸发和潜水上渗损耗问题，不但能科学地确定潜水上渗损耗极限深度，而且还可以分析土壤水蒸发作用深度和蒸发作用期。这一方法对于裸地区和作物区都具有实用价值。

非饱和带土壤水势函数类型和相应的土壤水渗流状态与潜水埋深关系十分密切。本书中将研究区的潜水埋深大于潜水上渗损耗极限深度时，称为潜水深埋区，潜水埋深小于或等于潜水上渗损耗极限深度时，称为潜水浅埋区。

第二节　非饱和带土壤水势梯度分带性

由非饱和带土壤水势函数基本类型可以看出，非饱和带土壤水势函数 $\psi(z)$ 不论多么复杂，土壤水势梯度的分布只有三种状态，即

$$\frac{\partial \psi}{\partial z} > 0 \tag{8.12}$$

$$\frac{\partial \psi}{\partial z} < 0 \tag{8.13}$$

$$\frac{\partial \psi}{\partial z} = 0 \qquad\qquad (8.14)$$

相应的土壤水运移通量分别为

$$q(z) < 0$$
$$q(z) > 0$$
$$q(z) = 0$$

因此，可以将式(8.12)、式(8.13)和式(8.14)看作是土壤水势梯度的三个基本元素，用于分析土壤水运移。

大量的土壤水运移实验研究表明，对于非饱和带不同的潜水埋深，具有不同的土壤水势梯度分带性特征。

一、潜水深埋条件下土壤水势梯度分带性特征

根据非饱和带土壤水势函数动态分段单调性与渗流分带单向性理论，在潜水深埋条件下非饱和带，通常仅出现以下 4 种土壤水势函数类型和相应的 4 种土壤水渗流状态：

(1) 单调递增型土壤水势函数，相应土壤水渗流状态为入渗型(下渗型)；

(2) 极大值型土壤水势函数，相应土壤水渗流状态为蒸发-入渗(下渗)型；

(3) 极大-极小值型土壤水势函数，相应土壤水渗流状态为入渗-上渗-入渗型；

(4) 双极大值型土壤水势函数，相应土壤水渗流状态为蒸发-下渗-上渗-入渗型。

潜水深埋条件下(潜水埋深大于潜水上渗损耗极限深度)，根据上述可能出现的非饱和带土壤水势函数和土壤水渗流状态，非饱和带的土壤水势梯度垂向分布，具有明显的分带性特征，将非饱和带可分为三个亚带，即土壤水势梯度强烈变化带、单向性土壤水势梯度缓变带和土壤水势梯度基本不变带(微变带)，如图 8.2 所示。

1. 土壤水势梯度强烈变化带

在非饱和带的上部，受降水和蒸发的相互作用，土壤水势梯度 $\frac{\partial \psi}{\partial z}$ 的方向和大小随之发生不断的变化，其主要特点是土壤水势梯度 $\frac{\partial \psi}{\partial z}$ 变化幅度大，同时 $\frac{\partial \psi}{\partial z}$ 的方向也常常发生变化。这个带的上边界为地表($z = 0$)，下边界是多年或者至少在整个研究时段内土壤水势函数极大值面向下迁移演化的最大深度 $z_{d\max}$ ($z = -z_{d\max}$) 的位置。称此带为土壤水势梯度强烈变化带，如图 8.2 中(A)所示。此带的土壤水势梯度值的变化范围很大，如图中 $\frac{\partial \psi}{\partial z} < 0$ 和 $\frac{\partial \psi}{\partial z} \geq 0$ 的阴影部分所示。可以看出，近地表处土壤水势梯度的值在正负之间变化频繁，变化幅度很大。但是随着深度的加深，因受降水和蒸发作用的影响逐渐减弱，土壤水势梯度值的变化范围相应减小。当达到土壤水势函数极大值面向下迁移演化最大深度(即达到了土壤水蒸发作用的最大深度)时，土壤水势梯度值的变化范围已大幅缩小，仅在土壤水势梯度 $\frac{\partial \psi}{\partial z} \geq 0$ 的阴影部分范围内变化。

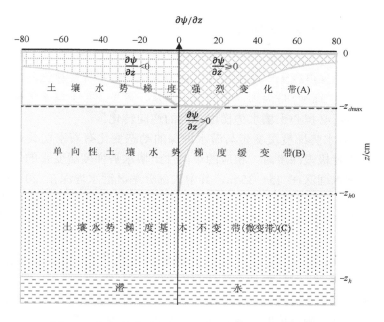

图 8.2　潜水深埋区非饱和带土壤水势梯度分带示意图

2. 土壤水势梯度基本不变带（微变带）

在潜水面$(z=-z_h)$至毛细水强烈上升高度$(z=-z_{h0})$之间的土壤水势梯度几乎接近于 0，其变化幅度非常小，即使采用水柱式负压计也很难精确测量出土壤水势梯度的变化幅度。在此带土壤含水量接近饱和或达到饱和，因此非饱和土壤导水率的数值较大，土壤水势梯度的微小变化，都会引起土壤水运移通量的较大变化。将此带称为土壤水势梯度基本不变带（微变带），如图 8.2 中 C 所示，此带内土壤水势梯度变化范围接近于 0。但是由于某些原因引起潜水面的微小动态波动。

3. 单向性土壤水势梯度缓变带

（1）单向性土壤水势梯度缓变带，位于土壤水势梯度强烈变化带与土壤水势梯度基本不变带（微变带）之间，如图 8.2 中单向性土壤水势梯度缓变带（B）所示，在单向性土壤水势梯度缓变带的上边界 $z=-z_{d\max}$ 处土壤水势梯度具有

$$\frac{\partial \psi}{\partial z} \geqslant 0$$

在上边界 $z=-z_{d\max}$ 以下的单向性土壤水势梯度缓变带内土壤水势梯度具有单向性，满足

$$\frac{\partial \psi}{\partial z} > 0$$

$$q(z) < 0$$

所以土壤水向下运移。土壤水势梯度的变化范围，如图中土壤水势梯度 $\dfrac{\partial \psi}{\partial z} > 0$ 所在的阴影部分所示。

此带的土壤水势梯度既无土壤水势梯度强烈变化带内那样变化强烈，又不至于像土壤水势梯度基本不变(微变)带内那样小的难于测量。可见此带土壤水势梯度容易实现较精确测量，而且也不必担心土壤水势梯度方向的逆向转化。

(2)单向性土壤水势梯度缓变带与潜水埋深的动态变化有着密切关系，当潜水埋深远大于潜水上渗损耗极限深度时，相应的单向性土壤水势梯度缓变带的厚度会很大。

例如石家庄潜水埋深在 15～35 m，其中大部分地区潜水埋深在 20～30 m。因此，当潜水埋深很深时，非饱和带土壤水势梯度仍为三个带，但是单向性土壤水势梯度缓变带变得很厚，许多研究工作很可能涉及不到土壤水势梯度基本不变(微变)带。

二、潜水浅埋条件下土壤水势梯度分带性特征

根据非饱和带土壤水势函数动态分段单调性与渗流动态分带单向性理论，当潜水埋深小于潜水上渗损耗极限深度时，各种非饱和带土壤水势函数类型和相应的土壤水渗流状态都可能出现，如单调递减型土壤水势函数和相应的蒸发型土壤水渗流状态、单调递增型土壤水势函数和相应的入渗型土壤水渗流状态，是潜水浅埋条件下经常出现的主要形式。因此，在潜水浅埋区，土壤水势梯度强烈变化带的下边界，就达到土壤水势梯度基本不变带(微变带)的上边界，如图 8.3 所示。显然非饱和带分为两个亚区，即土壤水势梯度强烈变化带(A)和土壤水势梯度基本不变带(微变带)(C)。

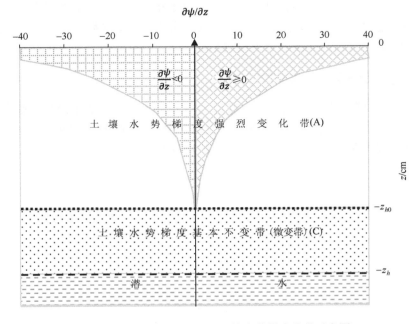

图 8.3　潜水浅埋区非饱和带土壤水势梯度分带示意图

上述分析表明，在潜水深埋条件下，非饱和带土壤水势梯度的分带性理论，对推动非饱和土壤水流达西定律和质量守恒原理实际应用、发展新的土壤水分通量法、原位的测定非饱和土壤导水率以及非饱和带深部的土壤水分运移机理等方面的研究，具有理论意义和实用价值。在潜水浅埋条件下，非饱和带土壤水势梯度的分带性理论，对土壤水盐运移机理和动态调控等方面的研究同样具有重要意义。

第九章　非饱和土壤导水率原位测定方法

　　非饱和土壤导水率是应用达西定律分析研究土壤水运移的最重要的基本参数之一。从形式上看，非饱和土壤水流达西定律和饱和土壤水流达西定律一样，但是两者有着重要区别。当土壤孔隙中全部充满水时，土壤处于完全饱和状态，因此饱和导水率的值较高，而且是一个常数值。当土壤中部分孔隙被气体充填时，非饱和土壤导水率的值低于饱和导水率的值，而且非饱和土壤导水率是土壤含水量或土壤基质势的非线性函数。

　　非饱和土壤导水率的值随土壤含水量或基质势的减小而降低，其原因是多方面的。从非饱和土壤水流达西定律可以看出，非饱和土壤导水率 $k(\theta)$ 或 $k(\psi_m)$ 实际上是单位土壤水势梯度作用下的土壤水运移通量 q(通量是相对包括土粒和孔隙在内的单位面积而言)。因此，即使在单位土壤水势梯度作用下，土壤孔隙中实际水流速度不变，随着土壤含水量的减小，土壤中的实际过水面积也减小，土壤水运移通量随之减小。从土壤含水量减小过程看出，先是从土壤较大孔隙排出水，而后土壤水在较小孔隙中流动，孔隙越小土壤水的流动受到的阻力越大，水分流速降低，非饱和土壤导水率值随之减小。另一方面，达西定律中土壤水势梯度是以两点之间的直线距离计算的，并不是土壤中水流的实际流程。随着土壤含水量的减小，土壤水流程愈加弯曲，实际的土壤水势梯度也愈小，使非饱和土壤导水率的值也愈小。

　　非饱和土壤导水率值的大小也与土壤岩性有关，一般情况下砂性土壤的饱和导水率的值要比黏性土壤的大，但是当土壤水由饱和变为非饱和时，而且当土壤吸力很高时，由于砂性土壤绝大部分孔隙中的水被排出，成为不导水孔隙，砂性土壤的非饱和土壤导水率反而比黏性土壤要低。因而非饱和土壤导水率的值随土壤含水量减小而降低的情况，在砂性土壤中比黏性土壤中更急剧。

　　另外，非饱和土壤导水率的值还与土壤结构有关，对于同一土壤含水量，非饱和土壤导水率的值随土壤干容重的增大而减小，反之亦然。

　　正是由于上述种种原因，非饱和土壤导水率的值随土壤含水量或土壤基质势的关系，直到目前还不能由土壤的基本物理特性用理论分析方法导出，仍需要通过试验测定(直接解法和间接解法)。

　　由于非饱和土壤水分运移的复杂性，不论用直接解法还是间接解法测定，非饱和土壤导水率，所用数学模型往往做过不同程度的简化处理，所求的非饱和土壤导水率 $k(\theta)$ 或 $k(\psi_m)$ 的经验公式的应用条件具有较大的局限性，通常非饱和土壤导水率的测定多采用室内或田间试验方法，尚无一定规范可循。提高非饱和土壤导水率的精确性、可靠性和实用性是发展非饱和土壤导水率测试技术的关键所在。特别是探讨非饱和土壤导水率的原位测定和原位应用方面的实验研究成为一个重要方向。对此我们通过了大量的物理模拟实验研究，本书介绍一种在潜水深埋条件下具有应用前景的非饱和土壤导水率的测定方法，它是在零通量面法(ZFP)原位测定非饱和带土壤导水率研究(荆恩春等，1994)的基础上，进一步拓展和深化。

第一节　极大值面法原位测定非饱和土壤导水率

一、基 本 原 理

一般情况下，在研究田间的土壤水运移时，可以近似看作一维垂向运移。非饱和土壤水流达西定律可简化为

$$q(z) = -k(\theta)\frac{\partial \psi}{\partial z} \tag{9.1}$$

或

$$q(z) = -k(\psi_{\mathrm{m}})\frac{\partial \psi}{\partial z} \tag{9.2}$$

由此可导出，非饱和土壤导水率 $k(\theta)$ 或 $k(\psi_{\mathrm{m}})$ 的表达式为

$$k(\theta) = -q(z)/\frac{\partial \psi}{\partial z} \tag{9.3}$$

或

$$k(\psi_{\mathrm{m}}) = -q(z)/\frac{\partial \psi}{\partial z} \tag{9.4}$$

式中，θ、ψ_{m} 和 $\frac{\partial \psi}{\partial z}$ 分别表示在 t_1 至 t_2 时段内在断面 z 处的土壤含水量、基质势和土壤水势梯度的平均值。

显而易见，只要测得 t_1 和 t_2 时刻的土壤水势函数 $\psi(z,t_1)$、$\psi(z,t_2)$ 和土壤含水量分布 $\theta(z,t_1)$、$\theta(z,t_2)$，即可确定极大值面 $z_d(t_1)$ 和 $z_d(t_2)$ 的位置及时段内土壤水储量的变化。应用极大值面方法(零通量面法，下同)即可计算出 t_1 至 t_2 时段，在待测非饱和土壤导水率 $k(\theta)$ 或 $k(\psi_{\mathrm{m}})$ 断面 z 处，单位面积通过的水量 $Q(z)$。再由下式计算出土壤水运移通量 $q(z)$

$$q(z) = Q(z)/\Delta t \tag{9.5}$$

式中，$\Delta t = t_2 - t_1$。

通过土壤剖面水势函数 $\psi(z,t_1)$、$\psi(z,t_2)$，求出 Δt 时段内在 z 处的土壤水势梯度的平均值。利用式(9.3)或式(9.4)，便可计算出非饱和土壤导水率 $k(\theta)$ 或 $k(\psi_{\mathrm{m}})$ 值。

二、原位测定非饱和土壤导水率

应用极大值面法原位测定非饱和土壤导水率时，在研究期内的一个或若干个极大值面法有效期内选取 n 个小的计算时段，采用极大值面法，计算出每个小的计算时段在待

测参断面 z 处的土壤水运移通量值 $q_i(z)$，应用式(9.3)或式(9.4)求得一系列 $k(\theta_i)$ 或 $k(\psi_{mi})$ 值 $(i=1,2,\cdots,n)$。$q_i(z)$、θ_i、ψ_{mi} 分别表示在第 i 个小时段内在断面 z 处的水分通量、平均土壤含水量和平均基质势。$k(\theta_i)$ 和 $k(\psi_{mi})$ 别是相应于 θ_i 和 ψ_{mi} 的非饱和土壤导水率的值。

上述计算结果基础上，利用 $k(\theta_i)$ 与 θ_i 或 $k(\psi_{mi})$ 与 ψ_{mi} 在散点图上的分布特征，求出 $k-\theta$ 或 $k-\psi_m$ 的相关方程。

以下用大型物理模拟实验为例，具体介绍采用极大值面通量法原位测定非饱和土壤导水率的基本过程。

1. 测参时段的选择

应用极大值面法测定非饱和土壤导水率，需要在降水入渗和蒸发过程中出现极大值面法应用有效期时才可能进行。如图 9.1～图 9.4 分别给出 6 月 27 日～7 月 31 日、8 月 11～31 日、9 月 8 日～10 月 20 日和 11 月 2～30 日等 4 个极大值面法有效期始末土壤水势分布曲线 $\psi(z,t_1)$、$\psi(z,t_2)$ 和土壤含水量分布曲线 $\theta(z,t_1)$、$\theta(z,t_2)$。

极大值面法有效期是测定非饱和土壤导水率的前提条件，选择测参时段时，必须综合考虑与测参相关的土壤水势梯度的精确测量、土壤含水量的动态变化范围、测参位置的选择等因素，如本测参试验选用了 9 月 8 日～10 月 20 日和 11 月 2～30 日两个时段(图 9.3 和图 9.4)。

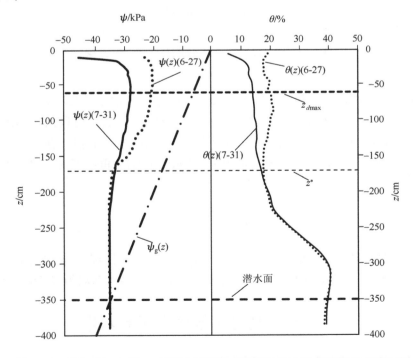

图 9.1　6 月 27 日～7 月 31 日极大值面法有效期始末土壤水势和含水量分布

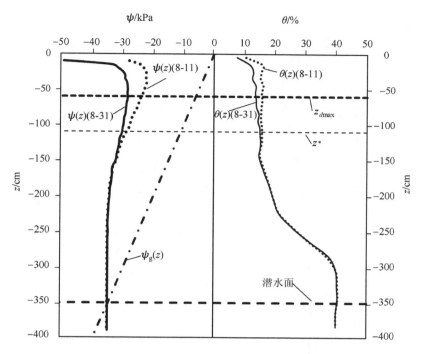

图 9.2　8 月 11～31 日极大值面法有效期始末土壤水势和含水量分布

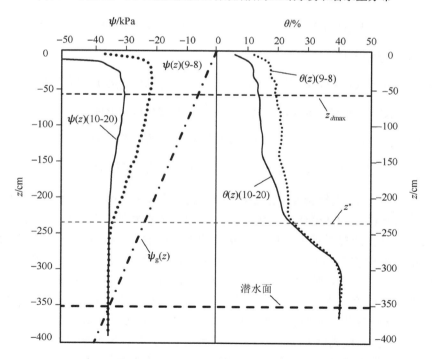

图 9.3　9 月 8 日～10 月 20 日极大值面法有效期始末土壤水势和含水量分布

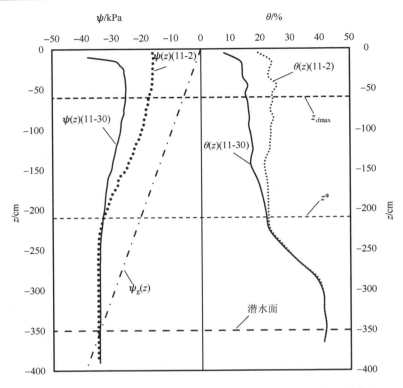

图 9.4　11 月 2～30 日极大值面法有效期始末土壤水势和含水量分布

2. 测参位置的选择

根据式 (9.3) 和式 (9.4)，测定非饱和土壤导水率 $k(\theta)$ 或 $k(\psi_m)$ 位置的选择，应当有利于精确测定土壤水分通量 $q(z)$ 和土壤水势梯度 $\dfrac{\partial \psi}{\partial z}$。通常在极大值面法有效期，应用极大值面法，测量非饱和带某一断面 z 处的土壤水分通量 $q(z)$ 是可以实现的，对断面 z 位置选择是没有限制的。但是，如果任意选择测参位置，很可能使土壤水势梯度 $\dfrac{\partial \psi}{\partial z}$ 的精确测量难度非常大或难以实现。因此，选择测参位置必须充分考虑非饱和带土壤水势梯度分带性特征。

在土壤水势梯度强烈变化带，由于降水 (灌溉) 和蒸发的交替作用，土壤水势梯度变化幅度大，而且在测参过程中土壤水势梯的方向可能发生改变，特别是接近地表处，往往因土壤含水量的急剧下降，土壤水势可能接近或超出负压计所允许的测量范围。如果测参位置选择在土壤水势梯度强烈变化带，很难保证土壤水势梯度的精确性和可靠性。

在土壤水势梯度基本不变带 (微变带)，土壤水势梯度的值接近于零，其变化幅度相当小。因潜水水位变化的影响，土壤水势梯度的方向和幅度也可能发生极其微小的变化，即使采用高精度的水柱式负压计，也很难准确测量土壤水势梯度的变化值。另外，在土壤水势梯度基本不变带 (微变带)，土壤含水量比较高，相应的非饱和土壤导水率值也变得很大，由达西定律可知，土壤水势梯度较小的变化也会引起土壤水分通量的较大变化。因此，在现有的测试技术条件下，测参位置不宜选择在土壤水势梯度基本不变带 (微变带)。

在极大值面法有效期内，单向性土壤水势梯度缓变带的土壤水势梯度

$$\frac{\partial \psi}{\partial z} > 0$$

土壤水向下运移，也为准确测定土壤水势梯度提供了有利条件。

大量实验资料表明，使用水银式负压计水势监测系统和水柱式负压计水势监测系统，在单向性土壤水势梯度缓变带内测量土壤水势梯度，在其精确性和可靠性方面可以取得良好的效果。因此，从有利于测量土壤水势梯度角度考虑，非饱和土壤导水率的测定位置选择在单向性土壤水势梯度缓变带范围内比较合适。另一方面，从被测非饱和土壤导水率 $k(\theta)$ 或 $k(\psi_m)$ 确定性和适用性考虑，在测参过程的土壤含水量 θ 和基质势 ψ_m 的动态变化范围大小，也是一个重要因素。如图9.1～图9.4中，虚线 z_{dmax} 表示极大值面法有效期内极大值面向下发育的最大深度位置。虚线 z^* 位置表示土壤含水量 θ 和基质势 ψ_m 的动态变化范围已经很小。由此可见，选择测参的深度位置范围，由整个单向性土壤水势梯度缓变带被缩小在图中虚线 z_{dmax} 与虚线 z^* 之间的区域。很明显，由图9.1～图9.4的4个极大值面法有效期可以看出，对于不同的极大值面法有效期，这一区域的大小和土壤含水量动态变化范围是不同的。图9.3和图9.4所示的极大值面法有效期最有利于测参试验，图9.1所示次之，图9.2所示并不适于测参试验。

第二节　水银式负压计资料建立非饱和土壤导水率公式

一、建立 $k(\theta)$ 公式

基于测参时段和测参位置范围的分析，在单向性土壤水势梯度缓变带内，选取5个测参位置，分别为85 cm、105 cm、125 cm、145 cm和185 cm。应用极大值面法计算各深度位置对应不同体积含水量 θ 的非饱和土壤导水率 $k(\theta)$ 值，见表9.1～表9.5。

表9.1　极大值面法在85 cm处相应不同 θ 值的 $k(\theta)$ 计算结果

[θ 单位：%；$k(\theta)$ 单位：10^{-4} cm/min]

θ	$k(\theta)$	θ	$k(\theta)$	θ	$k(\theta)$	θ	$k(\theta)$	θ	$k(\theta)$
13.19	0.3	14.96	0.14	16.66	0.5	18.3	1.38	21.39	3.16
14.16	0.26	15.45	0.24	17.04	0.69	18.6	1.09	22.2	4.49
14.53	0.23	15.62	0.28	17.31	0.64	19.23	1.66	23.3	4.25
14.71	0.18	16.55	0.49	17.79	0.76	19.25	1.73	24.56	9.75

表9.2　极大值面法在105 cm处相应不同 θ 值的 $k(\theta)$ 计算结果

[θ 单位：%；$k(\theta)$ 单位：10^{-4} cm/min]

θ	$k(\theta)$	θ	$k(\theta)$	θ	$k(\theta)$	θ	$k(\theta)$	θ	$k(\theta)$
14.79	0.54	15.93	0.51	17.42	1.27	18.89	2.08	21.82	6.76
15.21	0.49	16.1	0.66	17.69	1.09	19.42	2.53	22.29	5.87
15.38	0.45	17.03	0.95	18.13	1.19	19.49	2.88	23.36	10.94
15.54	0.36	17.09	0.93	18.49	2.13	21.06	3.94		

表 9.3　极大值面法在 125 cm 处相应不同 θ 值的 $k(\theta)$ 计算结果

[θ 单位：%；$k(\theta)$ 单位：10^{-4} cm/min]

θ	$k(\theta)$	θ	$k(\theta)$	θ	$k(\theta)$	θ	$k(\theta)$	θ	$k(\theta)$
15.51	1.02	16.5	0.9	17.71	1.81	18.93	3.11	19.65	2.54
15.74	0.69	16.53	1.02	18.17	1.36	19.13	2.08	20.96	4.57
15.77	0.49	17.08	1.43	18.52	1.69	19.47	4.06	21.58	5.82
15.87	0.52	17.67	1.25						

表 9.4　极大值面法在 145 cm 处相应不同 θ 值的 $k(\theta)$ 计算结果

[θ 单位：%；$k(\theta)$ 单位：10^{-4} cm/min]

θ	$k(\theta)$	θ	$k(\theta)$	θ	$k(\theta)$	θ	$k(\theta)$	θ	$k(\theta)$
15.27	0.89	16.31	0.98	17.45	1.78	18.55	2.64	19.09	5.67
15.64	0.73	16.49	1.43	17.47	2.18	18.59	4.33	19.66	4.29
15.82	0.65	16.99	1.94	17.89	1.71	18.82	3.55	20.33	6.38
15.83	0.61	17.19	1.6						

表 9.5　极大值面法在 185 cm 处相应不同 θ 值的 $k(\theta)$ 计算结果

[θ 单位：%；$k(\theta)$ 单位：10^{-4} cm/min]

θ	$k(\theta)$	θ	$k(\theta)$	θ	$k(\theta)$	θ	$k(\theta)$	θ	$k(\theta)$
17.03	4.42	17.75	2.97	19.3	4.13	19.91	6.38	21.2	11.92
17.59	5.27	18.32	3.21	19.43	9.91	20.39	6.64	21.68	13.44
17.73	8	18.42	3.57	19.66	6.04	20.75	11.87		

图 9.5～图 9.9 分别为 85 cm、105 cm、125 cm、145 cm 和 185 cm 等深度处土壤含水量 θ 与非饱和土壤导水率 $k(\theta)$ 的散点图及 k–θ 关系曲线。图 9.10 为综合 85～185 cm 各深度处土壤含水量 θ 与非饱和土壤导水率 $k(\theta)$ 的散点图及 k–θ 关系曲线。各图中实线为非饱和土壤导水率乘幂函数模式的 k–θ 关系曲线，虚线为指数函数模式的 k–θ 关系曲线。

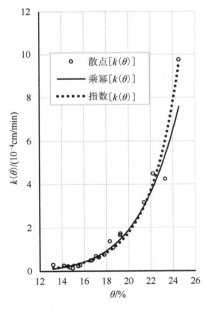

图 9.5　85 cm 处 k–θ 关系曲线

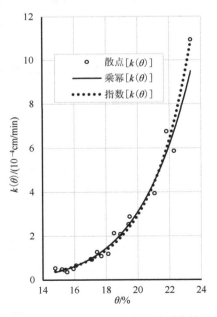

图 9.6　105 cm 处 k–θ 关系曲线

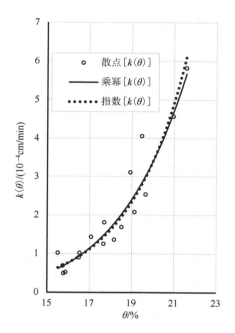

图 9.7　125 cm 处 k–θ 关系曲线

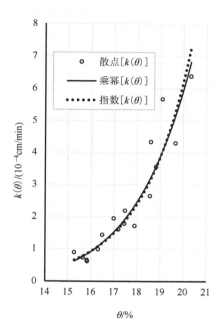

图 9.8　145 cm 处 k–θ 关系曲线

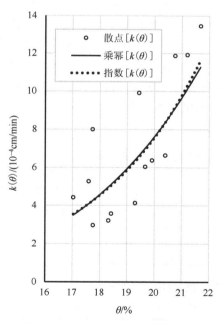

图 9.9　185 cm 处 k–θ 关系曲线

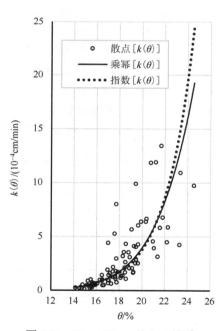

图 9.10　85～185 cm 处 k–θ 关系

在 85 cm、105 cm、125 cm、145 cm 和 185 cm 等深度处和 85～185 cm 深度范围内建立的两种模式 $[k(\theta)=a\theta^{b}$ 模式和 $k(\theta)=a\mathrm{e}^{b\theta}$ 模式]的非饱和土壤导水率 $k(\theta)$ 公式列于表 9.6，表中 R^{2} 为判定系数(或称确定系数)。

表 9.6　极大值面法应用水银式负压计资料建立不同深度处 $k(\theta)$ 公式

深度/cm	点数 (n)	$\Delta\theta$ /%	$k(\theta)=a\theta^b$ 模式	R^2	$k(\theta)=ae^{b\theta}$ 模式	R^2
85	20	11.37	$k(\theta)=4\times10^{-9}\theta^{6.7098}$	0.9263	$k(\theta)=0.0011e^{0.3685\theta}$	0.9368
105	18	8.57	$k(\theta)=1\times10^{-9}\theta^{7.2088}$	0.9683	$k(\theta)=0.0013e^{0.3881\theta}$	0.9705
125	17	6.07	$k(\theta)=6\times10^{-9}\theta^{6.744}$	0.8876	$k(\theta)=0.002e^{0.3718\theta}$	0.8877
145	17	5.06	$k(\theta)=8\times10^{-11}\theta^{8.3709}$	0.9116	$k(\theta)=0.0005e^{0.4758\theta}$	0.9097
185	15	4.65	$k(\theta)=4\times10^{-6}\theta^{4.8617}$	0.5313	$k(\theta)=0.0452e^{0.256\theta}$	0.5458
85~185	115	11.37	$k(\theta)=5\times10^{-10}\theta^{7.5849}$	0.7553	$k(\theta)=0.0011e^{0.409\theta}$	0.7344

二、建立 $k(\psi_m)$ 公式

普遍认为，非饱和土壤导水率 k 与 θ 的关系受滞后作用影响小，k 与基质势 ψ_m 的关系受滞后作用影响相对要大一些。从非饱和土壤导水率的实际应用考虑，通常土壤剖面含水量分布 $\theta(z,t)$ 的观测时间间距比较密时，在土壤水运移通量计算中，非饱和土壤导水率使用 $k(\theta)$ 公式比较好。但是中子水分仪观测工作比负压计的观测耗费时间长得多，往往负压计的观测时间间隔比中子水分仪用时要短，资料比较丰富，如果使用 $k(\psi_m)$ 公式，也能取得较好的效果，那么使用 $k(\psi_m)$ 公式比 $k(\theta)$ 公式会更方便。

在上述两个极大值面法（零通量面法）有效期，应用极大值面法计算出 85 cm、105 cm、125 cm、145 cm 和 185 cm 等位置处不同时段的土壤水分通量，利用水银式负压计观测资料，求得在各深度处不同时段土壤基质势 ψ_m 的平均值和土壤水势梯度的平均值。由式 (9.4) 即可计算出相应的非饱和土壤导水率 $k(\psi_m)$ 的值，见表 9.7～表 9.11。图 9.11～图 9.16 分别为 85 cm、105 cm、125 cm、145 cm、185 cm 等深度处和综合 85～185 cm 各深度处土壤基质势 ψ_m 与非饱和土壤导水率 $k(\psi_m)$ 的散点图及 k-ψ_m 关系曲线。建立相应的 $k(\psi_m)=ae^{b\psi_m}$ 模式的计算公式列于表 9.12。

表 9.7　极大值面法在 85 cm 处相应不同 ψ_m 值的 $k(\psi_m)$ 计算结果

[ψ_m 单位：kPa；$k(\psi_m)$ 单位：10^{-4} cm/min]

ψ_m	$k(\psi_m)$	ψ_m	$k(\psi_m)$	ψ_m	$k(\psi_m)$	ψ_m	$k(\psi_m)$	ψ_m	$k(\psi_m)$
−21.58	0.3	−19.85	0.14	−17.66	0.5	−16.39	1.38	−13.4	3.16
−21.21	0.26	−19.35	0.24	−17.55	0.69	−15.69	1.09	−12.92	4.25
−20.65	0.23	−18.92	0.28	−17.11	0.64	−15.52	1.66	−12.48	4.49
−20.22	0.18	−18.05	0.49	−16.61	0.76	−15.13	1.73	−11.76	9.75

表 9.8　极大值面法在 105 cm 处相应不同 ψ_m 值的 $k(\psi_m)$ 计算结果

[ψ_m 单位：kPa；$k(\psi_m)$ 单位：10^{-4} cm/min]

ψ_m	$k(\psi_m)$	ψ_m	$k(\psi_m)$	ψ_m	$k(\psi_m)$	ψ_m	$k(\psi_m)$	ψ_m	$k(\psi_m)$
−19.81	0.54	−18.13	0.51	−16.52	1.27	−14.84	2.08	−12.38	5.87
−19.37	0.49	−17.82	0.66	−16.2	1.09	−14.55	2.53	−11.75	6.76
−19.06	0.45	−17.01	0.95	−5.83	1.19	−14.34	2.88	−11.22	10.94
−18.63	0.36	−16.69	0.93	−15.36	2.13	−12.74	3.94		

表 9.9　极大值面法在 125 cm 处相应不同 ψ_m 值的 $k(\psi_m)$ 计算结果

[ψ_m 单位：kPa；　$k(\psi_m)$ 单位：10^{-4} cm/min]

ψ_m	$k(\psi_m)$	ψ_m	$k(\psi_m)$	ψ_m	$k(\psi_m)$	ψ_m	$k(\psi_m)$	ψ_m	$k(\psi_m)$
−19.14	1.02	−17.66	0.9	−15.96	1.81	−14.63	3.11	−13.82	4.06
−18.74	0.69	−17.16	1.02	−15.66	1.36	−14.3	2.08	−12.6	4.57
−18.24	0.49	−16.35	1.43	−15.25	1.69	−13.83	2.54	−11.64	5.82
−18.3	0.52	−16.12	1.25						

表 9.10　极大值面法在 145 cm 处相应不同 ψ_m 值的 $k(\psi_m)$ 计算结果

[ψ_m 单位：kPa；　$k(\psi_m)$ 单位：10^{-4} cm/min]

ψ_m	$k(\psi_m)$	ψ_m	$k(\psi_m)$	ψ_m	$k(\psi_m)$	ψ_m	$k(\psi_m)$	ψ_m	$k(\psi_m)$
−17.98	0.89	−16.59	0.98	−15.07	2.18	−13.69	4.33	−12.94	5.67
−17.61	0.73	−16.22	1.43	−14.9	1.78	−13.6	2.64	−12.37	4.29
−17.24	0.65	−15.47	1.94	−14.5	1.71	−13.17	3.55	−11.47	6.38
−16.99	0.61	−15.33	1.6						

表 9.11　极大值面法在 185 cm 处相应不同 ψ_m 值的 $k(\psi_m)$ 计算结果

[ψ_m 单位：kPa；　$k(\psi_m)$ 单位：10^{-4} cm/min]

ψ_m	$k(\psi_m)$	ψ_m	$k(\psi_m)$	ψ_m	$k(\psi_m)$	ψ_m	$k(\psi_m)$	ψ_m	$k(\psi_m)$
−15.55	4.05	−14.92	2.62	−13.9	3.06	−12.74	3.65	−12.06	6.81
−15.36	2.83	−14.8	1.94	−13.63	3.92	−12.71	5.63	−11.93	4.68
−15.05	1.99	−13.91	2.98	−13.39	2.96	−12.46	5.61		

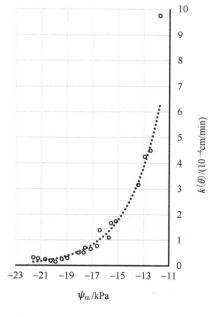

图 9.11　85 cm 处 $k - \psi_m$ 关系曲线

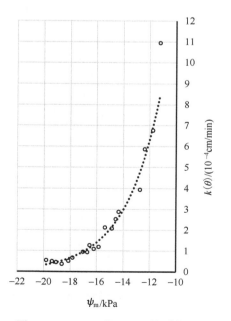

图 9.12　105 cm 处 $k - \psi_m$ 关系曲线

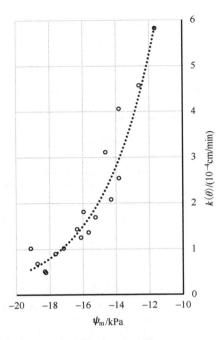

图 9.13　125 cm 处 $k-\psi_{m}$ 关系曲线

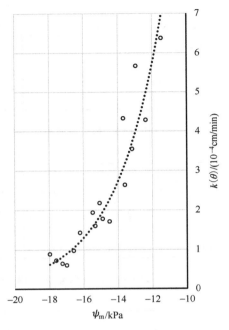

图 9.14　145 cm 处 $k-\psi_{m}$ 关系曲线

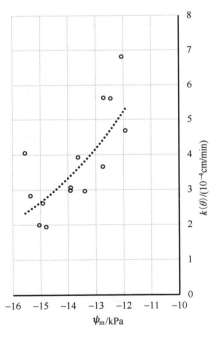

图 9.15　185 cm 处 $k-\psi_{m}$ 关系曲线

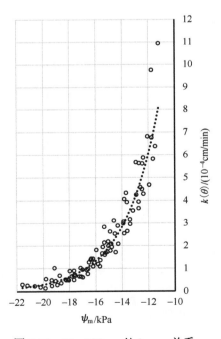

图 9.16　85～185 cm 处 $k-\psi_{m}$ 关系

表 9.12　极大值面法(零通量面法)应用水银式负压计资料建立不同深度处 $k(\psi_\mathrm{m})$ 公式

深度/cm	点数(n)	$\Delta\psi_\mathrm{m}$/kPa	$k(\psi_\mathrm{m}) = ae^{b\psi_\mathrm{m}}$ 模式	R^2
85	20	9.8	$k(\psi_\mathrm{m}) = 619.13e^{0.3907\psi_\mathrm{m}}$	0.9244
105	19	8.59	$k(\psi_\mathrm{m}) = 578.49e^{0.3765\psi_\mathrm{m}}$	0.9557
125	17	7.5	$k(\psi_\mathrm{m}) = 225.34e^{0.3134\psi_\mathrm{m}}$	0.8811
145	17	6.5	$k(\psi_\mathrm{m}) = 482.97e^{0.3696\psi_\mathrm{m}}$	0.9080
185	14	3.62	$k(\psi_\mathrm{m}) = 79.857e^{0.2271\psi_\mathrm{m}}$	0.5522
85~185	86	10.36	$k(\psi_\mathrm{m}) = 553.79e^{0.3764\psi_\mathrm{m}}$	0.9264

第三节　水柱式负压计资料建立 $k(\theta)$ 公式

由于水柱式负压计的测量精度明显高于水银式负压计，选用水柱式负压计有利于提高土壤水势梯度和基质势计算精度。

根据物理模拟实验系统的单向性土壤水势梯度缓变带的实际情况，选取了 9 个测参深度位置，分别为 85 cm、105 cm、125 cm、145 cm、165 cm、185 cm、205 cm、225 cm 和 265 cm。应用极大值面法，计算各测参深度位置对应不同土壤含水量 θ 的非饱和土壤导水率 $k(\theta)$ 值，见表 9.13~表 9.21。

图 9.17~图 9.24 分别为 85 cm、105 cm、125 cm、145 cm、165 cm、185 cm、205 cm、225 cm 等深度处土壤含水量 θ 与非饱和土壤导水率 $k(\theta)$ 的散点图及其 k-θ 关系曲线。各图中实线为乘幂函数模式的 k-θ 关系曲线，虚线为指数函数模式的 k-θ 关系曲线。

在 85 cm、105 cm、125 cm、145 cm、165 cm、185 cm、205 cm、225 cm 等深度处建立的两种模式[$k(\theta) = a\theta^b$ 模式和 $k(\theta) = ae^{b\theta}$ 模式]的非饱和土壤导水率 $k(\theta)$ 公式列于表 9.22。

表 9.13　极大值面法在 85 cm 处相应不同 θ 值的 $k(\theta)$ 计算结果

[θ单位: %; $k(\theta)$单位: 10^{-4} cm/min]

θ	$k(\theta)$	θ	$k(\theta)$	θ	$k(\theta)$	θ	$k(\theta)$	θ	$k(\theta)$
13.19	0.56	14.96	0.29	16.66	0.76	18.3	1.72	21.39	3.72
14.16	0.5	15.45	0.45	17.04	1.23	18.6	1.4	22.2	5.21
14.53	0.45	15.62	0.5	17.31	0.91	19.23	2.31	23.3	5.27
14.71	0.35	16.55	0.94	17.79	0.99	19.25	2.03	24.56	8.47

表 9.14　极大值面法在 105 cm 处相应不同 θ 值的 $k(\theta)$ 计算结果

[θ单位: %; $k(\theta)$单位: 10^{-4} cm/min]

θ	$k(\theta)$	θ	$k(\theta)$	θ	$k(\theta)$	θ	$k(\theta)$	θ	$k(\theta)$
14.64	0.8	15.54	0.48	17.09	1.06	18.49	2.2	21.06	4.02
14.79	0.64	15.93	0.6	17.42	1.59	18.89	1.88	21.82	5.64
15.21	0.5	16.1	0.77	17.69	1.23	19.42	2.88	22.29	4.02
15.38	0.46	17.03	1.22	18.13	1.34	19.49	2.59	23.36	6.27

表 9.15　极大值面法在 125 cm 处相应不同 θ 值的 $k(\theta)$ 计算结果

[θ 单位：%；$k(\theta)$ 单位：10^{-4} cm/min]

θ	$k(\theta)$	θ	$k(\theta)$	θ	$k(\theta)$	θ	$k(\theta)$	θ	$k(\theta)$
15.41	1.03	15.87	0.48	17.67	1.09	18.93	2.48	20.75	2.22
15.51	0.82	16.5	0.82	17.71	1.81	19.13	1.83	20.96	3.83
15.74	0.61	16.53	1.1	18.17	1.27	19.47	3.13	21.58	5.1
15.77	0.52	17.08	1.5	18.52	1.41	19.65	2.41	21.97	3.33

表 9.16　极大值面法在 145 cm 处相应不同 θ 值的 $k(\theta)$ 计算结果

[θ 单位：%；$k(\theta)$ 单位：10^{-4} cm/min]

θ	$k(\theta)$	θ	$k(\theta)$	θ	$k(\theta)$	θ	$k(\theta)$	θ	$k(\theta)$
15.27	0.8	16.31	0.81	17.45	1.39	18.55	1.89	19.09	3.03
15.64	0.62	16.49	1.11	17.47	1.76	18.59	2.4	19.66	3.7
15.82	0.52	16.99	1.45	17.89	1.44	18.82	2.5	20.33	4.87
15.83	0.46	17.19	1.28						

表 9.17　极大值面法在 165 cm 处相应不同 θ 值的 $k(\theta)$ 计算结果

[θ 单位：%；$k(\theta)$ 单位：10^{-4} cm/min]

θ	$k(\theta)$	θ	$k(\theta)$	θ	$k(\theta)$	θ	$k(\theta)$	θ	$k(\theta)$
17.03	1.03	17.75	0.87	19.3	1.68	19.91	1.72	20.81	3.69
17.59	1.18	18.32	0.9	19.43	2.02	20.39	2.25	21.2	3.5
17.73	1.24	18.42	0.93	19.66	1.74	20.75	2.86	21.68	4.55

表 9.18　极大值面法在 185 cm 处相应不同 θ 值的 $k(\theta)$ 计算结果

[θ 单位：%；$k(\theta)$ 单位：10^{-4} cm/min]

θ	$k(\theta)$	θ	$k(\theta)$	θ	$k(\theta)$	θ	$k(\theta)$	θ	$k(\theta)$
19.32	1.95	19.71	1.84	20.78	2.57	21.11	2.16	21.95	3.48
19.49	1.19	19.75	0.98	20.79	2.16	21.83	2.75	22.16	4.52
19.66	1.21	19.91	1.43	20.91	2.2	21.83	4.12	22.54	5.08

表 9.19　极大值面法在 205 cm 处相应不同 θ 值的 $k(\theta)$ 计算结果

[θ 单位：%；$k(\theta)$ 单位：10^{-4} cm/min]

θ	$k(\theta)$	θ	$k(\theta)$	θ	$k(\theta)$	θ	$k(\theta)$	θ	$k(\theta)$
20.95	2.4	21.19	0.96	21.85	2.65	22.36	4.29	22.36	4.29
20.97	2.14	21.24	1.51	21.97	2.51	22.42	4.52	22.42	4.52
21.02	1.46	21.4	3.01	22.08	2.35	22.55	2.92	22.55	2.92
21.06	2.4								

表 9.20　极大值面法在 225 cm 处相应不同 θ 值的 $k(\theta)$ 计算结果

[θ 单位：%；$k(\theta)$ 单位：10^{-4} cm/min]

θ	$k(\theta)$	θ	$k(\theta)$	θ	$k(\theta)$	θ	$k(\theta)$	θ	$k(\theta)$
21.98	3.2	22.34	2.56	22.51	4.92	23.02	7.09	23.27	4.35
22.08	2.9	22.34	4.42	22.81	4.15	23.04	3.76	23.36	7.76
22.24	1.71	22.35	3.93	22.93	4.01	23.13	6.93	23.4	5.54

表9.21　极大值面法在265 cm处相应不同θ值的k(θ)计算结果

[θ单位：%；k(θ)单位：10^{-4} cm/min]

θ	$k(\theta)$	θ	$k(\theta)$	θ	$k(\theta)$	θ	$k(\theta)$	θ	$k(\theta)$
32.08	66.12	32.4	20.22	32.52	18.77	32.71	42.36	32.85	20.05
32.23	32.07	32.45	29.43	32.55	27.56	32.72	16.84	33.03	22.82
32.3	41.79	32.47	6.46	32.57	23.64	32.75	17.49	33.35	20.24
32.38	30.98	32.5	10.37	32.67	15.35	32.84	39.86	33.5	19.48

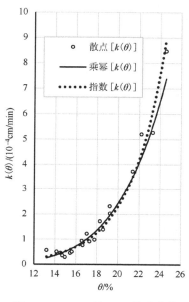

图9.17　85 cm处 $k-\theta$ 关系曲线

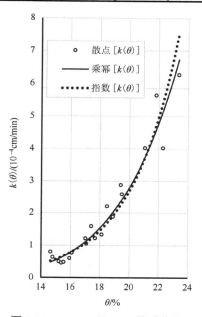

图9.18　105 cm处 $k-\theta$ 关系曲线

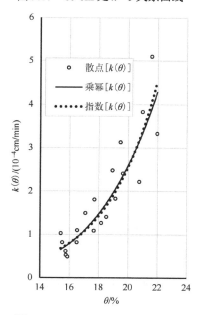

图9.19　125 cm处 $k-\theta$ 关系曲线

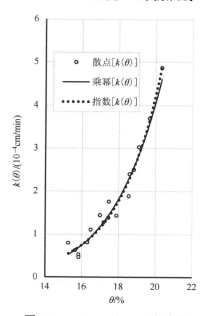

图9.20　145 cm处 $k-\theta$ 关系曲线

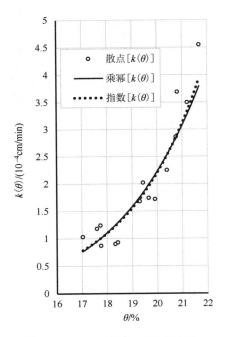

图 9.21　165 cm 处 k-θ 关系曲线

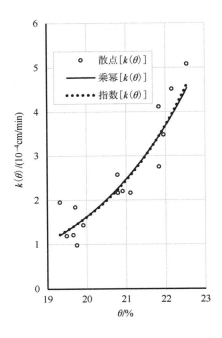

图 9.22　185 cm 处 k-θ 关系曲线

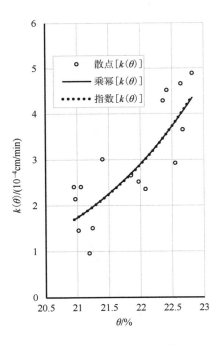

图 9.23　205 cm 处 k-θ 关系曲线

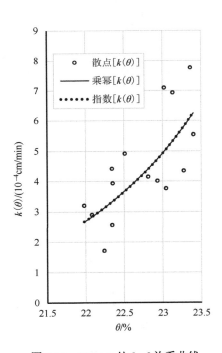

图 9.24　225 cm 处 k-θ 关系曲线

表 9.22 极大值面法（零通量面法）应用水柱式负压计资料建立不同深度处 $k(\theta)$ 拟合公式

深度/cm	点数(n)	$\Delta\theta$/%	$k(\theta)$拟合公式模式			
			$k(\theta)=a\theta^b$ 模式	R^2	$k(\theta)=ae^{b\theta}$ 模式	R^2
85	20	11.37	$k(\theta)=2\times10^{-7}\theta^{5.4295}$	0.9155	$k(\theta)=0.0058e^{0.2988\theta}$	0.9294
105	20	8.72	$k(\theta)=1\times10^{-7}\theta^{5.6789}$	0.9284	$k(\theta)=0.0057e^{0.3075\theta}$	0.9251
125	20	6.56	$k(\theta)=3\times10^{-7}\theta^{5.3301}$	0.8361	$k(\theta)=0.0077e^{0.2904\theta}$	0.8325
145	17	5.06	$k(\theta)=5\times10^{-10}\theta^{7.6148}$	0.9171	$k(\theta)=0.0007e^{0.4337\theta}$	0.9187
165	15	4.65	$k(\theta)=5\times10^{-9}\theta^{6.629}$	0.855	$k(\theta)=0.0021e^{0.347\theta}$	0.8688
185	115	3.22	$k(\theta)=1\times10^{-11}\theta^{8.5994}$	0.8114	$k(\theta)=0.0004e^{0.4144\theta}$	0.8167
205	16	1.87	$k(\theta)=4\times10^{-15}\theta^{11.052}$	0.5974	$k(\theta)=4E{-}05e^{0.5074\theta}$	0.5996
225	15	1.42	$k(\theta)=1\times10^{-18}\theta^{13.619}$	0.510	$k(\theta)=5E{-}06e^{0.5999\theta}$	0.51
85～265	149	20.16	$k(\theta)=2\times10^{-6}\theta^{4.5841}$	0.887	$k(\theta)=0.0352e^{0.2023\theta}$	0.8536

第四节 非饱和土壤导水率应用效果检验

在理论上，极大值面法的理论基础是达西定律和质量守恒原理。应用极大值面法测定非饱和土壤导水率 $k(\theta)$ 或 $k(\psi_m)$ 的过程中，不破坏土壤结构，不会扰动地面条件，土壤水的运移保持正常状态。因此，极大值面法测定的非饱和土壤导水率 $k(\theta)$ 或 $k(\psi_m)$ 应能反映土壤水运移的实际渗透能力，它的精确性和可靠性也应当得到良好的保证。但是在实际应用极大值面法原位测定非饱和土壤导水率的过程中，测量土壤剖面含水量分布 $\theta(z,t)$ 和土壤水势函数 $\psi(z,t)$ 时，有随机误差、观测误差等多种因素的存在，直接影响非饱和土壤导水率 $k(\theta)$ 或 $k(\psi_m)$ 拟合模型的建立，而且这些拟合模型都为非线性模型。因此，极大值面法原位测定的非饱和土壤导水率 $k(\theta)$ 或 $k(\psi_m)$ 的精确性、可靠性和适用性能达到何种程度，非常有必要进行检验研究。

由于在田间或试验现场无法获得实际土壤水运移通量的资料，开展此项检验研究工作很难实现。而应用大型物理模拟实验方法，为极大值面法测定非饱和土壤导水率和检验研究提供了有利条件。在非饱和土壤导水率的测定和检验研究中，用极大值面法所测定的非饱和土壤导水率 $k(\theta)$ 或 $k(\psi_m)$，通过定位通量法或纠偏通量法，计算潜水入渗补给累积量，并与大型物理模拟实验系统的实测潜水入渗补给累积量进行对照，可以定量分析研究极大值面法原位测定和原位应用非饱和土壤导水率的效果。

实际上，非饱和土壤导水率的测定效果，在第七章关于土壤水运移通量计算效果分析中已经有所体现。本章仅侧重于对所测非饱和土壤导水率的 $k(\theta)$ 乘幂函数模式、$k(\theta)$

指数函数模式和 $k(\psi_m)$ 指数函数模式，在不同定位边界原位应用计算土壤水运移通量的效果对照分析。

一、$k(\theta)$ 乘幂函数拟合公式的应用检验

(1) 选用水银式负压计土壤水势资料，求得非饱和带各定位边界处非饱和土壤导水率乘幂函数公式 $[k(\theta) = a\theta^b]$。

(2) 选用水银式负压计土壤水势资料计算定位边界处在计算时段内的土壤水势梯度值。

(3) 实测计算时段的潜水入渗补给累积量。

图 9.25～图 9.28 分别表示定位边界为 85 cm、105 cm、125 cm 和 145 cm 时，在所选计算时段的潜水入渗补给累积量的计算值、实测值的对照和相对误差的分布情况。

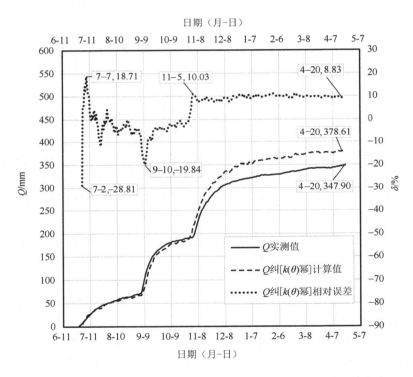

图 9.25　潜水入渗补给累积量 Q 的计算值、实测值及相对误差(一)

定位边界为 85 cm，$k(\theta)$ 为乘幂函数模式

图例中，Q 实测值表示潜水入渗补给累积量的测量值，Q 纠[$k(\theta)$ 幂]计算值表示用纠偏通量法在计算潜水入渗补给累积量时，使用了 $k(\theta)$ 乘幂函数拟合公式，Q 纠[$k(\theta)$ 幂]相对误差表示纠偏通量法计算的相对误差。计算时段总的实测值、计算值和相对误差的分布情况如图中数据标签所示。

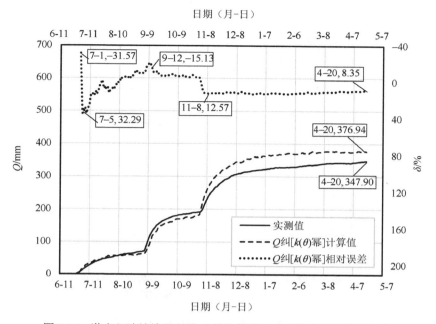

图 9.26　潜水入渗补给累积量 Q 的计算值、实测值及相对误差（二）

定位边界为 105 cm，$k(\theta)$ 为乘幂函数模式

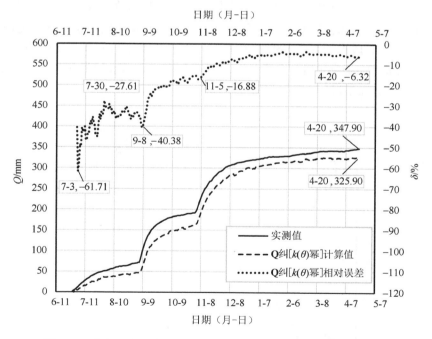

图 9.27　潜水入渗补给累积量 Q 的计算值、实测值及相对误差（三）

定位边界为 125 cm，$k(\theta)$ 为乘幂函数模式

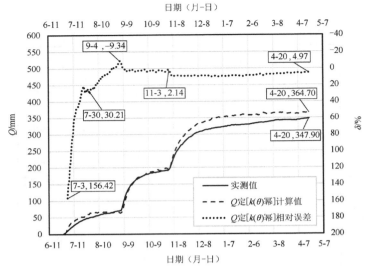

图 9.28　潜水入渗补给累积量 Q 的计算值、实测值及相对误差(四)
定位边界为 145 cm，$k(\theta)$ 为乘幂函数模式

二、$k(\theta)$ 指数函数拟合公式检验

(1)选用水银式负压计资料求得的各定位边界处指数函数公式 $[\,k(\theta) = ae^{b\theta}\,]$。

(2)选用水银式负压计资料计算定位边界处在计算时段内的土壤水势梯度值。

(3)实测计算时段潜水入渗补给累积量。图 9.29～图 9.32 分别表示定位边界为 85 cm、105 cm、125 cm 和 145 cm 时，在所选计算时段的潜水入渗补给累积量的计算值、实测值和相对误差的分布情况。

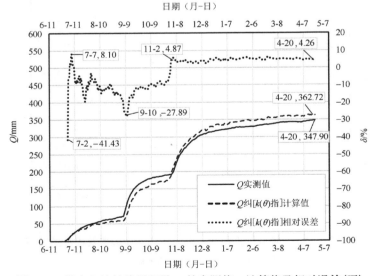

图 9.29　潜水入渗补给累积量 Q 的实测值、计算值及相对误差(五)
定位边界为 85 cm，$k(\theta)$ 为指数模式

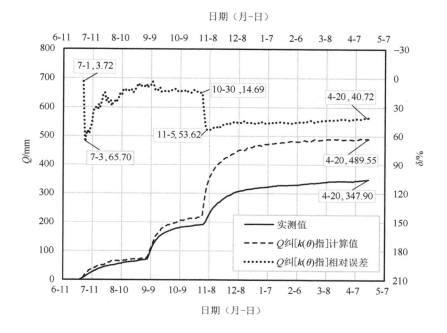

图 9.30　潜水入渗补给累积量 Q 的计算值、实测值及相对误差(六)

定位边界为 105 cm，$k(\theta)$ 为指数模式

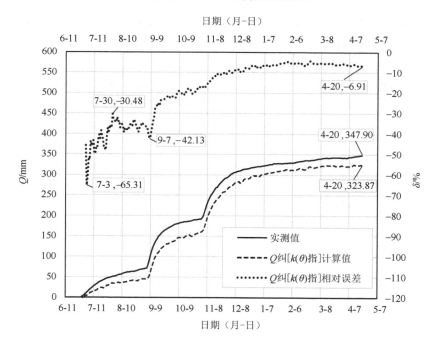

图 9.31　潜水入渗补给累积量 Q 的计算值、实测值及相对误差(七)

定位边界为 125 cm，$k(\theta)$ 为指数模式

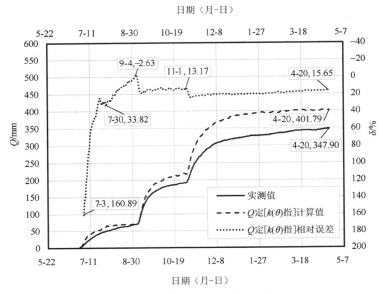

图 9.32　潜水入渗补给累积量 Q 的计算值、实测值及相对误差（八）
定位边界为 145 cm，$k(\theta)$ 为指数模式

三、$k(\psi_m)$ 指数函数拟合公式检验

(1)选用水银式负压计资料求得的各定位边界处指数函数公式 $k(\psi_m) = ae^{b\psi_m}$。

(2)选用水银式负压计资料计算定位边界处在计算时段内的土壤水势梯度值。

(3)实测计算时段潜水入渗补给累积量。

图 9.33～图 9.36 分别表示定位边界为 85 cm、105 cm、125 cm 和 145 cm 时，在所选计算时段的潜水入渗补给累积量的计算值、实测值和相对误差的分布情况。

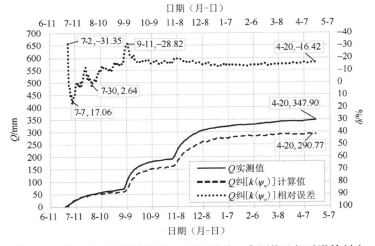

图 9.33　潜水入渗补给累积量 Q 的计算值、实测值及相对误差（九）
定位边界为 85 cm 处，参数 $k(\psi_m)$ 为指数模式

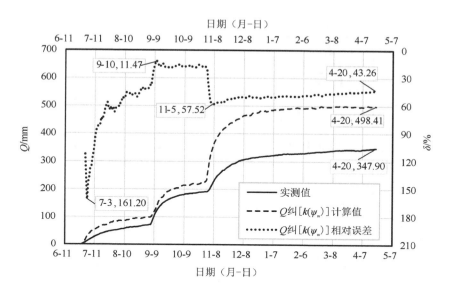

图9.34　潜水入渗补给累积量 Q 的计算值、实测值及相对误差（十）

定位边界为 105 cm，$k(\psi_m)$ 为指数模式

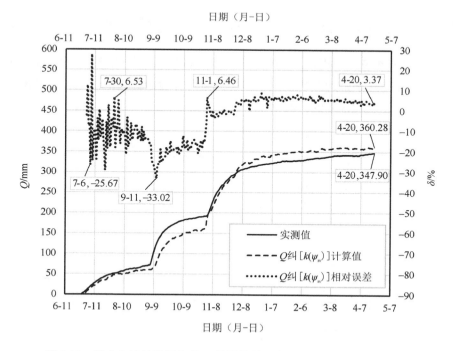

图9.35　潜水入渗补给累积量 Q 的计算值、实测值及相对误差（十一）

定位边界为 125 cm，$k(\psi_m)$ 为指数模式

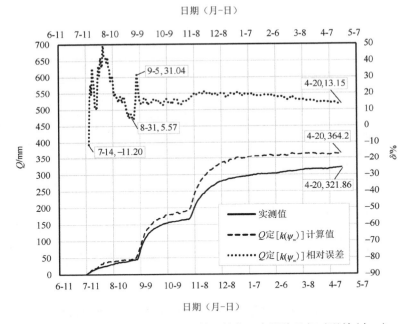

图 9.36　潜水入渗补给累积量 Q 的计算值、实测值及相对误差（十二）
定位边界为 145 cm，$k(\psi_m)$ 为指数模式

四、水柱式和水银式负压计 $k(\theta)$ 乘幂函数拟合公式比较检验

（1）图 9.37 和图 9.38 分别为水柱式负压计和水银式负压计资料建立的 $k(\theta)$ 乘幂函数拟合公式，在 85 cm 定位边界处，用于纠偏通量法计算时段内的潜水入渗补给累积量的计算值、实测值和相对误差的分布情况。

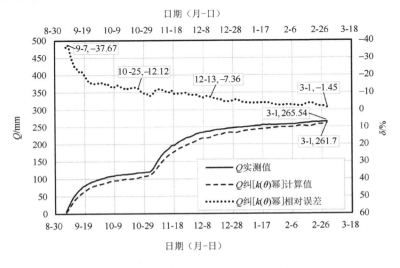

图 9.37　潜水入渗补给累积量 Q 的计算值、实测值及相对误差（十三）
定位边界为 85 cm，$k(\theta)$ 为乘幂函数模式

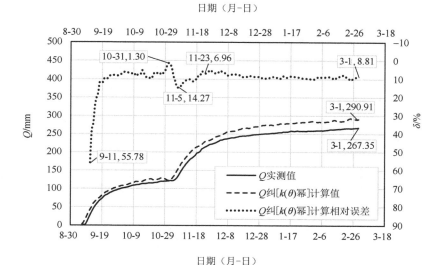

图 9.38 潜水入渗补给累积量 Q 的计算值、实测值及相对误差（十四）

定位边界为 85 cm，$k(\theta)$ 为乘幂函数模式

（2）图 9.39 和图 9.40 分别为水柱式负压计和水银式负压计资料建立的 $k(\theta)$ 乘幂函数拟合公式，在 105 cm 定位边界处，用于纠偏通量法计算时段内的潜水入渗补给累积量的计算值，实测值和相对误差的分布情况。

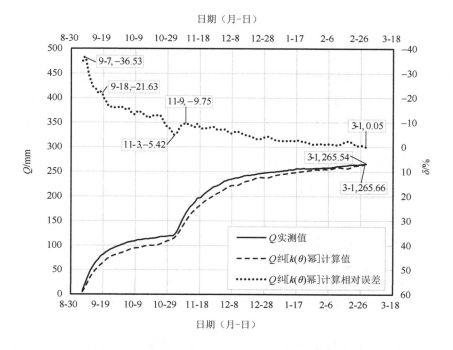

图 9.39 潜水入渗补给累积量 Q 的计算值、实测值及相对误差（十五）

定位边界为 105 cm，$k(\theta)$ 为乘幂函数模式

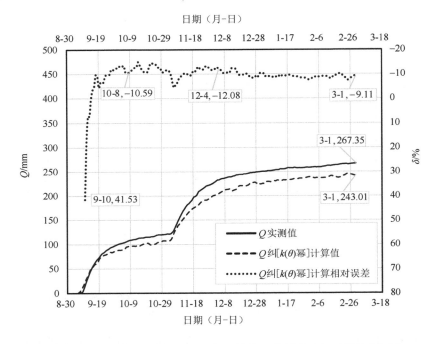

图 9.40　潜水入渗补给累积量 Q 的计算值、实测值及相对误差（十六）

定位边界为 105 cm，$k(\theta)$ 为乘幂函数模式

五、检验结果分析

通过在 85 cm、105 cm、125 cm 和 145 cm 等 4 个深度处，使用水银负压计资料所建立的 3 种模式非饱和土壤导水率的拟合公式[即：$k(\theta) = a\theta^b$，$k(\theta) = ae^{b\theta}$，$k(\psi_m) = ae^{b\psi_m}$]，应用定位通量法或纠偏通量法，计算潜水入渗补给累积量，获得不同程度的计算精确性和可靠性的计算结果。结果表明，极大值面法是一种具有原位测定和应用非饱和土壤导水率的有效方法；但是在土壤水运移通量计算中，选用不同模式的非饱和土壤导水率的拟合公式，其计算效果也有一定程度的差别。

1. $k(\theta)$ 乘幂函数拟合公式检验结果分析

以 85 cm、105 cm、125 cm 和 145 cm 等 4 个深度分别为定位边界，在同一计算时段，将 $k(\theta) = a\theta^b$ 乘幂函数拟合公式应用于定位通量法或纠偏通量法，计算潜水入渗补给累积量。潜水入渗补给累积量的计算值与实测值及相对误差，分别如图 9.25、图 9.26、图 9.27 和图 9.28 所示。在全计算时段计算结果的相对误差分别为 8.83%、8.35%、-6.32% 和 4.97%。结果表明，上述各深度所测 $k(\theta) = a\theta^b$ 拟合公式的非饱和土壤导水率，在土壤水运移通量计算中都具有较高的计算精度。若将以上 4 个计算潜水入渗补给累积量的平均值与潜水入渗补给累积量实测值对照，能更好地反映极大值面法所测 $k(\theta) = a\theta^b$ 拟合公式应用的整体性能。如图 9.41 所示，全计算时段潜水入渗补给累积量计算值的相对误差为 3.52%，而且从潜水入渗补给累积量计算值的相对误差过程线可以看出，在全计算时段内，绝大部分时间的潜水入渗补给累积量计算值的相对误差都在±10%之内。

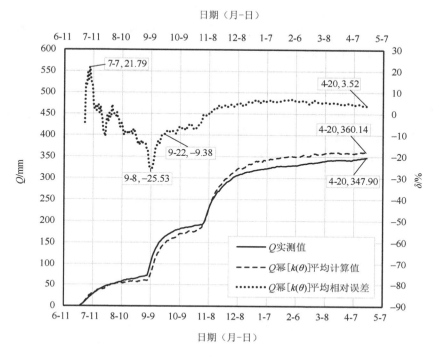

图 9.41　潜水入渗补给累积量 Q 的计算值、实测值及平均相对误差（十七）

4 个定位边界，$k(\theta)$ 为乘幂函数模式

2. $k(\theta)$ 指数函数拟合公式检验结果分析

同样以 85 cm、105 cm、125 cm 和 145 cm 等 4 个深度分别为定位边界，采用同一计算时段，将 $k(\theta) = ae^{b\theta}$ 指数函数拟合公式应用于定位通量法或纠偏通量法，计算潜水入渗补给累积量。潜水入渗补给累积量的计算值与实测值及相对误差分别如图 9.29、图 9.30、图 9.31 和图 9.32 所示。在全计算时段的计算结果的相对误差分别为 4.62%、40.72%、−6.91% 和 15.65%。结果表明，上述各深度所测 $k(\theta) = ae^{b\theta}$ 指数函数拟合公式的非饱和土壤导水率，在土壤水运移通量计算中的计算精度差异较大，计算结果一致性较差。若将以上 4 个潜水入渗补给累积量平均值与潜水入渗补给累积量实测值对照，能更好地反映极大值面法所测 $k(\theta) = ae^{b\theta}$ 指数函数拟合公式应用的整体性能。如图 9.42 所示，全计算时段潜水入渗补给累积量计算值的相对误差为 14.04%。而且从潜水入渗补给累积量计算值的相对误差过程线可以看出，在全计算时段内绝大部分时间里，潜水入渗补给累积量计算值的相对误差处在±15%之内。

3. $k(\psi_m) = ae^{b\psi_m}$ 指数函数拟合公式检验结果分析

同样以 85 cm、105 cm、125 cm 和 145 cm 等 4 个深度分别为定位边界，采用同一计算时段，$k(\psi_m) = ae^{b\psi_m}$ 指数函数拟合公式应用于定位通量法或纠偏通量法，计算潜水入渗补给累积量。潜水入渗补给累积量的计算值与实测值及相对误差，分别如图 9.33、图 9.34、图 9.35 和图 9.36 所示。在全计算时段计算结果的相对误差分别为−16.42%、43.26%、3.37%和 13.15%。结果表明，上述各深度所测 $k(\psi_m) = ae^{b\psi_m}$ 指数函数拟合公式的非饱和土壤导水率，在土壤水运移通量计算中的计算精度差异大，计算结果一致性差。若将以上 4 个潜水入渗补给累积量平均值与潜水入渗补给累积量实测值对照，能更好地反映极大值面法所测 $k(\psi_m) = ae^{b\psi_m}$ 指数函数拟合公式应用的整体性能。如图 9.43 所示，全计算时段潜水入渗补给累积量计算值的相对误差为 21.14%。而且从潜水入渗补给累积量计算值的相对误差过程线可以看出，在全计算时段内绝大部分时间的潜水入渗补给累积量计算值的相对误差都在+40%以内。

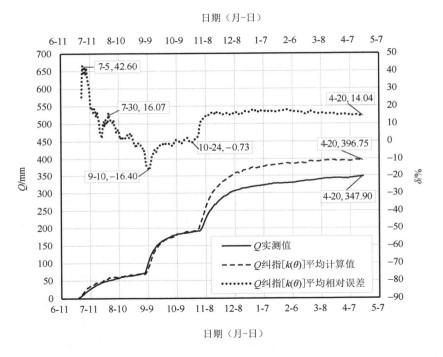

图 9.42　潜水入渗补给累积量 Q 的计算值、实测值及相对误差(十八)

4 个定位边界，$k(\theta)$ 为指数函数模式

上述由 3 种模式的非饱和土壤导水率的拟合公式[即：$k(\theta) = a\theta^b$，$k(\theta) = ae^{b\theta}$，$k(\psi_m) = ae^{b\psi_m}$]，检验结果分析表明，应用 $k(\theta) = a\theta^b$ 拟合公式进行通量计算的精确性和可靠性最佳，$k(\theta) = ae^{b\theta}$ 拟合公式次之，$k(\psi_m) = ae^{b\psi_m}$ 拟合公式较差。

4. 水柱式负压计和水银式负压计的 $k(\theta)$ 乘幂函数拟合公式比较检验结果分析

图 9.37～图 9.40 所示检验结果表明，不论是以 85 cm 处为定位边界，还是以 105 cm 处为定位边界，用纠偏通量法计算时段内的潜水入渗补给累积量时，计算中在使用水柱

式负压计资料建立的 $k(\theta)$ 乘幂函数拟合公式和确定的土壤水势梯度的情况下，全计算时段的潜水入渗补给累积量的计算值精度，高于使用水银式负压计资料建立的 $k(\theta)$ 乘幂函数拟合公式和确定土壤水势梯度情况下的计算结果。如定位边界在 85 cm 时，两种情况下计算的潜水入渗补给累积量的相对误差分别为−1.45%和8.81%。定位边界为 105 cm 深度位置时，两者的潜水入渗补给累积量相对误差分别为 0.05%和−9.11%。同样水柱式负压计优于水银式负压计。但是从全计算时段内的潜水入渗补给累积量的计算值、实测值和相对误差的分布情况看，两者的差异并不特别大，表明水柱式负压计和水银式负压计建立的 $k(\theta)$ 乘幂函数拟合公式都能取得很好的计算效果。

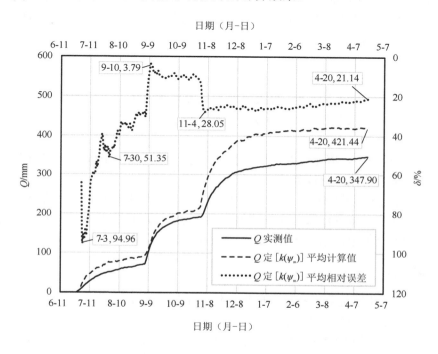

图 9.43　潜水入渗补给累积量 Q 的计算值、实测值及相对误差(十九)

4 个定位边界，$k(\psi_\mathrm{m})$ 为指数函数模式

另外，虽然水柱式负压计的读数精度远高于水银式负压计，但是水柱式负压计的安装观测使用场合要求条件很高，绝大多数情况下不能使用，局限性非常大。

第五节　极大值面法测定土壤导水率优缺点和应用条件

1. 主要优点

(1)极大值面法测定非饱和土壤导水率过程中，可以做到不损坏土壤结构和地面条件，不扰动土壤水渗流状态，实现了在土壤水运移动态条件下的原位测参，有利于提高非饱和土壤导水率的精确性和可靠性。

(2)极大值面法测定非饱和土壤导水率，可以选用一个或多个极大值面法有效的资料，根据单向性土壤水势梯度缓变带的土壤水势、土壤含水量和土壤岩性结构性状的分布情况，能在土壤含水量和土壤基质势较大动态变化范围内测定非饱和土壤导水率，所测参数有较高的精确性和较强的适用性。

(3) 极大值面法测定非饱和土壤导水率的方法，所测的非饱和土壤导水率 $k(\theta)$ 或 $k(\psi_{\mathrm{m}})$ 有利于其原位应用，提高了土壤水运移通量的计算精度和可靠性。大量实验结果已表明，这一方法是与定位通量法和纠偏通量法配套的测定非饱和土壤导水率较理想的方法，也是直接应用非饱和水流达西定律比较理想的测参方法。

(4) 极大值面法测定非饱和土壤导水率，方法简便，可以和非饱和带土壤水动态监测工作结合起来，但需要有较长的极大值面法有效期，根据实际情况可适当加密中子水分仪和负压计的观测次数。

2. 局限性

(1) 潜水埋深过浅的情况下，极大值面形成发育和消失的过程就短，因此极大值面法有效期非常短或者几乎不存在，无法获得极大值面法原位测参的基本资料，不利于此方法的应用。

(2) 降水比较集中、降水次数频繁发生的季节，极大值面形成发育和消失的过程很短，也不利于极大值面法原位测参方法的应用。

(3) 在某些地区虽然潜水深埋、气象条件等方面都有利于极大值面的形成发育，但是因没有合适的测参位置可选，如土壤剖面的非均质性严重或不利于中子水分仪测管和负压计测头的安装使用，也使极大值面法测参受到限制。

3. 应用条件

(1) 极大值面法原位测定和原位应用非饱和土壤导水率，比较适用于干旱、半干旱的平原区，如我国北方的广大平原区。

(2) 此方法的应用对潜水埋深有一定的要求，全年或较长时期内，非饱和带土壤水势梯度分布具有明显的分带性，或者在一年内至少有一个或多个较长的极大值面法有效期，能够获得足够的土壤水势分布和土壤含水量分布的高质量资料。

(3) 研究区非饱和带土壤垂向分布有一定的要求，至少在拟测定非饱和土壤导水率的深度位置有 30～40 cm 厚度以上均质土层分布，有利于精确测量测参位置的土壤基质势、含水量和土壤水势梯度。

(4) 在测定非饱和土壤导水率的区域，有利于中子水分仪测管的安装、中子水分仪标定和负压计监测系统的安装使用，并能确保中子水分仪和负压计观测数据的质量。

随着土壤水监测技术的发展和创新，极大值面法原位测定和原位应用非饱和土壤导水率的方法可望有很好的应用前景。

第十章 土壤水势监测技术
与土壤水取样技术

第一节 土壤水势监测技术概述

应用能量观点实验研究土壤水运移规律、定量分析动态条件下的土壤水分运移量、潜水入渗补耗量、土壤水的蒸发蒸腾损耗量、非饱和带的污染与防治等生态环境问题时，需要测量土壤剖面的土壤水势分布 $\psi(z,t)$。负压计是测量土壤水势的基础仪器，因此在水文地质、水利、农业、生态与环保等方面的应用日益广泛。

测量土壤水势的方法和仪器有多种，使用比较广泛的是负压计(张力计)。国内外常用的负压计有表头式负压计、水银槽直插式水银负压计、U 形管水银负压计、水柱式负压计、压力传感器式负压计等。

负压计监测系统长期监测土壤剖面基质势(或土壤吸力)的连续变化，其测量范围约为–800～0 cm 水柱高度(1 cm 水柱高度＝98 Pa)。在实际应用中，往往由于负压计监测系统整体密封性能不良等因素，实际测量基质势的范围在–600～0 cm 水柱高度之内。一些研究者为了补救–15 000～–600 cm 水柱范围内的土壤基质势测量，采用电阻石膏块(gypsum block)，但是此方法标定程序烦琐，石膏块对温度比较敏感，其测量精度远不能与负压计相比，很难得到满意效果。尽管负压计测量范围仅仅是田间遇到土壤基质势变化范围内的一小部分，但是它已经包括了土壤含水量变化的较大部分，所以使用负压计测量土壤水势对土壤水运移的研究仍能起到重要作用。

室内外土壤水运移实验研究表明，不同的研究内容，对负压计的测量精确性、可靠性等的要求差异非常大。如在农田墒情预报、指导灌溉方面，对负压计的技术性能指标要求不高，使用单支表头式负压计、水银式负压计或压力传感器式负压计即可满足要求。但是，对于在土壤水运移的理论研究和应用基础实验研究等方面，需要获得较精确、可靠的土壤剖面水势分布和土壤水势梯度资料的情况下，就很难得到较好的效果。例如，我们拟开展零通量面法应用基础研究和土壤水运移的大型物理模拟实验时，发现上述负压计(包括国外比较先进的英国水文研究所水银式负压计和美国表头式负压计等)均无法满足在非饱和带全剖面土壤水势分布的测量要求。因此，土壤剖面水势分布 $\psi(z,t)$ 的测量技术就成为用能量观点开展非饱和带土壤水运移研究(包括零通量面法的应用基础研究)的大型物理模拟实验和野外试验的技术瓶颈。所以根据土壤水运移实验研究的实际需要，对土壤剖面水势分布监测技术的再创新研究，就成为用能量观点研究土壤水运移的一项极其重要的内容。笔者在分析上述负压计优缺点基础上，针对负压计在土壤水势分布测量中存在的主要问题，又根据大型物理模拟实验研究的实际技术要求，提出了一个非饱和带土壤水势分布的负压计监测系统的设计方案；并在进行前提试验基础上，经由荆恩春、张孝和等物理模拟组科研人员的反复试验改进，研制成功测量土壤剖面水势分布 $\psi(z,t)$ 的 WM-1 型负压计监测系统。并在实际应用中不断优化完善，在非饱和带土壤剖面的土壤水势分布 $\psi(z,t)$ 测量技术方面取得了新进展（荆恩春，1987；荆恩春等，1990），使我们实现用能量观点较好地开展土壤水运移实验研究成为可能。

第二节　WM-1 型负压计监测系统的组成与原理

WM-1 型负压计监测系统由 N 支负压计测头（陶土头和集气管构成）、压力传导管、注水除气管、集成式 U 形管水银压力表（由 $N+2$ 个 U 形管与 1 个水银槽集成）、刻度板、集成式 N 路三通（由 N 个三通集成）等部件组成。除负压计测头、压力传导管和注水除气管外，其他部件都集中安装在观测板上（见图 10.1）。

(a)　　　　　　　　　　　　　　　　(b)

图 10.1　WM-1 型负压计系统观测板的组装

(a)组装读数面板与集成式 N 路三通等；(b)组装读数板与集成式 U 形管水银压力表等

陶土头是负压计的传感部件，由均匀微细孔隙的陶土材料制成的，当负压计陶土头内充满水、使陶土头被水饱和后，陶土头管壁就形成张力相当大的一层水膜，陶土头插入土壤后，土壤水与负压计陶土头内的水体通过陶土头微细孔隙建立了水力联系，在一定的压差范围内，水分和溶质可以通过陶土头管壁，而气体则不能通过，即所谓"透水不透气"。因此，若陶土头内外之间存在压力差时，水分就会发生运动，直至陶土头内外压力达到平衡为止。负压计的集气管有两个接口，其中一个接口与压力传导管相连接，压力传导管的另一接口连接集成式 N 路三通，三通有一端口与刻度板的集成式 U 形管水银银压力表相连，三通的第三端口接注水管，此管口在不进行注水除气时用堵头封闭。水银压力表在刻度板上有序排列，每 5 根 U 形管并排为一组，一个刻度板可以连接 N/5 组 U 形管(U 形管排列组数可根据需要而定)，在刻度板的首尾各单设一根 U 形管，用于显示水银槽液面高度和调整观测板的水平位置。负压计监测系统运行时，水银槽中的水银液面高度一般为水银槽的高度的 1/3 至 1/2 左右，水银液面必须加水密封防止水银蒸气逸出。负压计集成式 U 形管压力表的读数根据观测板上的刻度读取。负压计的集气管顶部另一接口连接除气管，并通往集成式 N 路三通下部的除气管固位孔，用于负压计注水除气，不进行注水除气时用堵头封闭。

负压计监测系统 U 形管压力表中水银柱高度的读数，并不是该负压计陶土头位置的压力水头(基质势)，压力水头需要通过计算才能获得，计算公式为

$$h = -13.6h_\mathrm{m} - h_\mathrm{w} \tag{10.1}$$

式中，h 为压力水头；h_m 是 U 形管压力表中水银柱高度(以水银槽水银液面为基准面)；h_w 是 U 形压力表中水银液面到陶土头的中心位置的垂直距离。

总水头(总水势)计算公式为

$$H = h + z \tag{10.2}$$

式中，H 是总水头；h 为压力水头；z 是位置水头(重力势)，以地面为参照面($z = 0$，纵坐标向上为正)。

第三节　负压计监测系统主要技术性能

1. 负压计系统传感部件的一致性

陶土头是负压计的传感部分，其质量好坏直接影响土壤水势的测量精度。选择陶土头时主要考虑两个参数：一个是进气值；一个是渗流量(反映陶土头的渗透性能)。国产陶土头的问题之一就是渗流量相当离散。进气值一般大于等于 120 kPa。从市场购来的负压计除渗流量的离散性大以外，进气值也不能完全保证。这些负压计对农业灌溉预报和单支使用的场合或其他精度要求不高的场合是可以的，但是对于要求精度高和测量土壤剖面土壤水势分布的场合，显然不能满足要求。为了解决这一问题，笔者在设计负压计时，是以能测量一个土壤剖面水势分布的负压计监测系统考虑的。在符合进气值要求的前提下，对陶土头的渗流量进行测定和分档编组。组装负压计时，在一个土壤剖面上使用的负压计监测系统选用同一档次的陶土头，这样减小了负压计监测系统陶土头的性能不一致引起土壤水势分布测量的不良影响。

2. 负压计测头的密封性

负压计的密封问题是负压计监测系统能否正常工作的关键问题之一。负压计监测系统发生漏气现象，将会造成负压计读数的严重失真。有的负压计监测系统存在缓慢漏气现象，在低吸力情况下不易看出其异常，但是随着土壤吸力的增加，负压计漏气造成的不良影响也越来越明显，严重时负压计读数不再随土壤吸力的增加而变化。发生漏气的

原因，除了可能因陶土头进气值不满足要求或者负压计各连接部位胶接不良外，使用橡皮塞封堵负压计的集气管口也是一个重要原因。为了解决负压计漏气问题，负压计监测系统除采用进气值大于等于 120 kPa 外，不再使用橡皮塞，负压计的集气管采用全封闭式，通过转换接头与压力传导管和注水除气管连接，同时也注意了负压计监测系统各连接部位的胶接质量。负压计监测系统的密封问题的合理解决，还为土壤水势分布原位测量采用暗埋式安装和"遥测"（10 m 以内）提供了有利条件。

3. 负压计测头与土壤的良好接触

安装负压计时，除要求负压计的陶土头与土壤保持良好的接触外，在使用过程中也必须保持良好的接触，才能保证土壤水势分布资料的质量。负压计在注水除气过程中需要打开或直接接触集气管上方的盖子，这样反复频繁的操作难免扰动陶土头与土壤的良好接触，造成负压计读数失真。另外也容易引起集气管与周围土壤之间形成缝隙，雨水或灌溉水可能形成优先流，同样会造成土壤水势分布资料的失真，这几乎是许多负压计的通病。为了克服此问题，负压计监测系统除对集气管采用全封闭外，还采用了特殊的注水除气结构。这就在注水除气过程中远离整个负压计埋设位置，不会扰动整个负压计陶土头和集气管与土壤的良好接触，保证了土壤水势分布资料的质量。

4. 负压计观测区地面和土壤水运移条件不受扰动

通常采用地面直插式安装负压计，除了前述一些问题外，还有一个问题是，观测人员在观测记录或注水除气过程中，难免人为破坏负压计埋设区的地面条件（踏坏作物、压实地面等）。尽管许多研究者在负压计埋设区使用踏板，但是仍然会扰动地面条件，不同程度地影响到土壤水势分布观测资料的质量。负压计监测系统的观测工作和注水除气的操作过程都在"远离"负压计埋设位置进行，特别是负压计的测头，采用暗埋式安装时，压力传导管和注水除气管从地下通往观测板。这样确保了负压计埋设区完好的地面条件和土壤剖面土壤水运移状态，同时减小温度的影响，提高了负压计监测系统原位测量土壤水势分布资料的质量。

5. 负压计监测系统运行状态的实时监视

一般负压计很难在同一观测板上实现大的土壤剖面土壤水势分布观测，只有通过资料整理，绘制土壤水势分布曲线时，才能了解整个土壤剖面的土壤水势分布情况。在实际工作中，往往是积累一个阶段的负压计观测资料后才进行资料整理。在资料整理过程中，常常发现一些异常现象，弄不清是负压计问题，还是土壤水势分布的实际情况。当然有不少情况是一部分负压计出了问题，引起土壤水势分布资料严重失真，歪曲了土壤水势分布的真实情况；但是又无法挽回损失，影响研究成果的质量。

该负压计监测系统尽量在一个观测板上实现全剖面土壤水势分布的观测，而且负压计监测系统的 U 形管压力表中水银柱高度 h_m（以水银槽液面为参照面）与总水头（土壤水势）之间存在着线性关系，这是该负压计监测系统的一个重要特性。它对研究者和观测人员十分有用，此关系推导如下。

设某一土壤剖面上使用的负压计监测系统共有 n 支负压计测头，h_{zi} 为第 i 支负压计陶土头的中心位置到地面的距离，h_{mi} 为第 i 支负压计 U 形压力表中水银柱液面到水银槽水银液面的距离，h_{wi} 为负压计陶土头的中心位置到 U 形管压力表中水银液面的距离，c 为水银槽液面到地面的距离(图 10.2)。

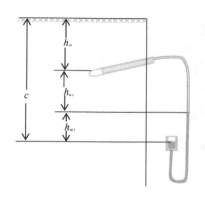

图 10.2　负压计系统第 i 支负压计示意图

根据式(10.1)和式(10.2)，第 i 支负压计陶土头的中心位置的总水头为

$$
\begin{aligned}
H_i &= h_i + z_i \\
&= h_i - h_{zi} \\
&= -13.6 h_{mi} - h_{wi} - h_{zi} \\
&= -12.6 h_{mi} - c
\end{aligned}
\tag{10.3}
$$

式中，H_i、h_i、z_i 分别表示第 i 支负压计陶土头的中心位置的总水头、压力水头和位置水头。由上式可得

$$
h_{mi} = -(H_i - c)/12.6
$$

令

$$
a = -1/12.6, \qquad b = c/12.6
$$

则

$$
h_{mi} = aH_i + b \qquad i = 1, 2, 3, \cdots, n
\tag{10.4}
$$

a 和 b 为常数，可见观测板上集成式 U 形管压力表中水银柱高度与总水头之间存在着线性关系。所以负压计监测系统能够在一个观测板上直观地显示，整个土壤剖面上的土壤水势分布趋势，研究者在绘制土壤水势分布曲线前，就可以在观测板上看得到当前全剖面的土壤水势分布情况，如图 10.3～图 10.5 所示。

另外，个别或部分负压计的工作不正常也会在观测板上明显地反映出来，并且能根据异常现象分析负压计的工作不正常的原因。如陶土头被击穿、负压计监测系统漏气、陶土头与土壤接触不良，压力传导管或 U 形管中气泡等原因都会引起异常。观测者可根据观测板上反映的异常现象及时对负压计监测系统检查处理，如图 10.5 所示。

从图 10.3 可以看出，物理模拟实验系统的非饱和带土壤水势分布为单调递减型，相应的土壤水渗流状态为蒸发型，而且从地面至潜水整个剖面 50 支负压计全部运行正常，负压计监测系统不需要作任何处理。

图 10.3   物理模拟实验装置实测土壤水势分布(一)

直观显示非饱和带土壤剖面为单调递减型土壤水势分布

图 10.4 表明,物理模拟实验系统非饱和带土壤水势分布为极大值型,相应的土壤水渗流状态为蒸发-入渗型。同样负压计监测系统的全部运行正常,不需要作任何处理。

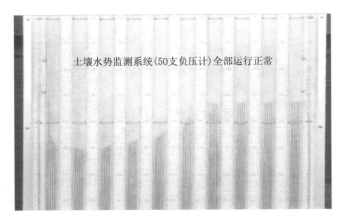

图 10.4   物理模拟实验装置实测土壤水势分布(二)

直观显示非饱和带土壤剖面为极大值型土壤水势分布

图 10.5 表明,物理模拟实验系统的非饱和带土壤水势分布为极大-极小值型,相应的土壤水渗流状态为入渗-上渗-下渗型。从地面至潜水整个剖面的 50 支负压计中有 49 支运行正常,只有照片中箭头所指的 1 支出现了异常,它提示需要对其进行检查处理恢复正常。负压计监测系统的这一特性非常重要,可以使研究人员实时了解土壤水势分布的真实情况和负压计监测系统的运行状态,及时发现和解决问题,确保负压计监测系统良好的运行状态,有利于取得土壤水势分布的精确可靠资料,也是衡量土壤水运移相关问题研究能否取得高质量成果的重要基础之一。

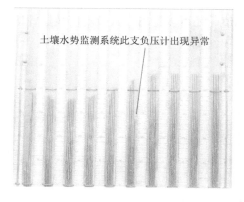

图 10.5　物理模拟实验装置实测土壤水势分布(三)

直观显示非饱和带土壤剖面为极大-极小值型土壤水势分布

6. 土壤水势测量量程的优化

负压计观测板安装位置对负压计测量量程有较大影响，为了说明这一问题，假设两个负压计监测系统的容量和陶土头的深度位置完全相同，其中一个系统的观测板置于地面[称系统(1)]；另一个系统观测板置于地面以下 h_2 深度处[称系统(2)]。系统(1)和系统(2)的观测板的高度均为 h_0，第 i 支和第 j 支负压计陶土头安装深度分别为 z_i、z_j，系统(2)负压计的集气管顶部到陶土头的中心的垂直距离为 h_1(图 10.6)。常温条件下，当负压值达到 $-800\,\mathrm{cmH_2O}$ 时，内部的水中溶解气开始有较明显的逸出。因此负压计测量负压有一个范围，即存在一个下限值。关于负压测量范围下面分两种情况进行讨论。

1)负压计监测系统陶土头位置 z_i 高于系统(2)观测板位置的情况

系统(1)中，A 点是第 i 支负压计中压力最低点，测量负压的下限受其制约。由图 10.6 可知，系统(1)第 i 支负压计测量负压下限为

$$h = -800 + h_0 + z_i \tag{10.5}$$

系统(2)中，B 点是第 i 支负压计中压力最低点，测量负压的下限受其制约，第 i 支负压计测量负压下限为

$$h' = -800 + h_1 \tag{10.6}$$

由于系统(2)中负压计倾斜度很小，一般只有 8°左右，如负压计长度为 50 cm，$h_1 < 7(\mathrm{cm})$，所以可将其忽略，式(10.6)可近似地表达为

$$h' = -800 \tag{10.7}$$

由式(10.5)和式(10.7)可得

$$h - h' = h_0 + z_i \tag{10.8}$$

上式说明，在上述情况下，系统(1)比系统(2)负压测量下限提高$(h_0 + z_i)\,\mathrm{cmH_2O}$，

即负压测量量程缩小了此值。还可以看出，其值随着负压计的安装深度增加而增加，最大可以增至 h_2。

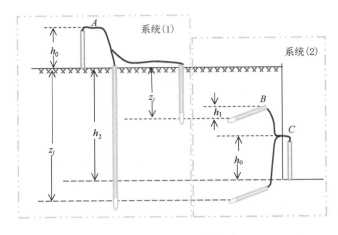

图 10.6　负压计系统(1)和(2)安装位置示意图

2) 负压计监测系统陶土头位置 z_j 低于系统(2)观测板位置的情况

由图 10.6 可知，系统(1)第 j 支负压计测量负压下限值为

$$h = -800 + h_0 + z_j \tag{10.9}$$

系统(2)第 j 支负压计测量负压下限值为

$$h = -800 + h_0 + (z_j - h_2) \tag{10.10}$$

由式(10.9)和式(10.10)可得

$$h - h' = h_2 \tag{10.11}$$

在上述情况下，系统(1)比系统(2)负压测量下限提高 h_2 (cmH₂O)，即系统(1)比系统(2)负压测量量程缩小 h_2 (cmH₂O)。

由式(10.8)和式(10.11)可以看出，降低负压计监测系统观测板位置是相对扩大负压计监测系统测量量程的有效方法。但是观测板不能因此而无限度地降低。必须考虑注水除气、观测板尺寸等问题。所以在条件许可的情况下，负压计监测系统观测板位置距地面以下第一支负压计陶土头位置 3～4 m 比较理想。这时一个负压计监测系统可控制一个 6～8 m 非饱和带土壤剖面的土壤水势分布测量。与观测板置于地面以上的水银槽直插式负压计监测系统相比，明显地扩大了负压测量量程和负压计监测系统的容量。

7. 抑制和消除气泡措施

负压计的压力传导管和 U 形管采用直径为 3 mm 的毛细塑料管，如果在毛细管中产生气泡，就会影响负压计的读数精度。气泡严重时，致使土壤水势观测资料无法使用。气泡产生的主要原因是：①负压计的毛细管、集气管及陶土头内壁不干净，吸附的气体未清除；②在负压计内的水中，溶解气体的含量比较高，达到一定负压条件下，溶解气体逸出形成小的气泡或气柱；③负压计监测系统内未严格使用除气水。解决的方法是：①通过反复注水除气，将毛细管内壁和陶土头清洗干净。②负压计监测系统要严格使用除气水。制作除气水的方法是，将水煮沸使水中的溶解气体在高温下尽量多地释放出来，然后将沸水装入容器(装满)密封，并快速冷却使水中的溶解气在负压条件下进一步逸出。处理好的除气水冷却后要及时使用。③对于负压计监测系统在正常使用过程中产生气泡，通过注水除气措施解决。

　　负压计监测系统注水除气方式有正压式和负压式两种。对于新安装的负压计系统，首次注水除气采用正压式(图10.7)是很有效的。但是负压计监测系统正常运行过程中需要注水除气时，如果采用正压式注水除气会带来一定的局限性，主要是：①每次注水除气都可能在陶土头位置渗出大量水，对陶土头周围土壤水势造成影响，如果要测得真实土壤水势需要等待较长的平衡时间；②在注水除气过程中，还可能使部分空气在正压下溶入"除气水"中，降低负压计监测系统中除气水的质量；③正压式注水除气比较费力，为了弥补上述缺陷，可采用一种负压式注水除气的方法(图10.8)。

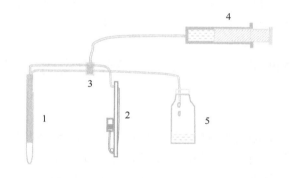

图 10.7　负压计注水除气示意图(正压式)

图中：1—负压计测头；2—观测板；3—多路三通；4—注射器；5—集水瓶

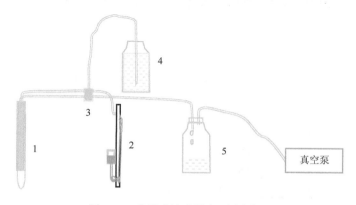

图 10.8　负压式注水除气示意图

图中：1—负压计测头；2—观测板；3—多路三通；4—注射器；5—集水瓶

利用真空手泵(或脚踏真空泵或电动真空泵)在负压条件下进行注水除气。其优点是：①保证了注入除气水的质量；②在注水除气过程中，由于陶土头内外水分都处于负压状态，不至于有较多的水分发生交换，对陶土头周围土壤水势分布状态影响较小，缩短了陶土头内外水势平衡时间；③操作比较省力，在实际工作中可根据具体情况灵活选用。

负压计系统，每次的观测数据同时包含了水银槽的水银液面高度的数据，不存在负压计监测系统的零位调整问题，而且具有正负压均可测量的功能。所以负压计监测系统很好地解决了零位调整和正负压测量问题。

8. 不需要零位校正和可测量正压

普通负压计在安装完成投入运行之前，以及在负压计使用过程中，必须进行必要的零位调整工作，对于表头式负压计需要调节表头上的调零螺丝将指针调整到 0 hPa 位置。对于水银槽式的水银负压计，需要调整水银槽的水银液面与刻度板上的零刻度线对齐。不重视负压计的零位调整工作，往往会产生读数误差。

另外，当土壤水势出现正值时，如因灌溉或大的降水等原因在地表产生积水，并引起土壤水饱和入渗，或饱和-非饱和入渗的情况下，这些负压计就无法获得完整的土壤水势分布资料。该负压计系统不需要零位校正，并可测量正压。

第四节　负压计监测系统的应用方式

1. 斜插式

选用等长度的负压计测头倾斜插入实验土壤剖面中，要求倾斜 8° 左右，安装时视具体情况而定。但是必须在同一土壤剖面上安装的等长度负压计的倾斜度保持一致，才能保证陶土头的中心位于测量土壤水势的设计深度位置(图 10.9)。倾斜式安装方式主要用于实验室大、中型物理模拟实验装置、地渗仪测筒、负压计竖井或具有类似条件的其他实验设施，如图 10.10 为陕西省第一水文地质大队灞桥试验场竖井斜插式安装调试负压计监测系统实况。

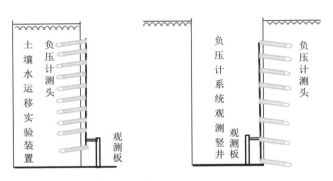

图 10.9　负压计系统斜插式安装示意图

图 10.10　陕西省第一水文地质大队灞桥试验场竖井安装调试负压计系统

2. 地面直插式

根据土壤剖面土壤水势测点设计深度，预先确定长度不等的一组负压计监测系统的负压计测头，按预定位置和深度垂直地面负压计测头（图 10.11）。这一安装方式适用于测量土壤水势剖面不深的场合（一般在地面以下 3 m 以内）。这一方式的水势测量受到地面温度剧烈变化的影响，其中图 10.11（a）安装方式还会缩小负压测量量程。需要采取一些有效措施，才能保证观测资料的质量。除某些临时性的实验场所采用外，一般不建议采用这一安装方式。

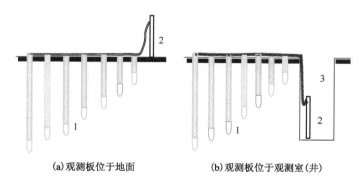

（a）观测板位于地面　　　　　　　　　（b）观测板位于观测室（井）

图 10.11　负压计系统地面直插式安装示意图

图中：1—负压计测头；2—观测板；3—观测室（井）

3. 暗埋直插式

负压计监测系统暗埋直插式安装方式如图 10.12 所示，这一安装方式略好于地面直插式，其中图 10.12（b）优于（a），但是也不是最优的选择。暗埋直插式主要适用于试验期比较短、对土壤水势资料要求不太高的情况。

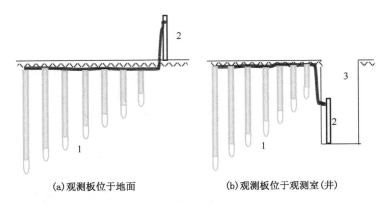

(a) 观测板位于地面　　　　　　(b) 观测板位于观测室(井)

图 10.12　负压计系统暗埋直插式安装示意图

图中：1—负压计测头；2—观测板；3—观测室(井)

4. 暗埋斜插式与暗埋斜插-直插式

暗埋斜插式与暗埋斜插-直插式，如图 10.13 所示，其中图 10.13(a) 为暗埋斜插式，图 10.13(b) 为暗埋斜插-直插混合式。

由于负压计监测系统具有封闭式集气管和独特的注水除气结构，因此可以采用暗埋式安装。这种安装方式是将负压计陶土头全部埋入地下预定深度，压力传导管和注水除气管，距地面 60 cm 深度以下通往观测室。负压计监测系统的观测工作和注水除气处理工作均可在观测室的观测板的附近进行。暗埋式又可以分为垂直式如图 10.12(b)、斜插式如图 10.13(a) 和斜插-直插混合式如图 10.13(b)。

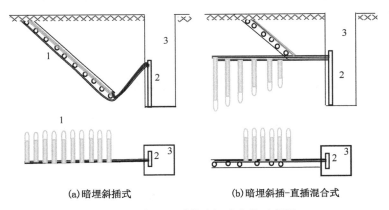

(a) 暗埋斜插式　　　　　　(b) 暗埋斜插-直插混合式

图 10.13　负压计系统暗埋式安装示意图

图中：1—负压计测头；2—观测板；3—观测室(井)

(上：剖面图；下：平面图)

采用暗埋式安装主要有以下优点：

(1) 减小土壤表层剧烈温度变化土壤水势分布测量系统的影响。

(2) 能够保持土壤水势监测区完好的地面条件和土壤水的渗流状态，有利于提高原位测量土壤水势的资料质量。

（3）与负压计竖井中斜插式安装方式相比，暗埋式安装可以"远离"土壤水势监测区进行"遥测"（水平距离可达 10 m 左右），避免了观测井壁对土壤水势分布测量的影响。

（4）有条件的地方，合理安装使用负压计系统，还可以在冬季观测冻土层以下土壤水势分布变化过程。

由于负压计监测系统采用暗埋"遥测"方式安装，优越性比较明显，经过反复试验和实际应用，并取得了良好效果，显著地提高了原位测量土壤剖面土壤水势分布资料的质量，暗埋"遥测"方式被广泛应用。例如，保定市冉庄水资源实验站安装多套负压计系统，采用斜插暗埋"遥测"方式，监测地渗仪、试验田土壤水势分布，观测室位于地表以下，在地面只能看到生长的作物和正在进行中子水分仪的观测工作（如图 10.14 所示）。又如图 10.15 所示为石家庄试验场正在调试暗埋"遥测"负压计系统。图 10.16 所示为江南村水盐动态调控区暗埋"遥测"负压计监测系统土壤水势观测室及土壤水取样点。

图 10.14　保定市冉庄水资源实验站采用斜插暗埋"遥测"方式
测量地渗仪和试验田土壤水势分布

图 10.15　石家庄试验场负压计系统观测板
位于试验田旁观测室内（正在调试处理）

图 10.16　江南村水盐动态调控区土壤水势
观测室及土壤水取样点

第五节　土壤水势自动监测系统

为了在室内土壤水运移物理模拟实验中实现土壤水势分布测量的自动化，我们将负压计监测系统与 HP3054A 自动数据采集与控制系统联合使用(图 1.6)。物理模拟实验装置安装了 50 支负压计测头，配 5 个多路扫描阀和 5 个压力传感器。

土壤水势自动测量系统的工作原理是：负压计的压力传导管，经多路扫描阀与压力传感器相连接(由多路阀按序每次接通一支负压计)，压力传感器将负压计的内部压力变为电信号，经电缆传输至自动数据采集与控制系统(图 10.17)。采用压力传感器负压计监测系统测量土壤水势分布主要优点是，由计算机控制定时采集或人为控制采集土壤水势信息、处理、显示或成图打印输出，能实时显示土壤水势分布状况，观测时间和间隔可控，减小人为观测读数误差。但是也有明显的缺陷：多路扫描阀每次接通负压计时，会影响负压计内的压力平衡；在一个土壤剖面上所用压力传感器的一致性和零位校正问题，负压计监测系统的处理问题，以及价格昂贵等，不宜推广应用，并且实际应用效果欠理想。

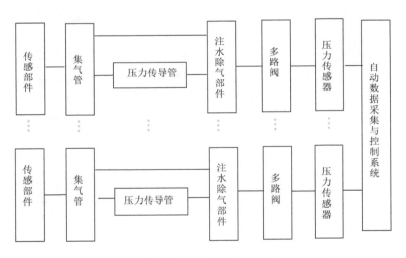

图 10.17　土壤水势自动采集与控制原理方框图

但是从长远看，随着科学技术的飞速发展，研发高精度、高可靠性、适用性广、易推广的土壤剖面水势自动监控系统，是土壤水势监测技术的发展方向，期待这一天早日到来。

第六节　水柱式土壤水势监测系统

水柱式负压计可以用水柱高度显示压力，它比水银式负压计的观测精度提高 12.6 倍，主要用于要求测量精度高、低吸力条件下的土壤水势测量。但是局限性很大，除了土壤水势的测量量程小外，安装刻度板、读数和负压计的处理很不方便，而且对使用场合要求比较高，绝大多数场合都不具备用水柱式负压计监测系统测量土壤水势分布的条件。我们仅在石家庄实验大厅的大型物理模拟土壤水运移实验装置上应用(图 1.2)。

根据水柱式负压计监测系统用于大型物理模拟土壤水运移实验的运行情况，在正常运行条件下，水柱式负压计测量精度优于水银式负压计测量。实际运行过程表明，水柱式负压计监测系统在测量接近土壤表层的土壤水势时常常失效，测量土壤水势的动态范围明显小于水银式负压计系统。如图 10.18 和图 10.19 分别为水柱式和水银式负压计监

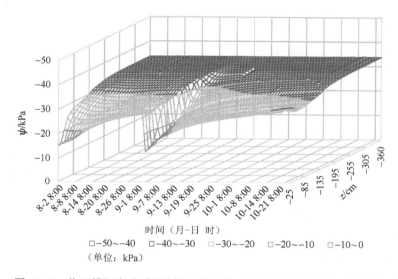

图 10.18　物理模拟实验系统实测土壤水势时空分布(水柱式负压计系统)

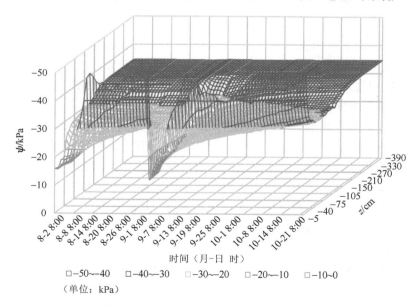

图 10.19　物理模拟实验系统实测土壤水势时空分布(水银负压计系统)

测系统，同期实测物理模拟实验系统的土壤水势时空分布。可以看出，水柱式负压计监测系统只能正常测量获得地面以下 25 cm 以下的土壤水势分布，不利于监测整个非饱和带的土壤水势分布的全貌，但是有利于非饱和带土壤水势梯度缓变带土壤水势梯度精确测量，对于应用极大值面方法测定非饱和土壤导水率是非常有效的，对极大值面通量法、定位通量法、纠偏通量法的研究和应用效果明显。但是水银负压计监测系统可以正常测量地面以下 5 cm 深度的土壤水势分布，土壤水势的测量量程明显优于水柱式负压计系统，有利于为整个非饱和带土壤水势分布和土壤水运移的理论和应用实验研究，提供所需的土壤水势分布基础资料。

第七节　土壤水取样技术

一、概　　述

土壤水取样技术是采集提取土壤溶液的技术方法。它是研究非饱和带和潜水中溶质运移的基础技术方法之一。土壤水取样技术在西方一些经济发达国家发展较早。在 20 世纪 70 年代美国、日本等先后生产出土壤水取样器(土壤水提取器)，取样深度范围在地面以下 10～300 cm，后又生产出可提取 15 m 深度的土壤水取样器。土壤水取样技术在很多方面具有广泛的应用价值，即：

(1) 土壤水盐运移机理和动态调控研究；

(2) 非饱和带和潜水系统的化学元素迁移演化规律；

(3) 农业生态研究；

(4) 废物堆放、废水、废液和农药等对非饱和带以及浅层地下水的污染机理和防治方法的研究；

(5) 非饱和带土壤水和浅层地下水水质的背景值调查和长期定位监测工作；

(6) 浅层地下水资源评价、合理开发利用和科学管理研究；

(7) 有害废料浅地层安全处置中长期监测废物污染组分迁移演化规律和防治措施研究等许多方面都具有实际应用价值。

在我国广泛应用土壤水取样技术比较晚，中国地质科学院水文地质环境地质研究所在完成"黄淮海平原地下水资源评价"(中国与联合国开发计划署合作项目 CPR/81/036)项目过程中，应用从美国进口的土壤水取样器，开展了土壤盐碱化形成机理研究工作。国内北京农业大学、水利部农田灌溉研究所等单位也都将土壤水取样技术用于研究工作中。随着农业生态、非饱和带及地下水污染与防治、盐渍土改良、环境评价等领域研究工作的需要，土壤水取样技术成为原位可重复提取土壤水溶液的重要手段。但是根据国外进口的土壤水取样器(土壤水提取器)的技术性能，在应用条件、应用范围等方面，尚有某些局限性和价格昂贵等原因，在一定程度上影响到土壤水取样技术在实际实验研究工作中广泛应用。

TQ-1 型和 **TQ-2** 型土壤水取样器，正是基于上述研究工作实际需要设计研制完成的，并在实际试验或应用过程中，根据实际情况得到进一步改进和完善。

二、土壤水取样器的组成和工作原理

TQ-1 型土壤水取样器由陶土头(陶土杯)、取样器腔体、取样管、抽气管(或取样进气管)和取样容器等组成。

TQ-2 型土壤水取样器由陶土头(陶土杯)、取样器下腔体、取样器上腔体、取样器上下腔体隔离部件、下上腔体的导水管(或具有单向阀的导水管)、抽气管(或取样进气管)和取样容器等组成。

土壤水取样器的外形与前面所述的负压计相似,只是内部结构略有差别。陶土头(陶土杯)与负压计的陶土头一样,是具有微细孔隙的陶土材料制成的,而且在一定条件下水和溶质是可以通过陶土头管壁的。当土壤水取样器插入待取样位置的土壤中后,陶土头管壁就相当于土壤孔隙介质的延伸,经过一段时间后两者的基质势逐渐趋向于平衡,陶土头管壁也处于非饱和状态,陶土头管壁的部分微细孔隙形成张力很大的水膜,(但是土壤和陶土头管壁的非饱和土壤导水率或饱和导水率是不同的)。非饱和带土壤水的基质势 ψ_m 永远是负值,即 $\psi_m < 0$;饱和土壤水的基质势 $\psi_m = 0$。由于土壤基质对水分的吸持作用,所以也称土壤吸力,用 s 表示($s \geqslant 0$)。

$$s = -\psi_m$$

土壤水取样器刚插入非饱和土壤中时,土壤水(溶液)不可能进入陶土头内部。但是在土壤水取样器内部造成一定的真空度(负压),并且当土壤水取样器内的负压值小于陶土头周围土壤水基质势时,在陶土头内外之间形成的压力梯度作用下,土壤水溶液才可能通过陶土头管壁与土壤水建立了水力联系的孔隙缓缓进入土壤水取样器内部,同时也会有气体通过未建立水力联系的孔隙进入土壤水取样器内,引起陶土头内外压力梯度减小。随着进入陶土头内的土壤水溶液量逐渐增加,使陶土头的孔隙逐步接近或达到饱和时,陶土头与周围的土壤水溶液建立了绝大部分或完全的水力联系,土壤水取样器逐渐趋于正常的运行状态。对于土壤水取样器在潜水含水层提取土壤水溶液,土壤水取样器陶土头插入潜水中,陶土头管壁很快就会处于近饱和或饱和状态,陶土头内外只要存在压力差,土壤水溶液自然会进入土壤水取样器内。

土壤水溶液进入土壤水取样器内的速度和进入的水量,除了与陶土头的渗透率、陶土头表面积大小、管壁厚度等有关外,还受土壤的非饱和土壤导水率 $k(\theta)$ [或 $k(\psi_m)$]值大小的制约。$k(\theta)$ [或 $k(\psi_m)$]是土壤含水量 θ(或 ψ_m)的函数,因此对于同一种土壤,由于土壤含水量 θ(或 ψ_m)的不同,对土壤水溶液进入土壤水取样器内的速率影响很大。另外,土壤水取样器内外之间的水势梯度决定了水分的运动方向,它也是土壤水进入取样器的驱动力。土壤水取样器的陶土头内外压力差的大小,也就直接影响到土壤水溶液进入土壤水取样器的速率。随着土壤水溶液进入土壤水取样器内的数量增加,陶土头内外之间的压力差会逐渐减小。当内外压力达到平衡时,土壤水溶液不再进入土壤水取样器内。通常取样器内获得一定土壤水(溶液)量后,即可用负压法或正压法,或两种方式相结合的方法,将土壤水(溶液)样提取到取样容器中。对于 TQ-2 型土壤水取样器,在采样过程中,首先由下腔体的土壤水溶液导入上腔体,再由上腔体提取到取样容器。通常土壤水取样器的取样过程如图 10.20 和图 10.21 所示。

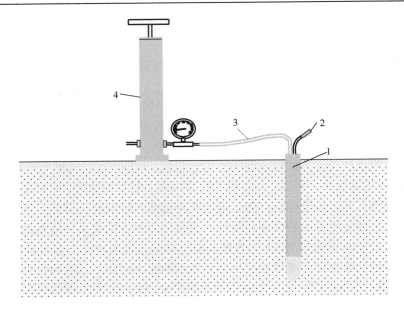

图 10.20　土壤水取样器取样过程示意图之一

图中：1—安装好的土壤水取样器；2—取水样管；

3—排（进）气管；4—真空手泵

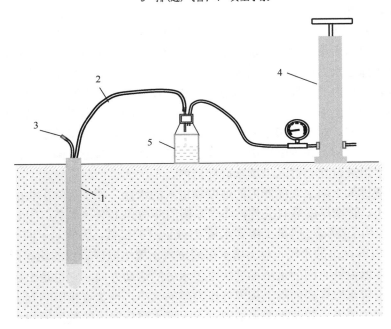

图 10.21　土壤水取样器取样过程示意图之二

图中：1—土壤水取样器；2—取水样管；3—排（进）气管；

4—真空手泵；5—取样容器

　　图 10.20 中，1 表示安装好的土壤水取样器；2 表示已封堵好的取水样管；3 表示排（进）气管；4 表示真空手泵。取样前真空手泵 4 与抽气管 3 连接抽气，使土壤水取样器内部

形成一定负压状态，负压值由真空手泵上的真空压力表显示。通常将土壤水取样器内的负压抽到−70 kPa 至−80 kPa 左右，如果有条件使用真空泵抽气时，其下限还可以达到−90 kPa 以下(在实际应用中，土壤水取样器内的负压值，应当明显小于土壤水取样器陶土头周围的土壤水的基质势)。当土壤水取样器内负压值达到要求后，封堵抽气管 3 移去真空手泵。经过一段时间(如一天)后，土壤水取样器内便进入了一定量的土壤水溶液。

提取水样时如图 10.21 所示，真空手泵 4 的抽气口与取样容器排气管相接，土壤水取样器的取样管与取样容器的进水管相接，并对取样容器抽真空，然后打开土壤水取样器排进气管 3；在大气压作用下，土壤水取样器内土壤水溶液很快流入处于负压状态的取样容器内，直至土壤水溶液全部流出，取样过程结束。

三、土壤水取样器主要技术性能

1. 土壤水取样器主体小型化

通常土壤水取样器多采用地面垂直安装。所用陶土头(陶土杯)的直径、长度的尺寸都比较大，其主要目的是加大陶土头管壁的进水面积增大进水量，土壤水取样器腔体的直径受控于陶土头的直径，其长度受控于取样深度。较大的取样器腔体容积，也使土壤水取样器内外压力平衡过程增长，有利于采集较多土壤水溶液量。但是在实际应用时，也带来明显的局限性，如在非饱和带-潜水系统监测土壤水盐运移的动态演化规律、污染防治、室内土壤溶质运移模拟实验等许多方面的研究中难于应用或无法应用。因此土壤水取样技术对土壤水取样器的主体小型化和适用化的研究具有重要意义。

基于上述原因，在设计研制土壤水取样器时，为适应不同场合的应用，采用了 30 mm、20 mm 和 12 mm 等多种直径的陶土头，土壤水取样器采用短腔体且直径与陶土头直径一致。关于陶土头尺寸减小对土壤水取样器的影响，与土壤含水量或基质势的变化产生的影响相比，是十分有限的。为了解决土壤水取样器腔体容积问题，土壤水取样器，将通常只是在最后才用到的取水样容器及其相接的取水样管，作为土壤水取样器的一个组成部分，也可以将其视作土壤水取样器主体的一个外接土壤水取样器腔体。这样土壤水取样器的腔体容积=原土壤水取样器主体的腔体容积+取样容器的容积(含两者相连的取水管的容积)。通过这一简单的措施使土壤水取样器腔体容积问题得到了很好的解决，实现了土壤水取样器主体的小型化。在一个非饱和带土壤剖面上，或在非饱和带-潜水系统的剖面上，可以采用长度规格相同的短土壤水取样器主体，或根据不同的场合需要，也可以采用长度不等的土壤水取样器主体，更加有利于土壤水取样器的适用化。

2. "远距离"集中有序提取土壤水样

土壤水取样器的主体小型化后，通过延长连接土壤水取样器主体和取样容器的取水管及排进气管，土壤水取样容器可以远离土壤水取样器主体(如 10 m 或更远的距离)，并可将取样容器和土壤水取样器的排(进)气管终端集中有序地排列安置在提取水样室，于是土壤水取样器实现了在距离较远的取水样点集中有序提取水样，改变了土壤水取样器分点取水样的模式。

3. 土壤水取样器主体可实现暗埋模式

土壤水取样器主体的小型化和"远距离"集中有序提取水样特性，改变了土壤水取样器通常采用地面垂直安装的取样模式，小型化的土壤水取样器主体完全可以采用暗埋"远距离"提取水样的方式，在野外条件下暗埋式还提高了仪器的安全性。

4. 不会扰动地面环境条件和土壤水(溶液)运移条件

土壤水取样器主体的小型化实现了"暗埋"和"远距离"集中有序提取水样。使土壤水取样器在整个取样过程，对土壤水取样器主体埋设区上方的地面条件、作物(植被)生长状态和农业管理措施等无任何影响，未扰动土壤水(溶液)运移条件，确保了土壤水溶液样品的代表性。

5. 提高了原位重复取样的可比性和可靠性

土壤水取样器可以在各种应用现场原位定期或不定期地提取土壤水溶液样，在每次提取土壤水溶液过程中，都不会扰动土壤水溶液取样区的地面自然环境条件和非饱和带或非饱和带-潜水系统的土壤水溶液运移条件。所以土壤水取样器提取的土壤剖面各深度位置的土壤水溶液样，能反映此时土壤剖面各深度土壤水溶液的实际分布情况，提高了不同时段提取的土壤水溶液样的可比性和可靠性。

6. 适宜取样深度范围

通常 TQ-1 型土壤水取样器和其他土壤水取样器一样采用地面直插式安装时，提取土壤水溶液样的深度选择范围为地面以下 10～300 cm，或再深一些范围内使用。土壤水取样器如果采用其他方式安装，土壤水溶液取样深度可以得到较大的扩展。

TQ-2 型土壤水取样器，由于取样器的主体分为上、下两个腔体，技术性能比 TQ-1 型土壤水取样器有所进一步提高。

(1) 凡是 TQ-1 型土壤水取样器所用的深度范围，都可以用 TQ-2 型土壤水取样器，而且其取样深度范围还可进一步达到地表以下 20 m，或更深位置。

(2) 当土壤含水量和土壤基质势很低时，不论土壤水取样器内部真空度抽到多高，都不能使陶土头全部或绝大部分孔隙形成张力很大的水膜，陶土头处于截穿(透气)状态，土壤水取样器很难获得土壤水溶液样。TQ-2 型土壤水取样器使这一问题在一定程度上得到改善。如在黏土中用美国土壤水取样器、TQ-1 型土壤水取样器和 TQ-2 型土壤水取样器做过这样的对照试验，当土壤重量含水量为 17.9%、土壤水基质势为–82.7 kPa 时，前两种土壤水取样器已经取不到土壤水溶液样了，而 TQ-2 型土壤水取样器还可以取到少量土壤水溶液样；如果在取样过程中对 TQ-2 型土壤水取样器多抽几次真空，获得的土壤水溶液会相应多一些。这对需要水样量少的单项化验或测量电导率是可行的，但是较难满足需要水样量较多的测试项目。

四、土壤水取样器应用方式

土壤水取样器的应用方式比较灵活多样，可适用于通常所遇到的许多场合下安装使用。土壤水取样器主体，通常主要采用以下安装式。

1. 直插式

1) 地面直插式

土壤水取样器主体垂直地面安装，陶土头的中心位于设计取样深度位置，取样器主体后端出露在地面以上(如图 10.22 所示)，在地表取样。这一方式容易扰动地面条件，取样时应特别注意，对于原位定期或不定期重复取样的情况，一般不建议采用此安装方式。

2) 暗埋直插式

土壤水取样器主体仍以垂直方式安装，陶土头的中心位于设计取样深度处，但是取样器主体全部暗埋在土中，只有土壤水取样器取样管和排(进)气管通往取样室(如图 10.23 所示)。

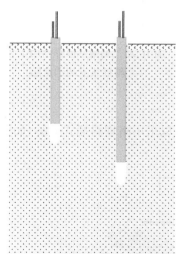

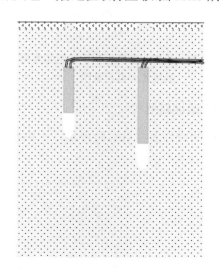

图 10.22　土壤水取样器采用地面直插式
安装示意图

图 10.23　土壤水取样器采用暗埋直插式
安装示意图

土壤水取样器主体采用暗埋直插式安装方式，其优点是不会扰动取样点位置的地面环境条件和土壤水运移条件，略优于地面直插式。通常是在提取土壤水溶液不深的条件下采用此方式。

2. 斜插式

有些场合，如物理模拟实验装置、地中渗透仪的测筒或类似的室内外的实验装置，使用直插式安装一个土壤剖面的一组土壤水取样器主体，对地面环境条件和土壤水运移的条件影响很大，无法保证土壤水溶液样品资料的质量。土壤水取样器主体可采用与安装负压计一样,采用斜插式安装(如图 10.24 所示)。

具有竖井条件(如负压计竖井等),土壤水取样器主体同样可以在竖井,采用斜插式安装方式(如图 10.25 所示)。

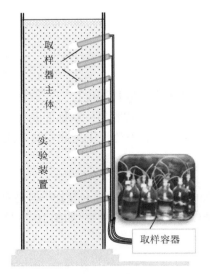 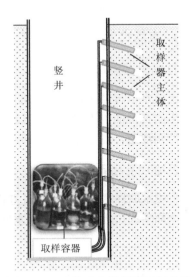

图 10.24 土壤水取样器用于实验装置的　　　　　图 10.25 土壤水取样器用于竖井的
斜插式安装示意图　　　　　　　　　　　　　斜插式安装示意图

3. 暗埋斜插式

田间或许多实(试)验现场,土壤水取样器主体可以采用暗埋斜插式安装(如图 10.26 所示)。

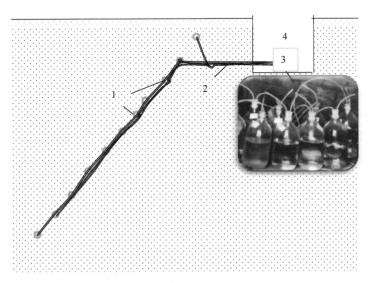

图 10.26 土壤水取样器暗埋斜插安装示意图

图中:1—水取样器主体;2—取样管与排(进)气管;3—取样容器;4—浅坑取样室

4. 暗埋斜插-直插混合式

在田间土壤水取样器主体还可以采用暗埋斜插-直插混合式安装，在土壤剖面的上部采用暗埋斜插式安装，下部采用直插式安装（如图10.27和图10.28所示）。

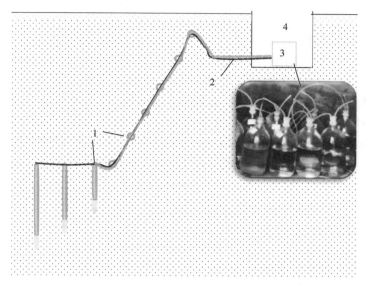

图10.27　土壤水取样器暗埋斜插-直插混合式安装示意图(1)

图中：1—水取样器主体；2—取样管与排(进)气管；3—取样容器；4—浅坑取样室

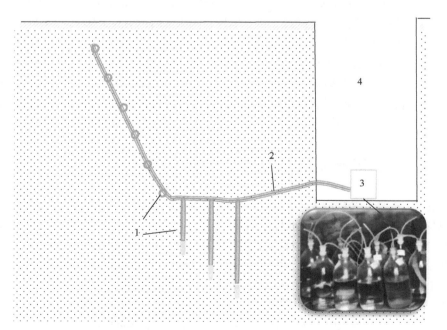

图10.28　土壤水取样器暗埋斜插-直插混合式安装示意图(2)

图中：1—水取样器主体；2—取样管与排(进)气管；3—取样容器；4—竖井取样室

第八节　土壤水取样技术应用基础问题分析

一、吸　附　问　题

土壤具有吸附作用，它取决于岩土的比表面积，颗粒越细比表面积越大，吸附作用的规模也越大。土壤水取样器的陶土头是多孔介质，同样具有一定的吸附能力，那么在取样过程中，由于陶土头的吸附作用会不会使土壤水溶液的浓度或离子组成发生明显变化，是人们关心的问题之一。为此，在研制土壤水取样器过程中，对 K^+、Na^+、Ca^{2+}、Mg^{2+}、Cl^-、NO_3^- 和 NH_4^+ 等离子进行了初步试验。试验方法是在实验室配制 NaCl、KCl、$CaCl_2$、$MgCl_2$ 和 NH_4NO_3 等溶液，然后把土壤水取样器(陶土头)分别放入配制好的溶液中，将经过土壤水取样器提取的溶液样和未经过土壤水取样器的原溶液进行测试比较，测试结果见表 10.1。

表 10.1　土壤水取样器内外试验溶液离子含量测试结果　　（单位：mg/L）

溶液离子	Cl^-	Na^+	Cl^-	K^+	Cl^-	Ca^{2+}	Cl^-	Mg^{2+}	NH_4^+	NO_3^-
提取溶液	336.9	190.0	250.0	245.0	285.1	162.0	371.4	134.7	77.5	405.3
原溶液	336.9	190.0	250.5	260.0	285.1	162.0	371.4	132.0	77.5	396.9
绝对误差	0.0	0.0	−0.5	−15.0	0.0	0.0	0.0	2.7	0.0	8.4
相对误差	0.00	0.00	0.00	−0.06	0.00	0.00	0.00	0.02	0.00	0.02

从表 10.1 可以看出，Cl^-、Na^+、Ca^{2+}、NH_4^+ 等离子含量在土壤水取样器提取前后完全相等，说明溶液中这些离子经过土壤水取样器陶土头时没有受到影响。KCl 溶液经过陶土头后 K^+ 离子含量略有减少，而 $MgCl_2$ 和 NH_4NO_3 溶液在分别经过陶土头后，Mg^{2+} 和 NO_3^- 离子却略有增加，由于这些离子含量变化都很小。实际上陶土头管壁可以看作是其周围土壤(多孔介质)的延伸，虽然两者吸附能力有差异，由于陶土头管壁并不厚，如果陶土材料的吸附作用近似地用周围土壤所具有的吸附作用代替也不会产生多少误差。所以用土壤水取样器提取的土壤水溶液样是完全可以代表陶土头位置土壤水溶液的实际情况的。

二、土壤水溶液提取量 Q 与土壤剖面基质势分布 $\psi_m(z)$ 的关系

土壤水取样器能否提取土壤水溶液或能提取多少，与陶土头周围土壤基质势的关系非常密切。只有土壤基质势明显大于取样器内负压值时，才有可能驱动土壤水溶液进入取样器内。如图 10.29 给出了轻亚砂土用取样器提取的土壤水溶液量与基质势的散点图和拟合曲线及拟合函数(公式)。可以看出，在 $\psi_m \geqslant -31$ kPa 时，土壤水取样器能提取出土壤水溶液。图 10.30 给出了在 1 年时间内实测大砂箱中非饱和带轻亚砂土的基质势 ψ_m 动态变化范围。可以看出，在土壤剖面不同深度处的基质势 ψ_m 动态变化范围是不同的，图中虚线 A 表示基质势 $\psi_m = -31$ kPa。对照图 10.29 可以看出，当土壤剖面的土壤基质势 $\psi_m \geqslant -31$ kPa 时，土壤水取样器可以提取出土壤水溶液；当 $\psi_m < -31$ kPa 时，较难或不能提取土壤水溶液。因此，图 10.22 中在虚线 B 深度(−80 cm)以下，在全期内均能提取出土壤水溶液，是取样器运行有效

期，且越向下越利于提取较多的土壤水溶液量。虚线 B 深度以上，在 $\psi_m \geqslant -31\,\text{kPa}$ 的时期为取样器运行间断有效期；在 $\psi_m < -31\,\text{kPa}$ 时期为取样器运行间断失效期。

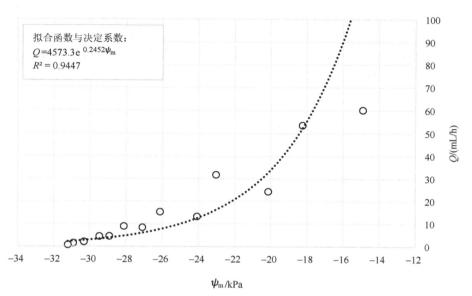

拟合函数与决定系数：
$Q = 4573.3\text{e}^{0.2452\psi_m}$
$R^2 = 0.9447$

图 10.29 提取土壤水溶液量与基质势的关系（轻亚砂）

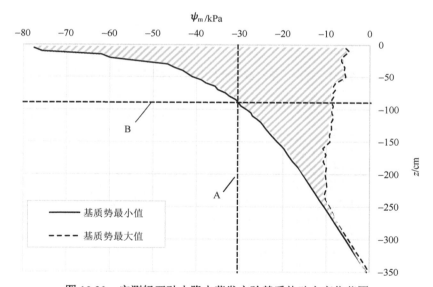

图 10.30 实测轻亚砂土降水蒸发实验基质势动态变化范围

三、土壤水溶液提取量 Q 与土壤剖面含水量分布 $\theta(z)$ 的关系

由于非饱和土壤导水率是土壤含水量 θ 的非线性函数，对提取土壤水溶液量的影响，主要体现在陶土头周围土壤对土壤水取样器的输水能力上。图 10.31 给出了大砂箱轻亚砂土的提取土壤水溶液量与土壤含水量的散点图和拟合曲线及拟合函数（公式）。可以看

出，$\theta \geqslant 10\%$ 时土壤水取样器能提取出土壤水溶液。图 10.32 给出了 1 年时间内实测轻亚砂土的土壤剖面 θ 动态变化范围，虚线 C 表示 $\theta = 10\%$。对照图 10.31 可以看出，当 $\theta \geqslant 10\%$ 时，土壤水取样器可以提取出土壤水溶液样；$\theta < 10\%$ 时，较难或不能提取出土壤水溶液。因此图 10.32 中在虚线 D 深度（–70 cm）以下在全期内均能提取出土壤水溶液，是取样器运行有效期，而且越向下越有利于提取较多的土壤水溶液量。虚线 D 以上，在 $\theta \geqslant 10\%$ 时段是土壤水取样器运行间断有效期；$\theta < 10\%$ 时段为土壤水取样器运行间断失效期。

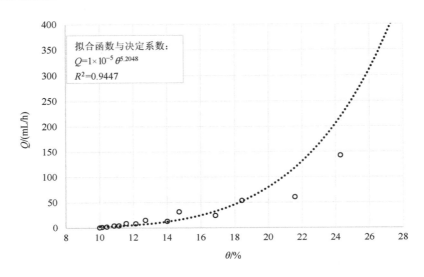

图 10.31　提取土壤水溶液量与土壤含水量的关系（轻亚砂）

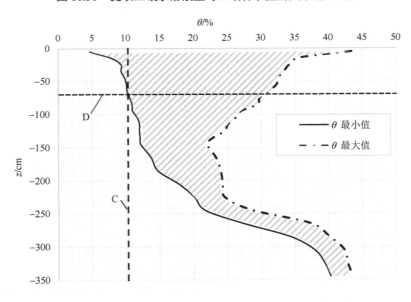

图 10.32　实测土壤剖面土壤含水量动态变化范围（轻亚砂）

四、不同土壤的提取量 Q 与土壤含水量 θ 的关系

不同土壤的物理性质不同，如土壤的粒径、孔隙分布和孔隙充水状态、土壤含水量分布状态等的不同，直接影响到土壤与土壤水取样器陶土头管壁之间的接触状态和水力联系状态，土壤的输水能力，土壤水取样器内外的压力梯度等。所以在不同土壤中，土壤水溶液提取量与土壤含水量的关系会有很大差异。

例如，采用土壤水取样器，对多种土壤进行了土壤水溶液提取量与土壤含水量的模拟实验，图 10.33～图 10.35 分别给出了粗砂、粉细砂、亚黏土的土壤水溶液提取量与土壤含水量 θ 的散点图、拟合曲线(趋势线)及拟合函数(拟合公式)。各图中 Q_1、Q_2 和 Q_3 分别表示取样历时为 1 小时、12 小时和 24 小时的土壤水溶液提取量与土壤含水量的拟合曲线。根据上述实验结果，取得以下初步认识：

(1)土壤水取样器在不同土壤(粗砂、粉细砂、亚黏土)中的土壤水溶液提取量 Q 与土壤含水量 θ 的关系的拟合函数(公式)均为乘幂函数形式：

$$Q = a\theta^b \tag{10.12}$$

式中，a、b 为与不同土壤相关的常数，且 $a>0$，$b>1$。

由于 $a>0$，$b>1$，因此 Q 是 θ 的单调递增函数，反映了随着 θ 的增大，必然非饱和土壤导水率 $k(\theta)$ 显著增大，提高了土壤水向陶土头位置的输水能力，引起 Q 快速增加。

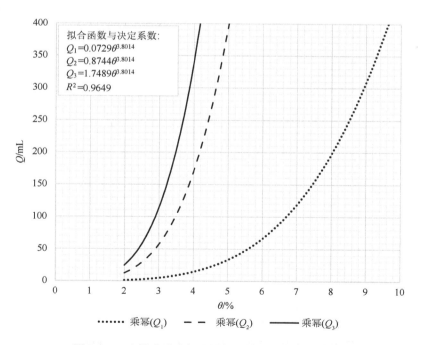

拟合函数与决定系数：
$Q_1=0.0729\theta^{3.8014}$
$Q_2=0.8744\theta^{3.8014}$
$Q_3=1.7489\theta^{3.8014}$
$R^2=0.9649$

........乘幂(Q_1) −−− 乘幂(Q_2) —— 乘幂(Q_3)

图 10.33 土壤水溶液提取量与土壤含水量关系(粗砂)

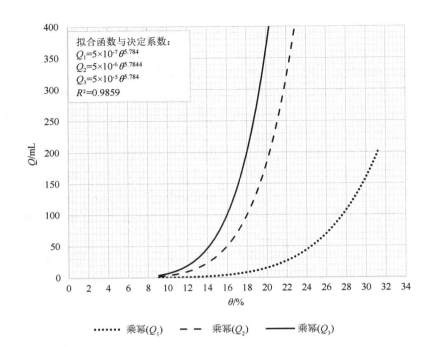

图 10.34　土壤水溶液提取量与土壤含水量关系（粉细砂）

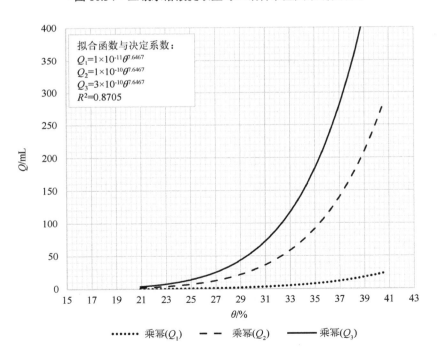

图 10.35　土壤水溶液提取量与土壤含水量关系（亚黏土）

　　(2)土壤水取样器在不同土壤(粗砂、粉细砂、亚黏土)中的土壤水溶液提取量的易难程度有很大差异。土壤水取样器在砂性土比黏性土中提取出土壤水溶液的土壤含水量 θ 下限明显低。由图 10.33~图 10.35 可以看出，粗砂、粉细砂、亚黏土当土壤含水量分别大于等于 2%、10%和 21%时，土壤水取样器就可以提取出土壤水溶液，随着 θ 的增加，提取量 Q 快速增大。当粗砂、粉细砂和亚黏土的土壤含水量分别小于 2%、10%和 21%时，土壤水取样器很难或根本提取不出土壤水溶液，意味着此时土壤水取样器处于失效的状态，只有土壤含水量分别增大到 2%、10%和 21%以上时，土壤水取样器才逐渐恢复到正常状态。

　　(3)土壤水取样器的取样时间与土壤含水量有密切关系，在不同土壤中有很大差异。通常根据测试项目的实际需要，对土壤水溶液提取的最低数量是有具体的要求的。由图 10.33~图 10.35 可以看出，土壤水溶液提取量 Q 随土壤含水量 θ 单调递增的速率，砂性土要高于黏性土(即：粗砂>粉细砂>亚黏土)。同时土壤水溶液提取量 Q 随着取样时间的增长，土壤水溶液提取量 Q 的增加速度也是砂性土要高于黏性土(即：粗砂>粉细砂>亚黏土)。

五、不同土壤水溶液的提取量 Q 与土壤基质势 ψ_m 的关系

　　土壤水基质势表征土壤基质对土壤水分的吸持能力，其大小与土壤含水量 θ 有关，是土壤含水量 θ 的函数。在土壤水取样器提取土壤水溶液过程中，陶土头周边的土壤水的基质势与土壤水取样器内形成的压力差是土壤水溶液进入取样器内的驱动力。因此，土壤水取样器在不同土壤中提取土壤水溶液量 Q 与土壤水基质势 ψ_m 的关系也有很大差异。图 10.36 和图 10.37 分别给出轻亚砂土和黏土的土壤水溶液提取量 Q 与土壤水基质势 ψ_m 的关系的拟合曲线，图中曲线 Q_1、Q_2 和 Q_3 分别表示取样过程历时 1 小时、12 小时、24 小时的土壤水溶液提取量与土壤基质势 ψ_m 关系的拟合曲线。

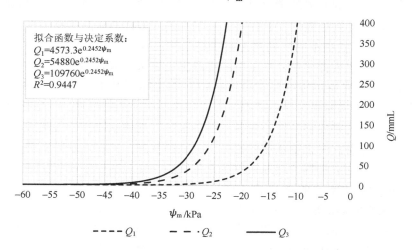

拟合函数与决定系数：
$Q_1=4573.3e^{0.2452\psi_m}$
$Q_2=54880e^{0.2452\psi_m}$
$Q_3=109760e^{0.2452\psi_m}$
$R^2=0.9447$

图 10.36　土壤水溶液提取量与基质势的关系(轻亚砂)

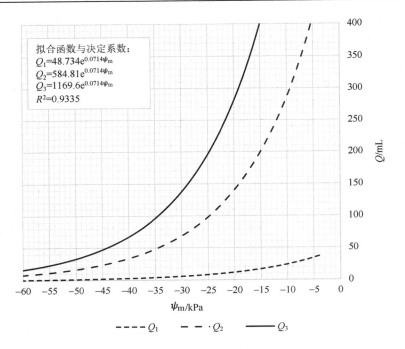

图 10.37　土壤水溶液提取量与基质势的关系 (黏土)

由图 10.36 和图 10.37 可以看出:

(1) 轻亚砂土和黏土中的土壤水溶液提取量 Q 与土壤基质势 ψ_m 的关系的拟合函数 (公式) 均为以下形式:

$$Q = a\mathrm{e}^{b\psi_m} \tag{10.13}$$

式中, a 和 b 均为正常数。

式 (10.13) 表明, Q 是基质势 ψ_m 的单调递增函数。它反映了随着土壤水基质势增大, 使土壤水取样器内外的压差增大, 提高了土壤水进入取样器内的速率, 引起 Q 的增加。

(2) 土壤水取样器在不同岩性的土壤中提取的土壤水溶液量, 同样与土壤水基质势的状态有关, 土壤水取样器在砂性土中能提取出土壤水溶液时的土壤水基质势下限明显高于黏性土。如轻亚砂土提取出土壤水溶液时的土壤水基质势下限约为 $\psi_m = -45\,\mathrm{kPa}$ (图 10.36)。黏土中提取出土壤水溶液时的土壤水基质势下限: $\psi_m < -60\,\mathrm{kPa}$ (图 10.37)。当轻亚砂土、黏土的基质势分别小于各自的下限时, 土壤水取样器很难或根本提取不出土壤水溶液, 意味着此时土壤水取样器处于失效的状态, 只有土壤基质势增大到各自的下限以上后, 土壤水取样器才逐渐恢复到正常状态, 而且随着基质势的增大, 土壤水溶液提取量 Q 增大的速率越来越大 (图 10.36 和图 10.37)。

(3) 土壤水取样器的取样过程用时与土壤基质势有密切关系, 在不同土壤中有很大差异。图 10.38 给出了轻亚砂土和黏土的土壤水溶液提取量与基质势关系的对照, 图中实线为轻亚砂土的土壤水溶液提取量与基质势的关系曲线, 虚线为黏土的土壤水溶液提取量与基质势的关系曲线。可以看出, 两条曲线有一个交点 [设为 (a, b)], 当土壤基质势

$\psi_{\mathrm{m}}<a$(或土壤水溶液提取量 $Q<b$)时，轻亚砂土中的土壤水溶液提取量小于黏土中的提取量。当土壤基质势$\psi_{\mathrm{m}}>a$(或土壤水溶液提取量 $Q>b$)时，轻亚砂土中的土壤水溶液提取量大于黏土中的提取量。形成这一现象的原因与砂性土和黏土的性质有关，黏土的毛细孔隙占比很大，非毛细孔隙占比很小，黏土与陶土头接触时能建立良好的水力联系，砂性土却相反。虽然砂性土比黏土非饱和土壤导水率值高很多，但土壤基质势较低时非毛细孔隙充水很少，所以砂性土的提取量低于黏土。当非毛细孔隙逐渐充水使基质势增大到一定程度后，砂性土的提取量增速高于黏土。

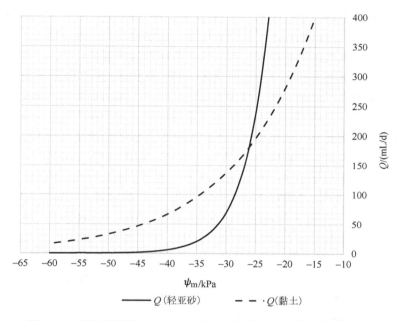

图 10.38 轻亚砂和黏土的土壤水溶液提取量与基质势的关系对照

第十一章 土壤温度与水汽运移

　　土壤水汽运移是土壤孔隙中气态水分子的运移，土壤水汽的运移表现为水汽扩散和水汽凝结两种现象，水汽扩散的推动力是水汽压梯度，由土壤水势梯度和温度梯度引起，其中温度梯度的作用远大于土壤水势梯度(汉克斯等，1984)。它是水汽运移的主要推动力，水汽总是由水汽压高处向水汽压低处运行，由温度高处向温度低处扩散。

　　土壤水不断以水汽的形态由表土向大气扩散而逸失的现象，称为土面蒸发。土壤蒸发的强度，由大气蒸发力和土壤导水性决定。当水汽由暖处向冷处扩散遇冷时，即可凝结成液态水，即是水汽凝结。在土壤含水量较高时，土壤内部的水汽移动对作物供水的影响极小，通常可以忽略不计。但在干旱的荒漠地区，对于在极低水分环境条件下仍能生存的一些耐旱植物而言，土壤内部的水汽运移所提供的微量水分对其生存和生态修复等生态环境问题的探讨具有特殊意义(方静，2013；周建伟等，2020)。因此，许多研究者在我国西北干旱半干旱地区，特别是沙漠区，进行了相关研究。例如，温度场与凝结水的观测研究(韩双平等，2007；郭占荣等，2002)、非饱和带水汽运移机制研究(周建伟等，2020)、凝结水特征及其影响因素研究(郭斌等，2011；尹瑞平等，2013)、凝结水形成机制及对生态环境影响研究(曹文炳等，2003；李红寿等，2009；冯天骄等，2021)。

　　本章参照了土壤水势函数动态分段单调性理论和土壤水渗流动态分带单向性理论的研究思路和方法，拓展到非饱和带土壤温度场的热量传导、土壤水汽运移扩散和凝结领域的探索研究中。所用资料为昌吉均衡试验场模拟区和作物区土壤温度自动测量数据，即在试验场的模拟区三个细砂测筒(截面积为 2 m²)的剖面上各安装一组土壤温度传感器。另外在相邻的气象观测场 0.2 m、1 m、2 m、3 m 和 5 m 等 5 个高度上安装了测量气温的传感器。由数据采集系统定时采集土壤温度数据，各组的土壤温度采集时间间隔均为 1 小时。

　　土壤温度采集时间和凝结量的观测时间均采用北京时间，昌吉均衡试验场所在区的地理时间与北京时间的时差约为 2 小时，如北京时间为上午 10:00，试验场所在区的地理时间约为上午 8:00。本章关于土壤温度分布、土壤水汽运移和凝结水的观测等分析所用的图表和文字论述中所提及的时间，统一采用北京时间。

第一节 土壤温度函数

一、土壤温度变化的一般特征

　　土壤温度对土壤中水汽的保持和运移，土壤水汽的凝结、扩散等物理过程都起着重要作用。土壤热量最主要的来源是太阳辐射，当土壤吸收热量时，土壤温度升高，当土壤释放热量时，土壤温度降低，由于不同土壤的热容量、导热率和热扩散率等热性质不同、昼夜和季节性的变化，土壤温度的升降幅度与升降过程也不同。

根据在昌吉均衡试验场土壤温度自动监测资料，图 11.1～图 11.4 分别给出时段 1（7 月 3 日 6:00～6 日 6:00）和时段 2（10 月 20 日 6:00～23 日 6:00），细砂和冬小麦田（粉质轻黏土）在 4 个深度上连续 3 天的温度周期性变化过程线。表 11.1 和表 11.2 分别为细砂和冬小麦田土壤剖面在此两个时段不同深度的土壤温度最大值 T_{max}、最小值 T_{min} 及其温差 ΔT 的平均值统计表。从这些图表可以看出土壤温度随深度变化的一般特征。

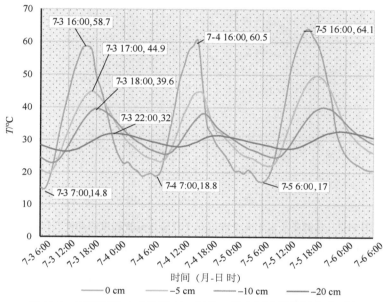

图 11.1　实测细砂 4 个深度在 7 月份 3 昼夜温度周期性变化过程

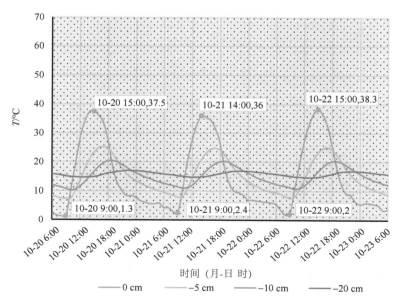

图 11.2　实测细砂 4 个深度在 10 月份 3 昼夜温度周期性变化过程

（1）由于在土壤表面受到太阳辐射是以 24 小时为周期的，因此土壤表面温度的昼夜升降过程也呈现出相应的周期性变化特征（如图 11.1～图 11.4 所示）。

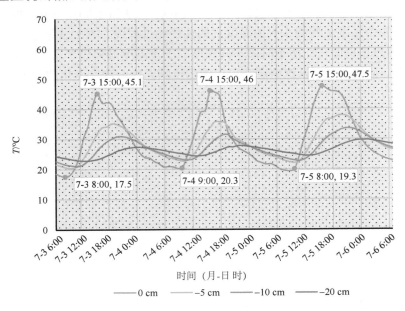

图 11.3　实测冬小麦田 4 个深度在 7 月份 3 昼夜温度周期性变化过程

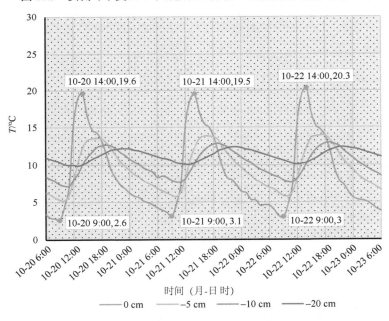

图 11.4　实测冬小麦田 4 个深度在 10 月份 3 昼夜温度周期性变化过程

（2）由于在土壤表面受到太阳的辐射的季节性变化影响，因此土壤表面温度的升降过程也呈现出明显的变化，最低温度和最高温度出现的时间和幅度有明显差别。如图 11.1 所示，在 7 月 5 日 6:00 细砂出现最低地面温度是 17 ℃，在 16:00 出现最高地面温度是

64.1 ℃。而在 10 月 22 日 9:00 细砂出现最低地面温度仅为 2 ℃，在 15:00 出现地面最高温度也只有 38.3 ℃（图 11.2）。可以看出，10 月 22 日与 7 月 5 日相比较，细砂表面最低温度出现的时间向后推迟约 3 个小时，最高温度出现的时间反而提前约 1 个小时，而且最低和最高温度值均显著降低。对于冬小麦田具也有同样的变化特征（图 11.3 和图 11.4）。

（3）土壤温度的升降与土壤的热容量相关，砂土含水量一般比黏土低，空气含量相对比较高，因此砂土的热容量通常低于黏土，所以温度容易升降。如在昌吉均衡试验场干旱条件下的细砂含水量极低，空气含量高，相比具有灌溉条件下冬小麦田的粉质轻黏土的含水量要低得多，空气含量也高得多，显然细砂的热容量要比冬小麦田要低得多，所以在土壤表层细砂比冬小麦田的温度升降幅度和昼夜温差要大得多（见表 11.1 和表 11.2）。

表 11.1　时段 1 和时段 2 不同深度的 T_{max}、T_{min}、ΔT 的统计表（细砂）

z/cm	时段 1 (7-3 6:00～7-6 6:00)			时段 2 (10-20 6:00～10-23 6:00)		
	T_{max}/℃	T_{min}/℃	ΔT/℃	T_{max}/℃	T_{min}/℃	ΔT/℃
0	61.1	16.9	44.2	37.3	1.9	35.4
−5	46	21.7	24.7	25.0	7.6	17.4
−10	39.3	24.4	14.8	20.4	10.7	9.7
−15	34.4	26.3	8.1	17.9	12.3	5.7
−20	32.1	27.3	4.8	16.9	14.7	2.2
−30	29.7	27.0	2.7	16.2	15.5	0.7
−50	27.2	26.3	0.9	16.7	16.5	0.2
−100	22.9	22.7	0.2	17.7	17.6	0.1
−150	20.2	20.1	0.1	18.3	18.2	0.1
−200	17.5	17.4	0.1	18.3	18.1	0.1
−250	15.1	15	0.1	17.8	17.7	0.1
−300	13.1	13	0.1	17.3	17.2	0.1

表 11.2　时段 1 和时段 2 不同深度的 T_{max}、T_{min}、ΔT 的统计表（冬小麦田）

z/cm	时段 1 (7-3 6:00～7-6 6:00)			时段 2 (10-20 6:00～10-23 6:00)		
	T_{max}/℃	T_{min}/℃	ΔT/℃	T_{max}/℃	T_{min}/℃	ΔT/℃
0	46.2	19.0	27.2	19.8	2.9	16.9
−5	36.2	21.6	14.5	13.8	5.6	8.2
−10	32.0	22.3	9.7	12.9	7.5	5.3
−15	29.5	23.2	6.3	12.6	9.4	3.3
−20	28.2	23.8	4.4	12.3	10.0	2.3
−40	23.9	22.8	1.1	13.0	12.6	0.4
−80	19.9	19.7	0.2	14.5	14.2	0.4
−160	15.9	15.5	0.3	15.5	15.2	0.3
−300	11.3	11.1	0.2	14.7	14.4	0.4

（4）由于太阳的辐射首先引起地面吸热升温，当土壤表层与地面以下某一深度 z^* 处的温度梯度 $\dfrac{\partial T}{\partial Z} > 0$ 时，地面的热量就会向 z^* 处传导，使其土壤温度上升。即使地面温度达到最高值转为下降阶段后，在较长一段时间内，地面与 z^* 之间仍然会保持温度梯度 $\dfrac{\partial T}{\partial Z} > 0$，因此 z^* 处的温度继续上升，z^* 处达到最高温度的时间明显滞后地面，最高温度值也随深度增加而减小。如图 11.1 中 7 月 3 日在地面、5 cm、10 cm 和 20 cm 处的最高温度出现的时间分别是 16:00、17:00、18:00 和 22:00 及相应各深度处的最高温度值（见图中数据标签所示）。从图 11.1～图 11.4 还可以看出，地面、5 cm、10 cm 和 20 cm 各深度出现的最高温度值随着深度的增加而减小；相反，地面、5 cm、10 cm 和 20 cm 各深度出现的最低温度值随着深度的增加而增大。

（5）土壤温度是随着深度位置和时间动态变化而变化的，因此土壤温度具有明显的时空分布的动态特征。如图 11.5 为时段 1（7 月 3 日 6:00～6 日 6:00）0～50 cm 细砂层的土壤温度时空分布，从中可以看出细砂温度随深度和时间变化的动态特征。

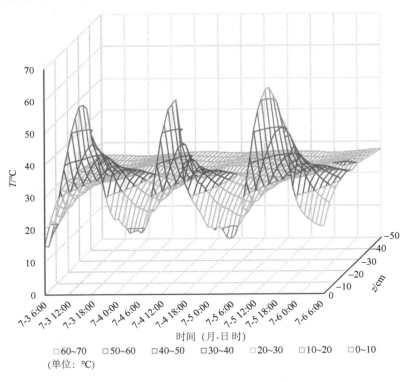

图 11.5　时段 1 细砂 0～50 cm 深度温度时空分布

二、土壤温度函数

一般情况下，非饱和带土壤温度是深度 z 的连续函数，记作 $T(z)$，可应用土壤温度函数 $T(z)$ 表示非饱和带土壤剖面的温度分布。通过大量的土壤温度资料和土壤温度图像分析研究发现，在非饱和带土壤温度函数的许多性质与土壤水势函数非常相似，因此在第二章和第三章所述的土壤水势函数动态分段单调性理论，土壤水渗流动态分带单向性理论，极值面形成、迁移、消失演化规律和土壤水势函数的分类及其动态转化等相关理论，对土壤温度函数及其在土壤水汽运移研究中的应用具有重要参考价值。

1. 土壤温度函数的极值和极值面

大量的土壤温度观测试验表明，许多情况下土壤温度垂向分布，在土壤剖面的某一位置或多个位置出现土壤温度函数 $T(z)$ 的极值（极大值或极小值）。

设 z_0 是土壤温度函数 $T(z)$ 定义域 $[a, b]$ 的一个内点，并且土壤温度函数 $T(z)$ 在 z_0 某一领域内，对任何异于 z_0 的 z，都有

$$T(z) < T(z_0) \ [\text{或} \ T(z) > T(z_0)]$$

称 $T(z_0)$ 是土壤温度函数 $T(z)$ 的极大值（或极小值）。

使土壤温度函数 $T(z)$ 取极值的点统称为函数 $T(z)$ 的极值点，记作 z_0。由极值点（极大值点或极小值点）构成的曲面称为土壤温度函数 $T(z)$ 的极值面（通常将其近似地作为一个水平面处理），并且将土壤温度函数 $T(z)$ 极大值面和极小值面分别记作 z_d 和 z_x。

土壤温度函数 $T(z)$ 的极值和极值面有以下性质：

(1) 土壤温度函数 $T(z)$ 的极值是一个局部性的概念，是局部的最大（最小）值。并不意味一定是土壤温度函数 $T(z)$ 在整个定义域内的最大值或最小值。

(2) 土壤温度函数 $T(z)$ 的极值面的位置，一定是定义域的内点。而定义域上 $z = a$ 或 $z = b$ 处不会成为土壤温度函数 $T(z)$ 的极值面。

(3) 土壤温度函数 $T(z)$ 的极值在整个定义域内不一定唯一，在土壤温度函数 $T(z)$ 定义域 $[a, b]$ 内可能没有极值，也可能土壤温度函数 $T(z)$ 有一个或多个极值；若有两个极值，必然是 1 个极大值和 1 个极小值；若有 2 个以上的极值，必然是极大值和极小值相隔分布的。

(4) 土壤温度函数 $T(z)$ 的最大值或最小值可能是土壤温度函数 $T(z)$ 极大值或极小值，也可能是在定义域的 a 或 b 处 [即 $T(a)$ 或 $T(b)$]。

2. 土壤温度函数的分段单调性

有的土壤温度函数 $T(z)$ 在整个定义域 $[a, b]$ 内是一个单调函数（单调递增函数或单调递减函数）；有的土壤温度函数 $T(z)$ 在定义域内的部分子区间上的函数段是单调递增函数，而在另外子区间上则是单调递减函数，即土壤温度函数 $T(z)$ 在这些子区间上的函数段具有不同的单调性。这两类子区间统称为单调区间。并且土壤温度函数 $T(z)$ 的极值面（z_d 或 z_x）是土壤温度分段函数单调性的转折面。

土壤温度函数 $T(z)$ 的单调性是对某个子区间（单调区间）而言的，它是一个局部概念，也可以理解为土壤温度函数 $T(z)$ 在此单调区间上的函数段具有单调性。

判断土壤温度函数 $T(z)$ 单调性的方法，可根据土壤温度函数的具体情况，用定义法、图像法或求导法等。

例如，图 11.6 是实测（10 月 20 日 22:00）细砂温度分段单调性函数的图像，图中土

壤温度函数 $T(z)$ 的定义域为[-100, 0]，土壤温度函数 $T(z)$ 有 1 个极小值，即 $T(-30)=16.1(℃)$，极小值面 $z_x = -30(cm)$；还有 1 个极大值，即 $T(-10)=18.1(℃)$，极大值面 $z_d = -10(cm)$；土壤温度函数 $T(z)$ 在 2 个子区间 $(-100, -30)$ 和 $(-10, 0)$ 上的 2 个函数段 $T_1(z)$ 和 $T_3(z)$ 均为单调递减函数段，$\frac{\partial T}{\partial Z} < 0$。而在 1 个子区间 $(-30, -10)$ 上的函数段 $T_2(z)$ 为单调递增函数段，$\frac{\partial T}{\partial Z} > 0$。极值面为函数段单调性的转折面。

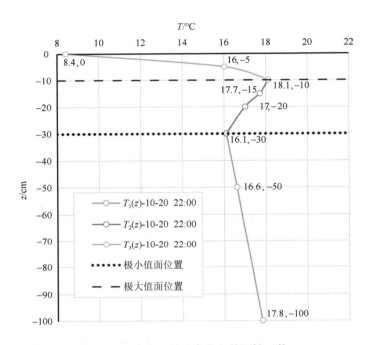

图 11.6　实测细砂温度分段单调性函数

图 11.6 所示的细砂温度函数，可用下式表示：

$$T(z) = \begin{cases} T(-100) & z = -100 \\ T_1(z) & \frac{\partial T}{\partial z} < 0 & (-100, -30) \\ T(z) & z = -30 \\ T_2(z) & \frac{\partial T}{\partial Z} > 0 & (-30, -10) \\ T(z) & z = -10 \\ T_3(z) & \frac{\partial T}{\partial Z} < 0 & (-10, 0) \\ T(0) & z = 0 \end{cases} \tag{11.1}$$

以上分析看出，对于较复杂的土壤温度函数 $T(z)$，可以看作是一个分段单调性函数，

对于自变量 z 的不同单调区间，函数有不同的单调性，它是一个函数，而不是几个函数，因此分段单调性函数的定义域是各单调性函数段定义域(单调区间)、极值面、地面($z=0$)和下边界面(如 $z=-100$)的并集，其值域是各单调性函数段的值域、极值和上、下边界函数值的并集。

对于土壤温度函数 $T(z)$ 的极大值面 z_d 而言，其上的单调区间土壤温度函数段为单调性减函数，$\frac{\partial T}{\partial Z}<0$；其下的单调区间的土壤温度函数段为单调性增函数，$\frac{\partial T}{\partial Z}>0$；极大值面 z_d 是单调性增函数段与单调性减函数段之间的转折面。

同样，对于土壤温度函数 $T(z)$ 的极小值面 z_x 而言，其上的单调区间的土壤温度函数段为单调性增函数，$\frac{\partial T}{\partial Z}>0$；其下的单调区间的土壤温度函数段为单调性减函数，$\frac{\partial T}{\partial Z}<0$；极小值面是单调性减函数段与单调性增函数段之间的转折面。

第二节 土壤温度函数的基本类型

一、土壤温度函数分类

根据大量土壤温度的原位监测资料，通过对土壤温度函数图像的研究和理论分析，在取得上述土壤温度函数分段单调性理论认识基础上，将非饱和带土壤热量垂向传导过程中的土壤温度函数 $T(z)$ (或称土壤温度分布)总结归纳为以下 4 大类型，并可细化为 9 种基本类型。

(一) 无极值型土壤温度函数(无极值型土壤温度分布)
1. 单调递增型土壤温度函数(单调递增型土壤温度分布)
2. 单调递减型土壤温度函数(单调递减型土壤温度分布)

(二) 单极值型土壤温度函数(单极值型土壤温度分布)
3. 极大值型土壤温度函数(极大值型土壤温度分布)
4. 极小值型土壤温度函数(极小值型土壤温度分布)

(三) 双极值型土壤温度函数(双极值型土壤温度分布)
5. 极大–极小值型土壤温度函数(极大–极小值型土壤温度分布)
6. 极小–极大值型土壤温度函数(极小–极大值型土壤温度分布)

$$(四)\begin{array}{l}\text{多极值型土壤温度函数}\\\text{(多极值型土壤温度分布)}\end{array}\begin{cases}\text{7. 双极大值型土壤温度函数}\\\text{(双极大值型土壤温度分布)}\\\\\text{8. 双极小值型土壤温度函数}\\\text{(双极小值型土壤温度分布)}\\\\\text{9. 三个以上极值型土壤温度函数}\\\text{(三个以上极值型土壤温度分布)}\end{cases}$$

二、土壤温度函数基本类型

在研究土壤水汽运移过程中，由于三个以上极值型土壤温度函数基本类型很少出现，因此仅将常见的 8 种土壤温度函数基本类型分述如下。

为论述方便，土壤温度函数 $T(z)$ 的定义域用 $[a, 0]$ 表示，a 为土壤温度分布最大深度处的 z 值，0 为地面处的 z 值（即 $z = 0$）。

1. 单调递增型土壤温度函数

在一个土壤剖面上的土壤温度函数 $T(z)$，若在定义域 $[a, 0]$ 的所有内点都具有

$$\frac{\partial T}{\partial z} > 0 \tag{11.2}$$

在地面 $z = 0$ 处，$T(0)$ 为土壤剖面上土壤温度函数的最大值；而在 $z = a$ 处，$T(a)$ 为土壤温度函数的最小值。此类单调性土壤温度函数，称为单调递增型土壤温度函数。

例如，图 11.7 所示为实测细砂剖面的温度分布曲线及其数据标签，可以看出土壤温度函数 $T(z)$ 在定义域 $[-160, 0]$ 的所有内点都具有单调递增型温度函数的特征，即

$$\frac{\partial T}{\partial z} > 0$$

由图 11.7 中温度分布曲线的数据标签所示，在地面 $z = 0$ 处，为土壤温度函数 $T(z)$ 的最大值，即土壤温度函数 $T(0) = 38.5(℃)$；在 $z = -160(\mathrm{cm})$ 处，为土壤温度函数 $T(z)$ 的最小值，即函数的最小值 $T(-160) = 16.2(℃)$。

2. 单调递减型土壤温度函数

在一个土壤剖面上的土壤温度函数 $T(z)$，若在定义域 $[a, 0]$ 的所有内点都具有

$$\frac{\partial T}{\partial z} < 0 \tag{11.3}$$

在地面 $z = 0$ 处，$T(0)$ 为土壤剖面上土壤温度函数的最小值；而在 $z = a$ 处，$T(a)$ 为土壤温度函数的最大值。此类单调性土壤温度函数，称为单调递减型土壤温度函数。

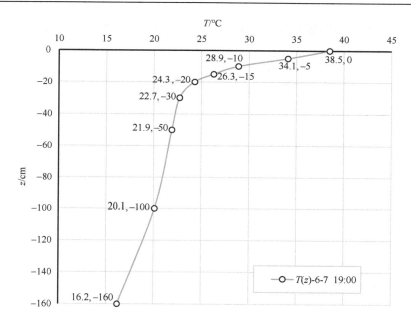

图 11.7　实测单调递增型土壤温度分布曲线

例如，图 11.8 所示为实测细砂剖面的温度分布曲线及其数据标签。可以看出，土壤温度函数 $T(z)$ 在定义域[–160, 0]的所有内点都具有单调递增型温度函数的特征，即

$$\frac{\partial T}{\partial z} < 0$$

由图 11.8 中土壤温度分布曲线的数据标签所示，在地面 $z = 0$ 处，为土壤温度函数 $T(z)$ 的最小值，即土壤温度函数的最小值 $T(0) = 6.7(℃)$；在 $z = -160 (cm)$ 处，为土壤温度函数 $T(z)$ 的最大值，即函数的最大值 $T(-160) = 19(℃)$。

3. 极大值型土壤温度函数

土壤温度函数 $T(z)$ 的定义域为$[a, 0]$，若土壤温度函数仅有一个极大值 $T(z_d)$，z_d 是极大值面。土壤温度函数 $T(z)$ 在子区间 (a, z_d) 的函数段呈单调递增函数，记作 $T_1(z)$。土壤温度函数 $T(z)$ 在子区间 $(z_d, 0)$ 的函数段呈单调递减函数，记作 $T_2(z)$。因此，土壤温度函数 $T(z)$ 是一个具有分段单调性特征的分段函数[式(11.4)]。此类土壤温度分段单调性函数，称为极大值型土壤温度函数。

例如，图 11.9 所示为实测细砂的温度分布曲线及其数据标签，图中标签所示表明，土壤温度函数 $T(z)$ 仅有一个极大值 $T(z_d) = 25.8 ℃$，极大值面为 $z_d = -30 cm$。土壤温度函数 $T(z)$ 在子区间 $(-200, -30)$ 的函数段呈单调递增函数（即 $\frac{\partial T}{\partial z} > 0$）。在子区间 $(-30, 0)$ 的函数段呈单调递减函数（即 $\frac{\partial T}{\partial z} < 0$）。在此例中，极大值 $T(z_d) = 25.8 ℃$，同时也是土壤温度函数 $T(z)$ 的最大值，这是极大值型土壤温度函数的一个特征。但是在其他土壤温度函

数类型中土壤温度函数的极大值不一定是最大值，极大值仅是一个局部性概念。

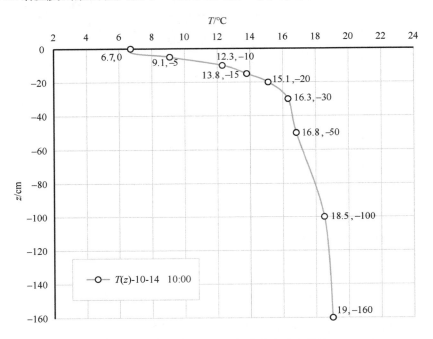

图 11.8　实测单调递减型土壤温度分布曲线

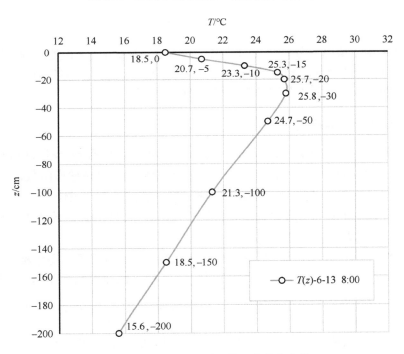

图 11.9　实测极大值型土壤温度分布曲线

$$T(z) = \begin{cases} T(a) & & z = a \\ T_1(z) & \dfrac{\partial T}{\partial z} > 0 & (a, z_d) \\ T(z_d) & & z = z_d \\ T_2(z) & \dfrac{\partial T}{\partial z} < 0 & (z_d, 0) \\ T(0) & & z = 0 \end{cases} \tag{11.4}$$

4. 极小值型土壤温度函数

土壤温度函数 $T(z)$ 在定义域 $[a, 0]$ 上，若土壤温度函数 $T(z)$ 仅有一个极小值 $T(z_x)$，z_x 是极小值面。土壤温度函数 $T(z)$ 在子区间 (a, z_x) 的函数段呈单调递减函数，记为 $T_1(z)$。土壤温度函数 $T(z)$ 在子区间 $(z_x, 0)$ 的函数段呈单调递增函数，记为 $T_2(z)$。因此，土壤温度函数 $T(z)$ 是一个具有分段单调性特征的分段函数[见式(11.5)]。此类土壤温度分段单调性函数，称为极小值型土壤温度函数。

$$T(z) = \begin{cases} T(a) & & z = a \\ T_1(z) & \dfrac{\partial T}{\partial z} < 0 & (a, z_x) \\ T(z_x) & & z = z_x \\ T_2(z) & \dfrac{\partial T}{\partial z} > 0 & (z_x, 0) \\ T(0) & & z = 0 \end{cases} \tag{11.5}$$

例如，图 11.10 所示为实测细砂的温度分布曲线及其数据标签，如图中数据标签所示，土壤温度函数 $T(z)$ 仅有一个极小值 $T(z_x) = 15.9(℃)$，极小值面为 $z_x = -30(\text{cm})$。土壤温度函数 $T(z)$ 在子区间 $(-200, -30)$ 的函数段呈单调递减函数（即 $\dfrac{\partial T}{\partial z} < 0$）。在子区间 $(-30, 0)$ 的函数段呈单调递增函数（即 $\dfrac{\partial T}{\partial z} > 0$）。在此例中，极小值 $T(z_x) = 15.9(℃)$，同时是土壤温度函数 $T(z)$ 的最小值，这也是极小值型土壤温度函数的一个特征。但是在其他土壤温度函数类型中土壤温度函数的极小值不一定是土壤温度函数 $T(z)$ 的最小值，极小值仅是一个局部性的概念。

5. 极大-极小值型土壤温度函数

土壤温度函数 $T(z)$ 在定义域 $[a, 0]$ 内，如果土壤温度函数 $T(z)$ 存在一个极大值 $T(z_d)$，z_d 为极大值面，同时还存在一个极小值 $T(z_x)$，z_x 为极小值面，并且 $z_d < z_x$；土壤温度函数 $T(z)$ 在子区间 (a, z_d) 的函数段呈单调递增函数（即 $\dfrac{\partial T}{\partial z} > 0$），记作 $T_1(z)$；土壤温度函数 $T(z)$ 在子区间 (z_d, z_x) 的函数段呈单调递减函数（即 $\dfrac{\partial T}{\partial z} < 0$），记作 $T_2(z)$；土

壤温度函数 $T(z)$ 在子区间 $(z_x, 0)$ 的函数段呈单调递增函数（即 $\frac{\partial T}{\partial z} > 0$），记作 $T_3(z)$。因此，土壤温度函数 $T(z)$ 是一个具有分段单调性特征的分段函数[见式(11.6)]。此类土壤温度分段单调性函数，称为极大-极小值型土壤温度函数。

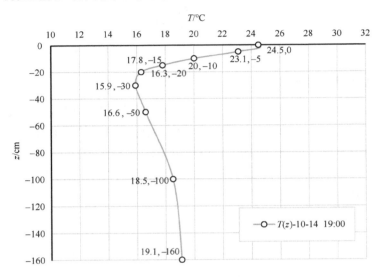

图 11.10　实测极小值型土壤温度分布曲线

例如，图 11.11 给出的实测细砂的温度分布曲线及其数据标签，土壤温度函数 $T(z)$ 的定义域为 $[-300, 0]$。图中数据标签表明，土壤温度函数 $T(z)$ 的极大值 $T(z_d)=19(℃)$，极大值面 $z_d = -150(cm)$，极小值 $T(z_x)=16.1(℃)$，极小值面 $z_x = -20(cm)$。土壤温度函数 $T(z)$ 在子区间 $(-300, -150)$ 的函数段 $T_1(z)$ 呈单调递增函数（即 $\frac{\partial \psi}{\partial z} > 0$）；而在子区间 $(-150, -20)$，土壤温度函数 $T(z)$ 的函数段 $T_2(z)$ 呈单调递减函数（即 $\frac{\partial \psi}{\partial z} < 0$）。土壤温度函数 $T(z)$ 在子区间 $(-20, 0)$，土壤温度函数 $T(z)$ 的函数段 $T_3(z)$ 呈单调递增函数（即 $\frac{\partial \psi}{\partial z} > 0$），可见此土壤剖面的土壤温度分段单调性函数 $T(z)$）是极大-极小值型土壤温度函数。

$$T(z) = \begin{cases} T(a) & & z = a \\ T_1(z) & \frac{\partial T}{\partial z} > 0 & (a, z_d) \\ T(z_d) & & z = z_d \\ T_2(z) & \frac{\partial T}{\partial z} < 0 & (z_d, z_x) \\ T(z_x) & & z = z_x \\ T_3(z) & \frac{\partial T}{\partial z} > 0 & (z_x, 0) \\ T(0) & & z = 0 \end{cases} \tag{11.6}$$

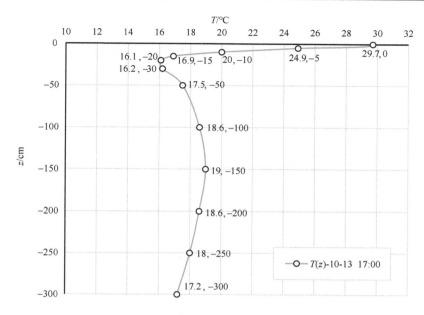

图 11.11　实测极大-极小值型土壤温度分布曲线

6. 极小-极大值型土壤温度函数

土壤温度函数 $T(z)$ 在定义域 $[a, 0]$ 内，如果土壤温度函数 $T(z)$ 存在一个极小值 $T(z_x)$，z_x 为极小值面，同时还存在一个极大值 $T(z_d)$，z_d 为极大值面，并且 $z_d > z_x$；土壤温度函数 $T(z)$ 在子区间 (a, z_x) 的函数段呈单调递增函数（即 $\frac{\partial T}{\partial z} < 0$），将其记作 $T_1(z)$；土壤温度函数 $T(z)$ 在子区间 (z_x, z_d) 的函数段呈单调递减函数（即 $\frac{\partial T}{\partial z} > 0$），记作 $T_2(z)$；土壤温度函数 $T(z)$ 在子区间 $(z_d, 0)$ 的函数段呈单调递增函数（即 $\frac{\partial T}{\partial z} < 0$），记作 $T_3(z)$。因此，土壤温度函数 $T(z)$ 是一个具有分段单调性特征的分段函数[见式(11.7)]。此类土壤温度分段单调性函数，称为极大-极小值型土壤温度函数。

例如，图 11.12 给出的实测细砂的温度分布曲线及其数据标签，土壤温度函数 $T(z)$ 的定义域为 $[-160, 0]$。图中数据标签表明，土壤温度函数 $T(z)$ 的极小值 $T(z_x) = 16.3$（℃），极小值面 $z_x = -30$（cm），土壤温度函数 $T(z)$ 极大值 $T(z_d) = 18$（℃），极大值面 $z_d = -10$（cm）。土壤温度函数 $T(z)$ 在子区间 $(-160, -30)$ 的函数段 $T_1(z)$ 呈单调递减函数（即 $\frac{\partial T}{\partial z} < 0$），而土壤温度函数 $T(z)$ 在子区间 $(-30, -10)$ 的函数段 $T_2(z)$ 呈单调递增函数（即 $\frac{\partial T}{\partial z} > 0$）。土壤温度函数 $T(z)$ 在子区间 $(-10, 0)$ 的函数段 $T_3(z)$ 呈单调递减函数（即 $\frac{\partial T}{\partial z} < 0$）。可见，此土壤剖面的土壤温度分段函数 $T(z)$ 是极大-极小值型土壤温度函数。

$$T(z)=\begin{cases} T(a) & & z=a \\ T_1(z) & \dfrac{\partial T}{\partial z}<0 & (a,z_x) \\ T(z_x) & & z=z_x \\ T_2(z) & \dfrac{\partial T}{\partial z}>0 & (z_x,z_d) \\ T(z_d) & & z=z_d \\ T_3(z) & \dfrac{\partial T}{\partial z}<0 & (z_d,0) \\ T(0) & & z=0 \end{cases} \tag{11.7}$$

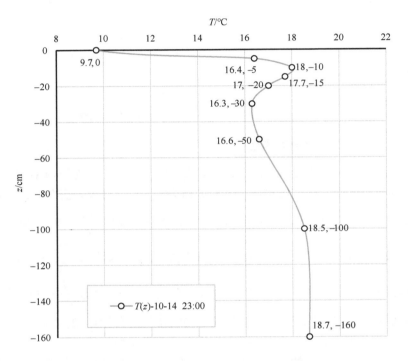

图 11.12　实测极小-极大值型土壤温度分布曲线

7. 双极大值型土壤温度函数

土壤温度函数 $T(z)$ 在定义域 $[a, 0]$ 内，如果土壤温度函数 $T(z)$ 存在 2 个极大值，即 $T(z_{d1})$ 和 $T(z_{d2})$，相应的极大值面为 z_{d1} 和 z_{d2}，同时土壤温度函数 $T(z)$ 还存在 1 个极小值 $T(z_x)$，z_x 为极小值面，并且有以下关系：

$$a<z_{d1}<z_x<z_{d2}<0$$

土壤温度函数 $T(z)$ 在子区间 (a, z_{d1}) 的函数段 $T_1(z)$ 单调递增函数（即 $\dfrac{\partial T}{\partial z}<0$），

在子区间 (z_{d1}, z_x) 的函数段 $T_2(z)$ 呈单调递减函数（即 $\dfrac{\partial T}{\partial z} > 0$），在子区间 (z_x, z_{d2}) 的函数段 $T_3(z)$ 单调递增函数（即 $\dfrac{\partial T}{\partial z} < 0$），子区间 $(z_{d2}, 0)$ 的函数段 $T_4(z)$ 呈单调递减函数（即 $\dfrac{\partial T}{\partial z} > 0$）。此类土壤温度分段单调性函数［见式(11.8)］，称为双极大值型土壤温度函数。

例如，图 11.13 给出的实测细砂的温度分布曲线及其数据标签，土壤温度函数 $T(z)$ 的定义域为[-300, 0]。图中土壤温度函数图像和数据标签表明，土壤温度函数 $T(z)$ 有 2 个极大值，即 $T(z_{d1}) = 19.1(℃)$ 和 $T(z_{d2}) = 23.1$ ℃，$z_{d1} = -150(cm)$ 和 $z_{d2} = -5(cm)$ 为极大值面位置。还有 1 个极小值 $T(z_x) = 16.4$ ℃，$z_x = -30(cm)$ 为极小值面位置。并满足以下关系：

$$-300 < z_{d1} < z_x < z_{d2} < 0$$

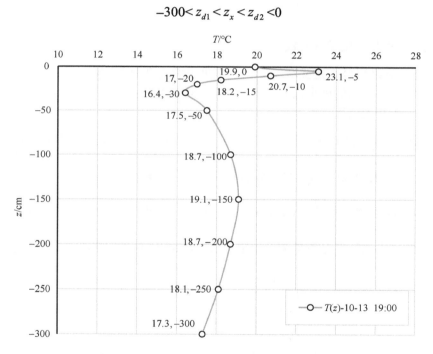

图 11.13　实测双极大值型土壤温度分布曲线

土壤温度函数 $T(z)$ 在子区间 $(-300, -150)$ 内的函数段 $T_1(z)$ 呈单调递增函数（即 $\dfrac{\partial T}{\partial z} > 0$），在子区间 $(-150, -30)$ 内的函数段 $T_2(z)$ 呈单调递减函数（即 $\dfrac{\partial \psi}{\partial z} < 0$），在子区间 $(-30, -5)$ 内的函数段 $T_3(z)$ 呈单调递增函数（即 $\dfrac{\partial T}{\partial z} > 0$），在子区间 $(-5, 0)$ 内的函数段 $T_4(z)$ 呈单调递减函数（即 $\dfrac{\partial T}{\partial z} < 0$）。可见，此土壤剖面的土壤温度分段函数 $T(z)$ 是双极大值型土壤温度函数。

$$
T(z) = \begin{cases}
T(a) & & z = a \\
T_1(z) & \dfrac{\partial T}{\partial z} > 0 & (a, z_{d1}) \\
T(z_{d1}) & & z = z_{d1} \\
T_2(z) & \dfrac{\partial T}{\partial z} < 0 & (z_{d1}, z_x) \\
T(z_x) & & z = z_x \\
T_3(z) & \dfrac{\partial T}{\partial z} > 0 & (z_x, z_{d2}) \\
T(z_{d2}) & & z = z_{d2} \\
T_4(z) & \dfrac{\partial T}{\partial z} < 0 & (z_{d2}, 0) \\
T(0) & & z = 0
\end{cases}
\tag{11.8}
$$

8. 双极小值型土壤温度函数

土壤温度函数 $T(z)$ 在定义域 $[a, 0]$ 内，如果土壤温度函数 $T(z)$ 存在 2 个极小值，即：$T(z_{x1})$ 和 $T(z_{x2})$，相应的极小值面为 z_{x1} 和 z_{x2}，同时土壤温度函数 $T(z)$ 还存在 1 个极大值 $T(z_d)$，z_d 为极大值面。

土壤温度函数 $T(z)$ 在子区间 (a, z_{x1}) 的函数段 $T_1(z)$ 呈单调递减函数（即 $\dfrac{\partial T}{\partial z} < 0$），在子区间 (z_{x1}, z_d) 的函数段 $T_2(z)$ 呈单调递增函数（即 $\dfrac{\partial T}{\partial z} > 0$），在子区间 (z_d, z_{x2}) 的函数段 $T_3(z)$ 呈单调递减函数（即 $\dfrac{\partial T}{\partial z} < 0$），在子区间 $(z_{d2}, 0)$ 的函数段 $T_4(z)$ 呈单调递增函数（即 $\dfrac{\partial T}{\partial z} > 0$）。此类土壤温度分段单调性函数 [见式(11.9)]，称为双极小值型土壤温度函数。

$$
T(z) = \begin{cases}
T(a) & & z = a \\
T_1(z) & \dfrac{\partial \psi}{\partial z} < 0 & (a, z_{x1}) \\
T(z_{x1}) & & z = z_{x1} \\
T_2(z) & \dfrac{\partial \psi}{\partial z} > 0 & (z_{x1}, z_d) \\
T(z_d) & & z = z_d \\
T_3(z) & \dfrac{\partial \psi}{\partial z} < 0 & (z_d, z_{x2}) \\
T(z_{x2}) & & z = z_{x2} \\
T_4(z) & \dfrac{\partial \psi}{\partial z} > 0 & (z_{x2}, 0) \\
T(0) & & z = 0
\end{cases}
\tag{11.9}
$$

第三节　土壤的热传导状态

土壤中热流量影响土壤的温度，因此，土壤温度变化也反映了土壤中热流量的状态。土壤吸热后，按其热容量增温的同时，还把吸收的热量向邻近土壤传导（热传导），与在多孔介质中的水流运动遵守达尔西定律类似，在多孔介质中的热量传导服从傅里叶定律（Fourie's heat flow law）：

$$Q = -\lambda_z \cdot A(T_2 - T_1)/(z_2 - z_1) \tag{11.10}$$

式中，Q 表示单位时间内土壤中由深度 z_1 处流向 z_2 处的热量（J·s^{-1}）；A 表示土壤的横截面积（cm^2）；T_1、T_2 表示深度 z_1 和 z_2 处的土壤温度（℃）；λ_z 是一个比例常数，称为导热率（J·cm^{-1}·s^{-1}·℃$^{-1}$），下标 z 表示垂直方向上的导热率；负号表示热流方向与温度梯度方向相反，即热量由土壤中温度高处流向温度低处。

傅里叶定律表明，单位时间内通过的热量 Q 的数量与导热截面的面积 A 和温度梯度 $\Delta T / \Delta Z$ 成正比。

在实际使用时，常用热通量 $q(z)$ 代替热量 Q。热通量 $q(z) = Q/A$，即单位时间、单位面积上通过的热量（J·s^{-1}·cm^{-2}），因此式（11.10）也可改写成

$$q(z) = -\lambda_z \Delta T / \Delta Z \tag{11.11}$$

或

$$q(z) = -\lambda_z \frac{\partial T}{\partial Z} \tag{11.12}$$

土壤的热传导状态是由土壤温度函数 $T(z)$ 或习惯称土壤剖面温度分布决定的，前面所述土壤剖面的土壤温度分布的 8 种基本类型，对应有不同类型的土壤的热传导状态。为了论述方便，本书将土壤热流向上运行称为上传导，土壤热流向下运行称为下传导。$z = a$ 为研究土壤剖面的下边界，$z = 0$ 为上边界（地面）。

1. 下传导型

在土壤温度函数的定义域 $[a, 0]$ 内，土壤温度分布呈单调递增型，土壤温度梯度具有

$$\frac{\partial T}{\partial z} > 0$$

根据式（11.12），土壤热通量 $q(z) < 0$，土壤热流持续呈向下运行状态，区间 $(a, 0)$ 为土壤热流下行带。称此类土壤热传导状态为下传导型。

2. 上传导型

在土壤温度函数的定义域 $[a, 0]$ 内，土壤温度分布呈单调递减型，即

$$\frac{\partial T}{\partial z} < 0$$

根据式（11.12），土壤热通量 $q(z) > 0$，土壤剖面热流呈向上运行状态，区间 $(a, 0)$ 为

土壤热流上行带。称此类土壤热传导状态为上传导型。

3. 上-下传导型

在土壤温度函数的定义域$[a, 0]$内，土壤温度分布呈极大值型，z_d为极大值面，根据式(11.12)，土壤热通量具有以下性质：

$$q(z)\begin{cases} <0 & \dfrac{\partial T}{\partial z}>0 & (a,z_d) \\[2mm] =0 & & z=z_d \\[2mm] >0 & \dfrac{\partial T}{\partial z}<0 & (z_d,0) \end{cases} \tag{11.13}$$

在单调区间(a, z_d)内，土壤热流呈向下运行状态，区间(a, z_d)为土壤热流的下行带。在单调区间$(z_d, 0)$上，土壤热流呈向上运行状态，区间$(z_d, 0)$为土壤热流的上行带。土壤温度极大值面z_d为土壤热流方向的转折面。称此类土壤热传导状态为上-下传导型。

4. 下-上传导型

在土壤温度函数的定义域$[a, 0]$内，土壤温度分布呈极小值型，z_x为极小值面，根据式(11.12)，土壤热通量具有以下性质：

$$q(z)\begin{cases} >0 & \dfrac{\partial T}{\partial z}<0 & (a,z_x) \\[2mm] =0 & & z=z_x \\[2mm] <0 & \dfrac{\partial T}{\partial z}>0 & (z_x,0) \end{cases} \tag{11.14}$$

在单调区间(a, z_x)内，土壤热流呈向上运行状态，区间(a, z_x)为土壤热流的上行带；在单调区间$(z_x, 0)$内，土壤热流呈向下运行状态，区间$(z_x, 0)$为土壤热流的下行带。称此类土壤热传导状态为下-上传导型。

5. 下-上-下传导型

在土壤温度函数的定义域$[a, 0]$内，土壤温度分布呈极大-极小值型，z_d为极大值面，z_x为极小值面，并且具有$0>z_x>z_d>a$的关系，根据式(11.12)，土壤热通量具有以下性质：

$$q(z)\begin{cases} <0 & \dfrac{\partial T}{\partial z}>0 & (a,z_d) \\[2mm] =0 & & z=z_d \\[2mm] >0 & \dfrac{\partial T}{\partial z}<0 & (z_d,z_x) \\[2mm] =0 & & z=z_x \\[2mm] <0 & \dfrac{\partial T}{\partial z}>0 & (z_x,0) \end{cases} \tag{11.15}$$

单调区间 (a, z_d) 和 $(z_x, 0)$ 内，土壤热流呈向下运行状态，区间 (a, z_d) 和 $(z_x, 0)$ 均为土壤热流的下行带。单调区间 (z_d, z_x) 内，土壤热流呈向上运行状态，区间 (z_d, z_x) 为土壤热流的上行带。极值面 z_d 和 z_x 为土壤热流方向的转折面。称此类土壤热传导状态为下-上-下传导型。

6. 上-下-上传导型

在土壤温度函数的定义域 $[a, 0]$ 内，土壤温度分布呈极小-极大值型，z_d 为极大值面，z_x 为极小值面，并且具有 $0 > z_d > z_x > a$ 的关系，根据式(11.12)，土壤热通量具有以下性质：

$$q(z)\begin{cases} >0 & \dfrac{\partial T}{\partial z}<0 & (a,\ z_x) \\[2mm] =0 & & z=z_x \\[2mm] <0 & \dfrac{\partial T}{\partial z}>0 & (z_x, z_d) \\[2mm] =0 & & z=z_d \\[2mm] >0 & \dfrac{\partial T}{\partial z}<0 & (z_d, 0) \end{cases} \qquad (11.16)$$

单调区间 $(a,\ z_x)$ 和 $(z_d,\ 0)$ 内，土壤热流呈向上运行状态，区间 $(a,\ z_x)$ 和 $(z_d,\ 0)$ 均为土壤热流的上行带。单调区间 $(z_x,\ z_d)$ 内，土壤热流呈向下运行状态，区间 $(z_x,\ z_d)$ 为土壤热流的下行带。极值面 z_d 和 z_x 为土壤热流方向的转折面。称此类土壤热传导状态为上-下-上传导型。

7. 双上-下传导型

在非饱和带土壤剖面上土壤水势分布呈双极大值型，2 个极大值面分别为 z_{d1} 和 z_{d2}，1 个极小值面为 z_x。并且具有 $0 > z_{d2} > z_x > z_{d1} > a$ 的关系，根据式(11.12)，土壤热通量具有以下性质：

$$q(z)\begin{cases} <0 & \dfrac{\partial T}{\partial z}>0 & (a, z_{d1}) \\[2mm] =0 & & z=z_{d1} \\[2mm] >0 & \dfrac{\partial T}{\partial z}<0 & (z_{d1}, z_x) \\[2mm] =0 & & z=z_x \\[2mm] <0 & \dfrac{\partial T}{\partial z}>0 & (z_x, z_{d2}) \\[2mm] =0 & & z=z_{d2} \\[2mm] >0 & \dfrac{\partial T}{\partial z}<0 & (z_{d2}, 0) \end{cases} \qquad (11.17)$$

单调区间 (a, z_{d1})、(z_x, z_{d2}) 内，土壤热流呈向上运行状态，区间 (a, z_{d1})、(z_x, z_{d2}) 为土壤热流的下行带。单调区间 (z_{d1}, z_x)、$(z_{d2}, 0)$ 为土壤热流呈向上运行状态，区间 (z_{d1}, z_x)、$(z_{d2}, 0)$ 为土壤热流的上运行带，3 个极值面均为土壤热流方向的转折面。称此类土壤热传导状态为双上-下传导型。

8. 双下–上传导型

在非饱和带土壤剖面上土壤水势分布呈双极小值型，2 个极小值面分别为 z_{x1} 和 z_{x2}，1 个极大值面为 z_d。并且具有 $0 > z_{x2} > z_d > z_{x2} > a$ 的关系，根据式 (11.12)，土壤热通量具有以下性质：

$$q(z)\begin{cases} >0 & \dfrac{\partial T}{\partial z}<0 & (a, z_{x1}) \\ =0 & & z=z_{x1} \\ <0 & \dfrac{\partial T}{\partial z}>0 & (z_{x1}, z_d) \\ =0 & & z=z_d \\ >0 & \dfrac{\partial T}{\partial z}<0 & (z_d, z_{x2}) \\ =0 & & z=z_{x2} \\ <0 & \dfrac{\partial T}{\partial z}>0 & (z_{x2}, 0) \end{cases} \tag{11.18}$$

单调区间 (a, z_{x1}) 和 (z_d, z_{x2}) 内，土壤热流呈向下运行状态，区间 (a, z_{x1}) 和 (z_d, z_{x2}) 为土壤热流的下行带。(z_{x1}, z_d) 和 $(z_{x2}, 0)$ 内，土壤热流呈向上运行状态，区间 (z_{x1}, z_d) 和 $(z_{x2}, 0)$ 为土壤热流的上行带。3 个极值面均为土壤热流方向的转折面。称此类土壤热传导状态为双下–上传导型。

［上述各式在定义域中 $z=a$ 和 $z=0$ 的热通量分别为 $q(a)$ 和 $q(0)$，未在式中列出］

土壤温度函数类型与土壤的热传导状态的对应关系见表 11.3。

表 11.3　土壤温度函数类型与土壤热传导状态对应关系表

函数类型	函数基本类型	单调区间数	土壤热传导状态	热流运行带数
无极值型	单调递增型	1	下传导型	1
	单调递减型	1	上传导型	1
单极值型	极大值型	2	上–下传导型	2
	极小值型	2	下–上传导型	2
双极值型	极大–极小值型	3	下–上–下传导型	3
	极小–极大值型	3	上–下–上传导型	3
多极值型	双极大值型	4	双上–下传导型	4
	双极小值型	4	双下–上传导型	4
	……	……	……	……

第四节　土壤温度函数极值面成因及迁移演化规律

土壤温度函数的极值面(极大值面或极小值面)，在动态条件下确定土壤温度分布类型、土壤热量传导、土壤水汽运移的理论分析、水汽的凝结和扩散损耗过程等许多方面都有重要理论意义和实用价值。因此，观测研究土壤温度函数极值面的形成演化规律，是土壤水汽运移实验研究的一项重要的内容。通过大量土壤温度观测试验和分析研究，对土壤温度函数极值面的形成演化规律归纳如下。

一、土壤温度函数极大值面的成因及迁移演化规律

1. 土壤温度函数极大值面的成因

在定义域$[a, 0]$上，若初始土壤温度分布呈单调递增型（或极小值型，或极大-极小值型）时，在区间$(a, 0)$或在子区间$(z_x, 0)$上，土壤温度梯度$\dfrac{\partial T}{\partial z} > 0$，土壤表面的土壤热量向下传导。由于在土壤表面的太阳辐射是以昼夜 24 小时周期性变化的，因此土壤表面的温度升降变化规律也基本如此。这时土壤表面温度如果处于上升过程，不会改变土壤温度梯度的方向，土壤表面的土壤热量仍然向下传导。但是在土壤表面温度转化为下降过程后，并且当土壤表面温度低于邻近深度z^*处的温度时，z^*至地面$(z = 0)$之间的土壤温度梯度的方向发生了改变，即$\dfrac{\partial T}{\partial z} < 0$。在$z^*$以下的土壤温度梯度仍然保持$\dfrac{\partial T}{\partial z} > 0$，此时$z^*$位置形成 1 个土壤温度函数的极大值面，记作$z_d$，土壤温度的极大值为$T(z_d)$（图 11.14 和图 11.15）。

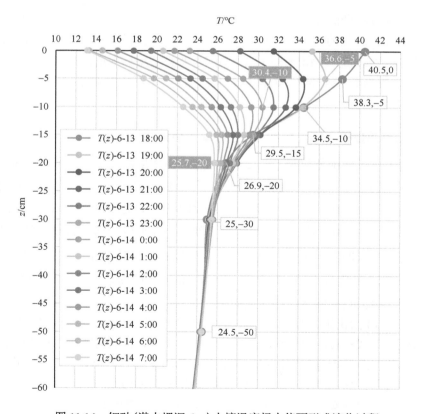

图 11.14　细砂（潜水埋深 6 m）土壤温度极大值面形成演化过程

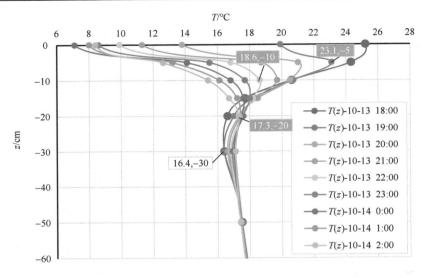

图 11.15　细砂(潜水埋深 4 m)土壤温度极大值面形成演化过程

2. 土壤温度函数的极大值具有递减的趋势

由于土壤温度极大值面 z_d 处上、下的土壤温度梯度分别为 $\frac{\partial T}{\partial z} < 0$ 和 $\frac{\partial T}{\partial z} > 0$，因此土壤温度极大值面 z_d 处的热量分别向上(地面 $z = 0$)和其下方邻近土壤双向传导，其结果必然引起极大值面 z_d 处的土壤温度降低，因此土壤温度函数的极大值 $T(z_d)$ 随着时间的推移具有递减趋势(如图 11.14 和图 11.15 中深色背景数据标签所示)。所以土壤温度函数的极大值面 z_d 可看作是时间 t 的函数，即 $z_d(t)$，土壤温度函数的极大值也可记作 $T(z_d(t))$。

3. 土壤温度函数极大值面具有向下迁移演化趋势

设 t_0 时刻土壤温度函数的极大值面为 $z_d(t_0)$，由土壤温度极大值面的定义可知，它既要向其上方土壤传导热量，又要向其下方传导热量。设 z^* 是 $z_d(t_0)$ 下方无限接近的一点(面)，它既要吸收 $z_d(t_0)$ 处下传的热量，也要向下方土壤传导热量。但是引起 z^* 处温度的降幅通常要低于 $z_d(t_0)$ 处。一旦在某一时刻 t_1，温度 $T(z_d(t_0), t_1)$ 低于其下部邻近深度 z^* 处的温度值时，即 $T(z^*, t_1) > T(z_d(t_0), t_1)$。所以在 t_1 时刻，$T(z_d(t_0), t_1)$ 已不再是极大值，而 $T(z^*, t_1)$ 成为新的极大值，记作 $T(z_d(t_1))$，极大值面为 $z_d(t_1)$。显然随着时间推移，土壤温度的极大值面具有向下迁移演化的趋势。

例 1　图 11.14 给出细砂(潜水埋深 6 m)初始土壤温度分布呈单调递增型条件下，土壤温度极大值面形成迁移演化过程。图中 $T(z)$-6-13 18:00 表示细砂在 6 月 13 日 18:00 土壤温度分布曲线，从数据标签可以看出，此时土壤温度分布呈单调递增型。由于细砂表面温度的快速降低，19:00 的土壤温度分布曲线 $T(z)$-6-13 19:00 及其数据标签可以看到，在地面以下 $z = -5$(cm)处已形成土壤温度极大值面 z_d，土壤温度极大值 $T(z_d) = 36.6$(℃)。

从土壤温度分布曲线随时间的演化过程可以看到，土壤温度极大值 $T(z_d(t))$ 随时间增加而减小，极大值面 $z_d(t)$ 随时间增加而向下迁移演化，如 $T(z)$ -6-13 23:00 和 $T(z)$ -6-14 7:00 中深色背景数据标签所示，土壤温度分布的极大值分别为 30.4 ℃和 25.7 ℃，极大值面分别位于 –10 cm 和 –20 cm。

例 2　图 11.15 给出细砂（潜水埋深 4 m）在初始土壤温度分布呈极小值型条件下，在极小值面上方土壤温度极大值面形成迁移演化过程。图中 $T(z)$ -10-13 18:00 表示细砂在 10 月 13 日 18:00 土壤温度分布曲线。从数据标签可以看出，此时土壤温度分布呈极小值型，土壤温度分布的极小值 $T(z_x)$ =16.4 ℃，极小值面 z_x = –30。由于细砂面温度的快速降低，19:00 的土壤温度分布曲线 $T(z)$ -10-13 19:00 及其数据标签可以看出，在地面以下，已形成土壤温度极大值面 $z_d(t)$，引起土壤温度分布由极小值型转化为极小-极大值型，土壤温度极大值 $T(z_d(t))$=23.1 ℃，极大值面 $z_d(t)$ 位于 z = –5 cm 处。从土壤温度分布曲线随时间的演化过程同样可以看出，土壤温度的极大值 $T(z_d(t))$ 具有随时间增加而递减趋势，同时极大值面 $z_d(t)$ 随时间增加而向下迁移演化。如 $T(z)$ -10-13 22:00 和 $T(z)$ -10-14 2:00 中深色背景数据标签所示，土壤温度分布的极大值分别为 18.6 ℃和 17.3 ℃，极大值面分别位于 z = –10 cm 和 z = –20 cm 处。土壤温度分布仍然为极小-极大值型，极小值面仍在 z = –30 cm 处。

二、土壤温度函数极小值面的成因及迁移演化规律

1. 土壤温度函数极小值面的成因

在定义域 $[a, 0]$ 内，若初始土壤温度分布呈单调递减型（或极大值型，又或极小-极大值型）时，即在 $(a, 0)$ [或在子区间 $(z_d, 0)$]，土壤温度梯度 $\frac{\partial T}{\partial z} < 0$，土壤剖面的土壤热量向上传导。此时土壤表面温度如果处于下降过程，不会改变土壤温度梯度的方向，土壤剖面的土壤热量仍然向上传导。但是在土壤表面温度转化为上升过程后，并且当土壤表面温度高于邻近深度 z^* 处的温度时，z^* 处至地面（$z = 0$）之间的土壤温度梯度的方向发生了改变，即 $\frac{\partial T}{\partial z} > 0$。在 z^* 以下的土壤温度梯度仍然保持 $\frac{\partial T}{\partial z} < 0$，此时在 z^* 位置形成 1 个土壤温度函数的极小值面，记作 z_x，土壤温度的极小值为 $T(z_x)$（图 11.16 和图 11.17）。

2. 土壤温度函数的极小值递增的趋势

由于土壤温度极小值面 z_x 处上、下的土壤温度梯度分别为 $\frac{\partial T}{\partial z} > 0$ 和 $\frac{\partial T}{\partial z} < 0$，因此极小值面 z_x 的上（地面 $z = 0$）和其下方邻近土壤的热量向极小值面 z_x 处传导，其结果必然引起极小值面 z_x 处的土壤温度增高，因此土壤温度函数的极小值 $T(z_x)$ 随着时间的推移具有递增的趋势（如图 11.16 和图 11.17 中深色背景数据标签所示）。同样土壤温度函数的极小值面 z_x 可看作是时间 t 的函数，即 $z_x(t)$，土壤温度函数的极小值也可记作 $T(z_x(t))$。

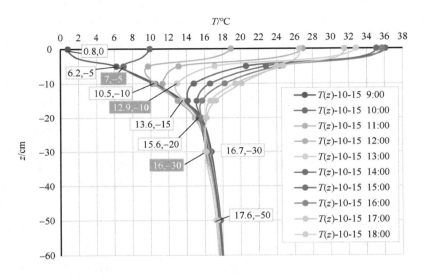

图 11.16　细砂(潜水埋深 4 m)土壤温度极小值面形成演化过程

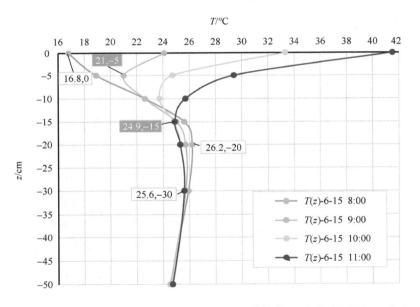

图 11.17　细砂(潜水埋深 6 m)土壤温度极小值面形成演化过程

3. 土壤温度函数极小值面向下迁移演化趋势

设在 t_0 时刻形成一个土壤温度函数的极小值面为 $z_x(t_0)$，它既要吸收其上(地面)向下传导的热量，又要吸收其下方邻近深度，如 z^* 处向上传导的热量，然而 z^* 处同时要吸收下方传来的热量。因此 z^* 处温度的升幅通常要低于极小值面 $z_x(t_0)$ 处，并且两者的土壤温差逐渐趋小，并且一旦在 t_1 时刻的温度 $T\left(z_x(t_0), t_1\right)$ 低于其下部邻近深度 z^* 处的温度

$T\left(z^*, t_1\right)$时，即$T\left(z^*, t_1\right) > T\left(z_x(t_0), t_1\right)$。所以在$t_1$时刻的土壤温度$T\left(z_x(t_0), t_1\right)$已不再是极小值，而$T\left(z^*, t_1\right)$成为新的极小值，记作$T\left(z_x(t_1)\right)$，极小值面为$z_d(t_1)$。显然随着时间推移，土壤温度的极小值面具有向下迁移演化的趋势（如图 11.16 和图 11.17 中深色背景数据标签所示）。

例1　图 11.16 给出，细砂（潜水埋深 4 m）初始土壤温度分布呈单调递减型条件下，土壤温度极小值面形成迁移演化过程。图中 $T(z)$-10-15 9:00 是细砂（潜水埋深 4 m）10 月 15 日 9:00 的土壤温度分布曲线，从数据标签可以看出，此时土壤温度分布呈单调递减型，地面温度为 0.8 ℃。由于受太阳辐射影响，细砂表面温度快速升高，10:00 的土壤温度分布曲线 $T(z)$-6-15 10:00 及其数据标签可以看到，在地面以下 $z = -5$ cm 处已形成土壤温度极小值面 z_x，土壤温度极小值 $T(z_x) = 7$ ℃。从土壤温度分布曲线随时间的演化过程可以看到，土壤温度的极小值 $T(z_x(t))$ 随着时间的增加而增大，同时极小值面 $z_x(t)$ 随着时间的增加而向下迁移演化。如 $T(z)$ -10-15 13:00 和 $T(z)$ -10-15 18:00 中深色背景数据标签所示，土壤温度分布的极小值分别为 12.9 ℃和 16 ℃，极小值面分别位于-10 cm 和-30 cm。

例2　图 11.17 给出，细砂（潜水埋深 6 m）初始土壤温度分布呈极大值型，土壤温度极大值土壤温度极小值面形成迁移演化过程。图中 $T(z)$-6-15 8:00 是细砂（潜水埋深 6 m）6 月 15 日 8:00 的土壤温度分布曲线，从数据标签可以看出，此时土壤温度分布呈极大值型，地面温度为 16.8 ℃，土壤温度的极大值面，位于 $z = -20$ cm 处，极大值 $T(z_d) = 26.2$ ℃。由于受太阳辐射影响，地面温度快速升高，9:00 的土壤温度分布曲线 $T(z)$ -6-15 9:00 及其数据标签可以看到，在地面以下 $z = -5$ cm 处已形成土壤温度极小值面 z_x，土壤温度极小值 $T(z_x) = 21$ ℃。从土壤温度分布曲线随时间的演化过程可以看到，土壤温度的极小值 $T\left(z_x(t)\right)$ 随着时间的增加而增大，同时极小值面 $z_x(t)$ 随着时间的增加而向下迁移演化。如 $T(z)$ -6-15 9:00 和 $T(z)$ -6-15 11:00 深色背景数据标签所示，土壤温度分布的极小值分别为 21 ℃和 24.9 ℃，极小值面分别位于 $z = -5$ cm 和 $z = -15$ cm。土壤温度分布的极大值面的位置也由初始的 $z = -20$（cm）向下迁移至 $z = -30$ cm 处，土壤温度的极大值也初始的 26.2 ℃下降至 25.6 ℃。

三、引起土壤温度函数极值面消失的原因

引起土壤温度函数极值面消失的原因通常有以下两种情况：

（1）土壤温度函数为极大-极小值型时，在土壤温度分布动态演化过程中，当在土壤温度极大值面之上的极小值面向下迁移演化过程中与极大值面相遇时两者同时消失，并使土壤温度函数转化为单调递增型（如图 11.18 所示）。

（2）土壤温度函数为极小-极大值型时，在土壤温度分布动态演化过程中，当在土壤温度极小值面之上的极大值面向下迁移演化过程中与下方极小值面相遇时两者同时消失，并使土壤温度函数转化为单调递减型（如图 11.19 所示）。

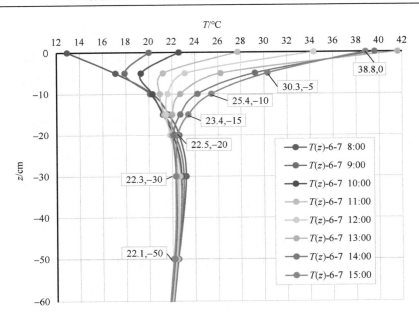

图 11.18　细砂(潜水埋深 2 m)土壤温度函数极小值面与极大值面
相遇同时消失并转化为单调递增型过程

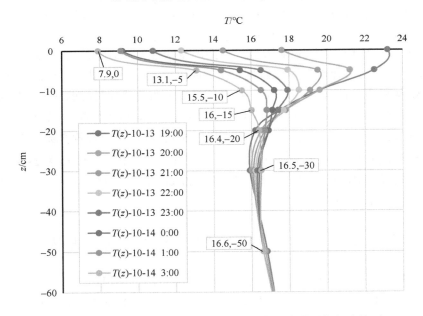

图 11.19　细砂(潜水埋深 2 m)土壤温度函数极大值面与极小值面
相遇同时消失并转化为单调递减型过程

　　由于地球的自转和地球绕太阳公转产生的太阳辐射的周期性，地面接收太阳的辐射
也具有昼夜变化和季节变化的周期性。另外地面接收太阳辐射时也会受云、雾、雨、雪
和日照时间等许多因素的随机影响，地面接收太阳辐射同样受到随机性的影响。

第五节　土壤水汽运移

非饱和带特别是作物根系层，土壤中存在较大的充气孔隙度，水汽可以在充气孔隙中流动。泰勒(Taylor)等人试验研究说明，当土壤较湿润时，如土壤吸力在 3 kPa 以下时，土壤水分基本以液态形式运移；当土壤较干燥时，土壤吸力大于 40 kPa 时，土壤中水分基本上以气态形式运移。显然，当土壤吸力在 3 kPa 与 40 kPa 之间时，土壤水分同时以液相和气相两种形式运移(华孟等，1993)。在稳态流条件下，充气孔隙中水汽流动公式为

$$J_v = -D' \frac{\Delta \rho_v}{\Delta z} \tag{11.19}$$

式中，J_v——水汽通量密度(g·cm^{-2}·s^{-1})；D'——扩散率(cm^{-2}·s^{-1})；ρ_v——水汽密度(g·cm^{-3})；z——距离(cm)。

水汽密度梯度 $\frac{\Delta \rho_v}{\Delta z}$ 是由土壤水势差和土壤中的温度差引起的，而且温度差是首要因素。表 11.4 给出–0.1 kPa 和–15 kPa 两个土水势下不同温度时的水汽密度 ρ_v。可以看出，从–0.1 kPa 至–15 kPa 时，水汽密度的变化不是很大。1 ℃温差引起水汽密度 ρ_v 的变化大于–15 kPa 水势差引起水汽密度 ρ_v 的变化。因此，温度梯度是引起水汽运动的主要推动力。

表 11.4　两个土水势下不同温度时的水汽密度 ρ_v　　　（单位：g/cm³）

温度/℃	水势（ψ_w）	
	−0.1 kPa	−15 kPa
15	12.83×10^{-6}	12.70×10^{-6}
18	15.37×10^{-6}	15.22×10^{-6}
20	17.30×10^{-6}	17.13×10^{-6}
21	18.34×10^{-6}	18.16×10^{-6}
22	19.43×10^{-6}	19.24×10^{-6}
23	20.85×10^{-6}	20.37×10^{-6}
24	21.78×10^{-6}	21.56×10^{-6}
25	23.05×10^{-6}	22.82×10^{-6}
30	30.38×10^{-6}	30.08×10^{-6}
35	39.63×10^{-6}	39.23×10^{-6}

资料来源：汉克斯 R J，阿希克洛夫特 G L，1984。

土壤温度直接影响土壤水汽的密度和水汽压，温度越高，水汽压越高，必然引起水汽从水汽压高处向水汽压低处运移，从温度高处向温度低处运移。因此，前述土壤热量传导的基本类型及其动态转化关系也将适用于土壤水汽运移的分析。

由于地球的自转和地球绕太阳公转产生的太阳辐射的周期性，地面接收太阳的辐射也具有昼夜变化和季节变化的周期性。另外地面接收太阳辐射时也会受云、雾、雨、雪和日照时间等许多因素的随机影响，地面接收太阳辐射同样受到随机性的影响。

　　新疆昌吉试验场对潜水埋深分别为 2 m、4 m 和 6 m 的细砂剖面温度分布进行观测试验，结果表明，在 6～8 月，三个潜水埋深的细砂剖面的土壤温度函数类型的主要特征是，在 24 小时内均发生 2 次转化，即土壤温度函数类型由 A 时段的极大值型转化为 B 时段的极大-极小值型，之后又转化为 C 时段的单调递增型，并以 24 小时为一个循环周期。

　　例如，图 11.20 所示，细砂剖面（潜水埋深 2 m）在 A 时段（7 月 17 日 20:00～18 日 8:00）内，土壤温度函数为极大值型，并且土壤温度极大值面 $z_d(t)$ 由 $z = -5$ cm 处逐渐向下迁移演化至 $z = -30$ cm 处。因地面温度的持续上升，在 18 日 9:00 极大值面 $z_d(t)$ 上方已形成 1 个向下迁移演化的极小值面 $z_x(t)$，说明土壤温度函数已由极大值型转化为极大-极小值型，如图 11.21 中 B 时段（18 日 9:00～11:00）土壤温度分布所示。随着极小值面逐渐向下迁移演化，与极大值面相遇而同时消失，在 18 日 12:00 已由极大-极小值型转化为单调递增型土壤温度函数，如图 11.22 中 C 时段（18 日 12:00～18:00）土壤温度分布所示。

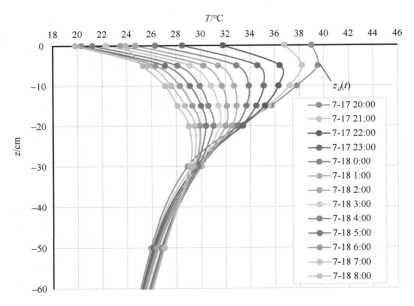

图 11.20　细砂剖面（潜水埋深 2 m）A 时段土壤温度分布（极大值型）

　　综上 A、B、C 时段土壤温度分布，图 11.23 给出了 7 月 17 日 19:00～18 日 19:00 细砂剖面（潜水埋深 2 m）的土壤水汽运移状态的动态演化过程。其中 A 时段（7 月 17 日 19:00～18 日 8:00）的土壤水汽运移状态呈上行-下行型。细砂剖面的水汽运移分为 2 个动态水汽运行带，在温度极大值面 $z_d(t)$ 至地面为水汽上行带，在 $z_d(t)$ 之下为水汽下行带，$z_d(t)$ 是两个动态水汽运行带的动态分界面，即上下水汽运行的动态转折面。B 时段（18 日 9:00～12:00）的土壤水汽运移状态呈下行-上行-下行型。细砂剖面的水汽运移分为 3 个动态水汽运行带，在极小值面 $z_x(t)$ 至地面为水汽下行带，极大值面 $z_d(t)$ 至极小值面 $z_x(t)$ 为水汽上行带，极大值面 $z_d(t)$ 以下为水汽下行带，$z_x(t)$ 和 $z_d(t)$ 均为其上方及下方动态水汽运行带的动态分界面。C 时段(18 日 12:00~18:00)，细砂剖面的水汽运移转化为 1 个水汽下行带，全剖面水汽处于向下运行状态。

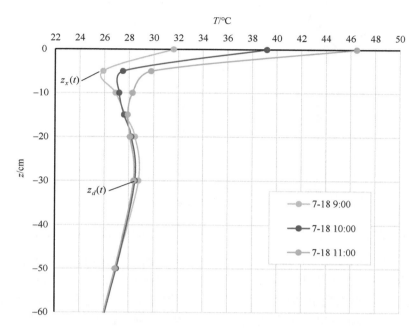

图 11.21　细砂剖面(潜水埋深 2 m) B 时段土壤温度分布(极大-极小值型)

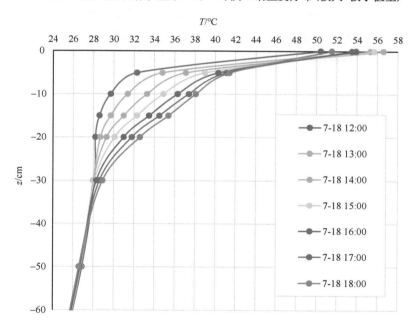

图 11.22　细砂剖面(潜水埋深 2 m) C 时段土壤温度分布(单调递增型)

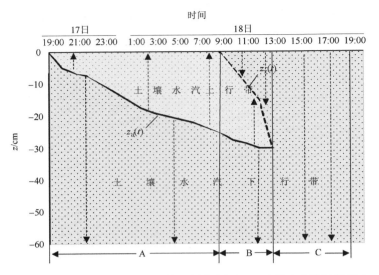

图 11.23　7 月 17～18 日细砂剖面(潜水埋深 2 m)昼夜水汽运行状态

　　因受季节性影响，在 10 月份，三个潜水埋深的细砂剖面的土壤温度函数类型均与 6～8 月份不同。细砂(潜水埋深 2 m)剖面土壤温度函数在 24 小时内会发生 2 次转化，即土壤温度函数类型由极小-极大值型转化为单调递减型，再转化为极小值型。如图 11.24 所示，细砂剖面(潜水埋深 2 m)在 A 时段内土壤温度分布为极小-极大值型，在 A 时段内土壤温度极小值面稳定位于 $z = -30$ cm 处；而土壤温度极大值面的位置，由 $z = -5$ cm 逐渐向下迁移靠近 $z = -30$ cm 位置。之后由于极大值面与极小值面相遇而同时消失，土壤温度函数转化为单调递减型，如图 11.25 的 B 时段内土壤温度函数所示，之后由于地面温度快速上升，土壤温度分布转化为极小值型，如图 11.26 中 C 时段土壤温度函数所示。

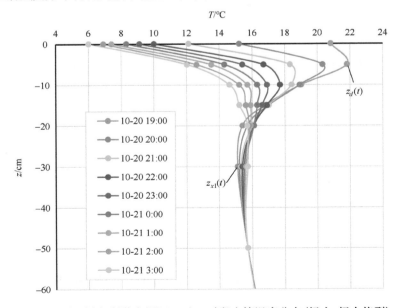

图 11.24　细砂剖面(潜水埋深 2 m)A 时段土壤温度分布(极小-极大值型)

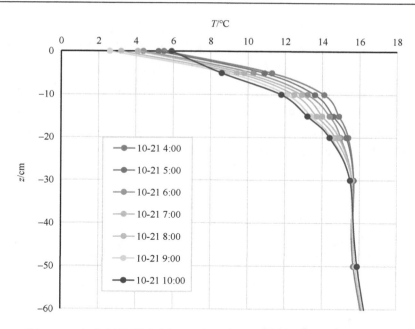

图 11.25 细砂剖面(潜水埋深 2 m)B 时段土壤温度分布(单调递减型)

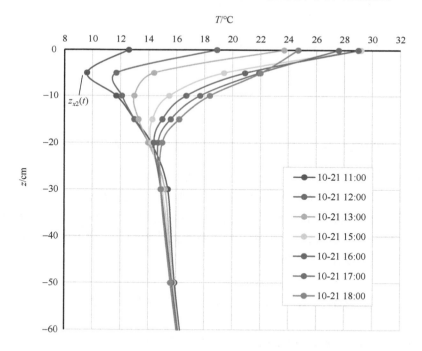

图 11.26 细砂剖面(潜水埋深 2 m)C 时段土壤温度分布(极小值型)

综合细砂(潜水埋深 2 m)在 A、B、C 各时段土壤温度函数及时段之间的土壤温度函数类型转化的动态变化,图 11.27 给出了 10 月 20 日 19:00～21 日 19:00 细砂剖面(潜水埋深 2 m)的土壤水汽运移状态的动态变化,其中 A 时段(10 月 20 日 19:00～21 日 4:00),

细砂剖面由 3 个水汽运行带构成，即土壤温度极大值面至地面为水汽上行带，极小值面至极大值面为水汽下行带，极小值面以下为水汽上行带，土壤水汽运移呈上行–下行–上行型。由于土壤温度极大值面和极小值面都是时间的函数，因此水汽运行带的厚度也随着时间产生动态变化。在 21 日 4 时极大值面和极小值面相遇同时消失，因此在 B 时段（21 日 4:00～10:00）内，相应的土壤剖面的水汽运行转化成为 1 个水汽上行带。在 C 时段内（21 日 10:00～18:00），由于土壤温度函数已转化为极小值型，因此水汽运移呈下行–上行型（图中 21 日 19:00 为下 1 循环周期的第 1 小时的水汽运行状态）。

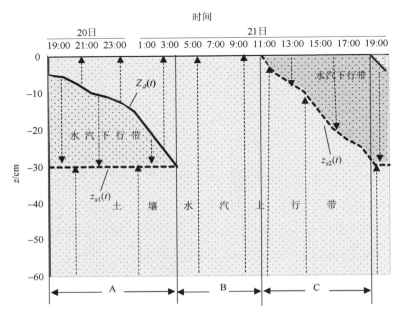

图 11.27　细砂（潜水埋深 2 m）昼夜水汽运行状态（10 月 20～21 日）

在 10 月份潜水埋深 4 m 和 6 m 的细砂剖面土壤温度函数类型及其转化关系两者相同，但与潜水埋深 2 m 的土壤温度函数完全不同。两者均是在 24 小时内同样发生 2 次转化，即土壤温度函数类型由双极大值型转化为极大值型，再转化为极大–极小值型，以 24 小时为一个循环周期。因地面接受太阳辐射随机性影响，三种土壤温度函数类型出现的时间和时长均有一定的随机性。

第六节　土壤水汽扩散与水汽凝结

在一定条件下，土壤中的液态水可以汽化为气态水，气态水也可以凝结为液态水，两者总是趋于相互动态平衡过程中。土壤水汽运移发生在土壤内部时，表现为水汽扩散和水汽凝结两种形式。土壤水汽运移发生在外部时，表现为土面蒸发。当近地表气温高于地面温度时，也可形成地面以上的水汽向地面或土壤中运移扩散或形成水汽凝结过程。因此在分析土壤水汽扩散与水汽凝结时，可将土壤温度分布和近地面气温的动态变化作为一个系统考虑。以 10 月 21 日 19:00～22 日 19:00 实测细砂(潜水埋深 4 m)温度动态分布为例，分析土壤水汽运移扩散和水汽凝结过程。

根据近地面气温和土壤剖面温度函数类型及其动态转化的特征，将 10 月 21 日 19:00～22 日 18:00 的 24 小时分为 A、B、C、D、E 5 个时段。图 11.28 表明，在 10 月 21 日 19:00～22 日 19:00 期间，细砂(潜水埋深 4 m)约在 $z = -175$ cm 处存在 1 个稳定的温度极大值面，记作 $z_{d1}(t)$。以极大值面 $z_{d1}(t)$ 为分界面，土壤水汽分别向上和向下运移扩散或形成水汽凝结。为了便于作图分析，以下各时段的近地面气温和土壤剖面温度函数类型图中，均不显示 $z = -60$ cm 至 $z = -300$ cm 的部分，但是在具体分析水汽运移扩散和水汽凝结过程时必须将 $z_{d1}(t)$ 考虑进去。

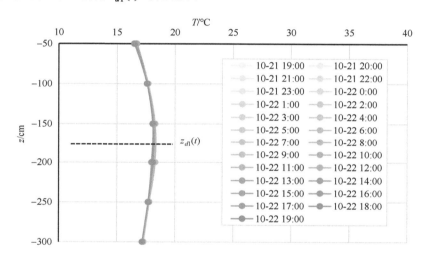

图 11.28 实测细砂约在-175 cm 处存在 1 个温度极大值面

图 11.29～图 11.33 分别给出细砂(潜水埋深 4 m)在 A、B、C、D、E 5 个时段内温度函数类型及其动态演化过程。图 11.29 所示为 A 时段(21 日 19:00～21:00)内温度函数演化过程。$z = -30$ cm 处存在一个土壤温度极小值面，记作 $z_{x1}(t)$。在 $z_{x1}(t)$ 与地面之间存在一个向下迁移演化的土壤温度极大值面，记作 $z_{d2}(t)$。因此在 $z = 20$ cm 至 $z = -300$ cm 的剖面上，温度函数呈双极大值型，即定义域[-300, 20]上的温度函数是动态分段单调性函数。$(-300,\ z_{d1}(t))$、$(z_{d1}(t),\ z_{x1}(t))$、$(z_{x1}(t),\ z_{d2}(t))$ 和 $(z_{d2}(t),\ 20)$ 为 4 个单调区间。极值面 $z_{d1}(t)$、$z_{x1}(t)$ 和 $z_{d2}(t)$ 为单调区间的动态分界面和相应的函数段单调性的动态转折面。

图 11.30 给出细砂(潜水埋深 4 m)在 B 时段(21 日 22:00～22 日 1:00)内温度函数演化过程。在 B 时段内，$z = -175$ cm 处的土壤温度极大值面 $z_{d1}(t)$ 和 $z = -30$ cm 处土壤温度极小值面 $z_{x1}(t)$ 仍然存在。在 $z_{x1}(t)$ 至地面之间的土壤温度极大值面 $z_{d2}(t)$ 继续向下迁移演化。在地面($z = 0$)处形成 1 个新的温度极小值面，记作 $z_{x2}(t)$。在 $z = 20$ cm 至 $z = -300$ cm 的剖面上，B 时段内的温度函数已经转化为双极大-极小值型，即定义域[-300, 20]上的温度函数是动态分段单调性函数。相应的 5 个单调区间分别为：

$(-300, z_{d1}(t))$、$(z_{d1}(t), z_{x1}(t))$、$(z_{x1}(t), z_{d2}(t))$、$z_{d2}(t), z_{x2}(t))$ 和 $(z_{x2}(t), 20)$。极值面 $z_{d1}(t)$、$z_{x1}(t)$、$z_{d2}(t)$ 和 $z_{x2}(t)$ 为单调区间的分界面和相应的函数段单调性的转折面。

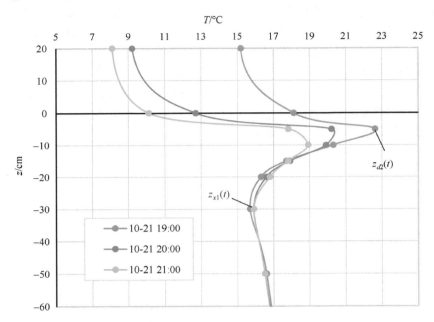

图 11.29　A 时段土壤温度分布演化过程（双极大值型）

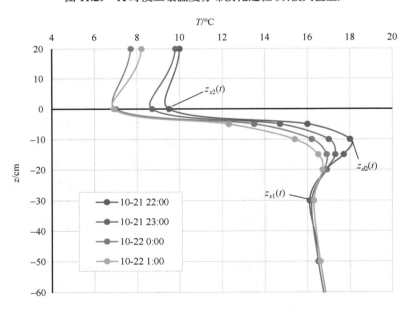

图 11.30　B 时段土壤温度分布演化过程（双极大–极小值型）

图 11.31 给出 C 时段（22 日 2:00～22 日 9:00）内温度函数动态演化过程。在 C 时段内，$z = -175\text{cm}$ 处极大值面 $z_{d1}(t)$ 仍然存在，而极大值面 $z_{d2}(t)$ 已经与极小值面 $z_{x1}(t)$ 相

遇同时消失，在地面处的温度极小值面 $z_{x2}(t)$ 仍存在。在 $z=20$ 至 $z=-300$ cm 的剖面上，C 时段内温度函数已转化为极大–极小值型。即定义域[−300, 20]上的温度函数是动态分段单调性函数。3 个单调区间分别为：$(-300,\ z_{d1}(t))$、$(z_{d1}(t), z_{x2}(t))$ 和 $(z_{x2}(t), 20)$。极值面 $z_{d1}(t)$ 和 $z_{x2}(t)$ 为单调区间的分界面和相应的函数段单调性的转折面。

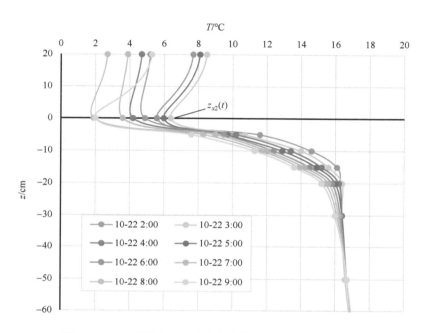

图 11.31　C 时段土壤温度分布演化过程（极大–极小值型）

　　图 11.32 给出 D 时段(22 日 9:00～22 日 11:00)内温度函数动态演化过程。在 D 时段内，$z=-175$cm 处极大值面 $z_{d1}(t)$ 仍然存在，22 日 10:00 在地面处的温度极小值面 $z_{x2}(t)$ 已迁移演化至 $z=-5$(cm)处。在 $z=20$ 至 $z=-300$ cm 的剖面上，D 时段内温度函数为极大–极小值型。即定义域[−300, 20]上的温度函数是动态分段单调性函数。3 个单调区间分别为 $(-300,\ z_{d1}(t))$、$(z_{d1}(t), z_{x2}(t))$ 和 $(z_{x2}(t), 20)$。极值面 $z_{d1}(t)$ 和 $z_{x2}(t)$ 为单调区间的分界面和相应的函数段单调性的转折面。

　　图 11.33 给出 E 时段(22 日 11:00～22 日 18:00)内温度函数动态演化过程。在 E 时段内，$z=-175$ cm 处极大值面 $z_{d1}(t)$ 仍然存在，温度极小值面 $z_{x2}(t)$ 继续向下迁移演化，在 11:00 地面温度已高于近地面上空的气温，地面处已有 1 个新的温度极大值面，记作 $z_{d3}(t)$。在 $z=20$ cm 至 $z=-300$ cm 的剖面上，E 时段内温度函数为双极大值型(图中 22 日 19:00 温度分布是进入下一个循环周期的初始时间的温度分布)。

　　定义域[−300, 20]上的温度函数是动态分段单调性函数。4 个单调区间分别为 $(-300, z_{d1}(t))$、$(z_{d1}(t), z_{x2}(t))$、$(z_{x2}(t), z_{d3}(t))$ 和 $(z_{d3}(t), 20)$。极值面 z_{d1}、z_{x2} 和 z_{d3} 为单调区间的分界面和相应的函数段单调性的转折面。

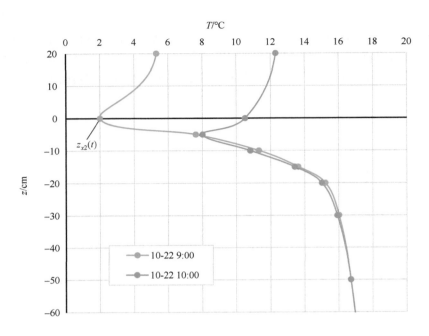

图 11.32　D 时段极大-极小值型温度分布演化过程

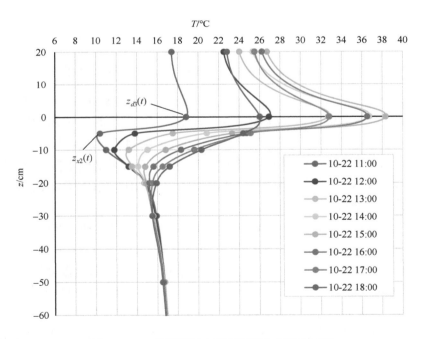

图 11.33　E 时段双极大值型温度分布演化过程

　　由于地球的自转和地球绕太阳公转产生的太阳辐射的周期性，地面接收太阳的辐射也具有昼夜变化和季节变化的周期性。另外地面接收太阳辐射时也会受云、雾、雨、雪和日照时间等许多因素的随机影响，地面接收太阳辐射同样受到随机性的影响。

综合细砂(潜水埋深 4 m)在 A、B、C、D、E 各时段温度函数类型及时段之间的温度函数类型转化的动态变化，由图 11.34 给出 10 月 21 日 19:00 至 22 日 18:00 的昼夜水汽运行过程和水汽凝结与水汽扩散的状态。

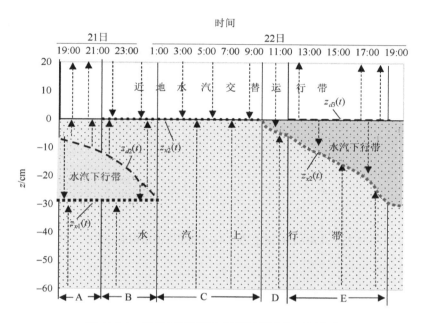

图 11.34　昼夜水汽凝结与扩散过程水汽运行状态

由于受季节性气象和随机性等因素变化的影响，土壤水汽扩散与水汽凝结过程的水汽运行状态常常会发生较大的变化。例如,细砂(潜水埋深 4 m)在之前的 9 月 3 日 19:00 至 4 日 19:00,在 $z = -60$ cm 至 $z = -300$ cm 剖面上,土壤温度分布呈单调递增型(图 11.35)。细砂中水汽扩散和水汽凝结过程的水汽运行状态由图 11.36 所示。

通过图 11.34 与图 11.28～图 11.33 对照分析，以及与图 11.36 比较，对细砂中水汽扩散与水汽凝结可以取得以下认识。

1）动态水汽运行带与土壤温度函数动态单调区间相互对应

在 $z = -300$(cm)到 $z = 20$(cm)剖面上，A、B、C、D、E 各时段的动态水汽运行带依次与相应时段土壤温度函数的动态单调区间相一致。各动态水汽运行带的水汽运移方向，也与对应的单调区间上的土壤温度函数段的单调性方向相关。极值面的动态演化轨迹为土壤水汽运行带的动态分界面和水汽运行方向的动态转折面。

例如，图 11.34 所示，在 A 时段(21 日 19:00～22:00)内，在 $z = -300$(cm)至 $z = 20$(cm)剖面上，水汽运移有 4 个动态水汽运行带，并依次与图 11.29 所示的 A 时段的双极大值型温函数(分布)的 4 个动态变化的单调区间 $[-300, z_{d1}(t))$、$(z_{d1}(t), z_{x1}(t))$、$(z_{x1}(t), z_{d2}(t))$、$(z_{d2}(t), 20)$ 相一致。各动态变化的水汽运行带的水汽运移方向(图中箭

头所示），也与对应的单调区间上的土壤温度函数段的单调性方向相关。很明显，极值面
$z_{d1}(t)$、$z_{x1}(t)$、$z_{d2}(t)$ 的动态演化轨迹为土壤水汽运行带的动态分界面和水汽运行方向
的转折面。

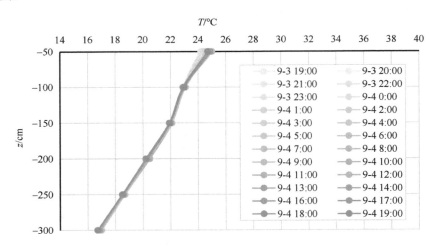

图 11.35　实测细砂(潜水埋深 4 m)剖面深部单调递增型温度分布

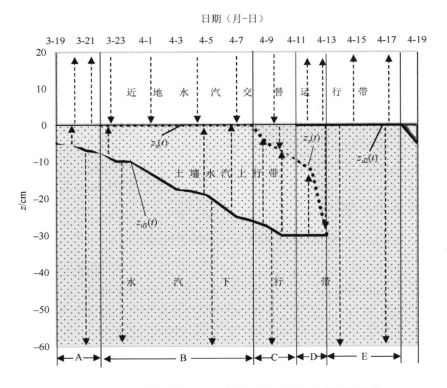

图 11.36　细砂(潜水埋深 4 m)昼夜水汽凝结与扩散运行状态

2) 温度函数的极大值面 $z_d(t)$ 是土壤局域的热端

温度函数的极大值面 $z_d(t)$ 是土壤局域的热端，它是水汽流向上和向下冷端运移扩散或水汽凝结的动态分界面。

例如，图 11.28 中，土壤温度极大值面 $z_{d1}(t)$（$z=-175$ cm），其下的土壤水汽向 $z=-300$（cm）深处方向运移扩散。在其上方的土壤水汽在 A、B 时段向极小值面 $z_{x1}(t)$ 处运移扩散或形成水汽凝结，而在 C、D、E 时段极大值面 $z_{d1}(t)$ 以上的土壤水汽向极小值面 $z_{x2}(t)$ 处运移扩散或形成水汽凝结。图 11.34 中土壤温度极大值面 $z_{d2}(t)$ 之上、下的土壤水汽在 A、B 时段内，分别向地面处和极小值面 $z_{x1}(t)$ 处运移扩散或形成水汽凝结。此外土壤温度极大值面 $z_{d3}(t)$ 处水汽分别向上扩散蒸发和向下的极小值面 $z_{x2}(t)$ 处运移扩散或水汽凝结（图 11.34）。

3) 温度函数的极小值面 $z_x(t)$ 是土壤局域的冷端

温度函数的极小值面 $z_x(t)$ 是其上部和下部土壤热端运移扩散来的水汽集聚面。在极小值面 $z_x(t)$ 附近，土壤可以集聚从其上方和下方运移扩散来的水汽或形成水汽凝结。

例如，图 11.34 中，极小值面 $z_{x1}(t)$ 在 A、B 时段内，分别集聚或凝结来自极大值面 $z_{d1}(t)$ 和 $z_{d2}(t)$ 方向运移扩散来的水汽或形成水汽凝结。极小值面 $z_{x2}(t)$ 在 B 时段内集聚或凝结分别来自近地空气下行水汽和 $z_{d2}(t)$ 方向的上行土壤水汽。极小值面 $z_{x2}(t)$ 在 C 时段内集聚或凝结分别来自近地空气下行水汽和 $z_{d1}(t)$ 方向的上行土壤水汽。极小值面 $z_{x2}(t)$ 在 D 和 E 时段内，集聚或凝结分别来自地面方向下行水汽和 $z_{d1}(t)$ 方向的上行水汽。

4) 地表附近的水汽凝结与水汽扩散

地表附近的水汽凝结，大约发生在 19:00 至翌日 8:00～9:00。其中约在 19:00～22:00 在地表附近同时存在水汽凝结和水汽扩散蒸发两种过程；约在 22:00～翌日 8:00～9:00，地表附近发生水汽双向集聚或形成水汽凝结过程；约在 9:00～11:00，近地水汽向土壤内部扩散；11:00～19:00，地表附近水汽分别向空中和土壤内部扩散（如图 11.34 和图 11.36 所示）。由于受季节性和随机性等因素影响，地表附近的水汽凝结与水汽扩散的时间和时长等也会产生相应的动态变化。

5) 土壤内部的水汽凝结与水汽扩散

由于受季节性和随机性等因素影响，约在 8:00～9:00 后，温度函数的极小值面 $z_x(t)$ 明显向土壤较深处迁移演化。根据图 11.23、图 11.27、图 11.34 和图 11.36 所示，细砂温度极小值面向下迁移的最大深度约在地面以下 30 cm。因此，存在土壤温度极小值面 $z_x(t)$ 的情况下，水汽凝结的深度受控于温度极小值面 $z_x(t)$ 迁移演化的深度位置。同时也应当看到，图 11.36 中 $z_{d1}(t)$（A,B,C,D 时段）和 $z_{d2}(t)$（E 时段）至 $z=-300$ cm，土壤水汽向下扩散，因此可能在沿途或更深位置在水汽平衡过程中形成水汽凝结现象。

第七节　凝结水观测

凝结水的观测试验中采用了微渗量观测实验装置，实验装置有Φ70和Φ54两种，Φ70实验装置内装填试验土厚度分别为2 cm、5 cm、10 cm、15 cm和20 cm等5种，Φ54实验装置装填试验土厚度为2 cm和4 cm等2种，每种实验装置又分为底部有网和有底两种。试验土样岩性有细砂、砂砾石、粉质轻黏土和荒漠土等。

凝结量的观测工作中，仅对地表及附近凝结量进行了观测，观测时间间隔为2小时，凝结量采用1‰电子天平称重计量，换算为毫米水厚。

一、凝结水的形成时间

根据潜水埋深分别为2 m、4 m和6 m细砂地表2 cm(网)、5 cm(网)、10 cm(网)和15 cm(网)凝结量的观测结果，细砂表层的凝结水量形成约在 18:00～20:00 开始，约在次日 8:00～10:00 停止。

例如，图11.37～图11.39分别给出7月17日18:00至18日10:00细砂表层不同厚度的凝结量观测值过程线。

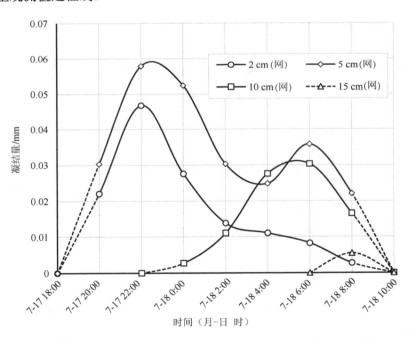

图 11.37　实测细砂(潜水埋深2 m)表层不同厚度的凝结量

由图中凝结量观测值过程线可以看出：

(1)在7月17日18:00还没有观测到凝结量，但是在20:00潜水埋深分别为2 m、4 m、6 m细砂中，2 cm(网)、5 cm(网)均已观测到凝结量。这说明凝结量开始形成应当在18:00与20:00之间，如图中凝结量过程线开始的虚线部分所示。

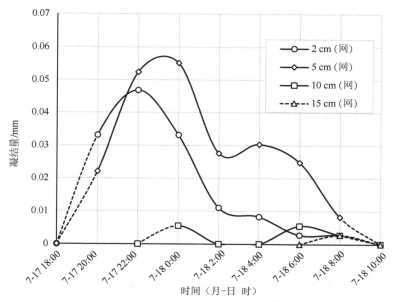

图 11.38   实测细砂（潜水埋深 4 m）表层不同厚度凝结量

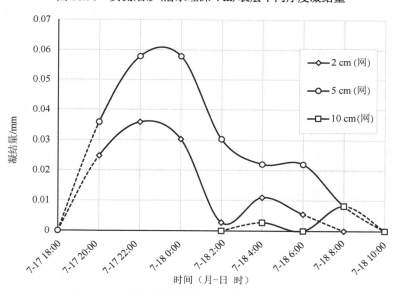

图 11.39   细砂（潜水埋深 6 m）表层凝结量观测值

（2）在 7 月 17 日 22:00 10 cm（网）仍未观测到凝结量，潜水埋深 2 m 和 4 m 细砂地表 10 cm（网）在 7 月 18 日 0:00 观测到凝结量，细砂地表 15 cm（网）在 18 日 8:00 才观测到凝结量。潜水埋深 6 m 细砂地表 10 cm（网）在 18 日 4:00 观测到凝结量，细砂地表 15 cm（网）未观测到凝结量。

（3）潜水埋深分别为 2 m、4 m 和 6 m 细砂地表 2 cm（网）、5 cm（网）、10 cm（网）和 15 cm（网）在 18 日 10:00 均未再观测到凝结量。结束形成凝结量的时间应在 8:00 至 10:00 之间（虚线所示）。

上述凝结量观测到的形成时间，与细砂剖面昼夜水汽运行状态(7月17～18日)分析的结果完全一致(见图11.23)。

二、凝结水的水汽来源

1. 来源于地面以上空气中的水汽

白天大部分时间内地表温度明显高于气温，到晚间地温和气温都在下降，但是地表温度下降速率高于气温，当地表温度低于气温且近地气温高于地表时，水汽向地表运移，成为表层土壤凝结水的水汽来源。如图11.34中B、C时段(10月21日22:00至22日11:00)和图11.36中B、C时段(9月3日22:00至4日11:00)所示。

2. 来源于地表以下土壤孔隙中的水汽

在地面降温过程中，也逐渐引起地表以下土壤温度的下降，但是地表温度降速高于地表以下；当地表温度低于地表以下温度时，形成土壤水汽向上运行，成为表层土壤凝结水的又一水汽来源。土壤温度函数为极大值型(如图11.36中A、B时段)、极小-极大值型(如图11.27中A时段)、双极大值型(如图11.34中A、B时段)和单调递减型时(如图11.27中B时段)均可形成土壤水汽向地面扩散集聚或水汽凝结。

在凝结水的观测试验中，也可证实两种水汽来源并形成水汽凝结。例如，图11.40～图11.42分别给出潜水埋深为2 m、4 m和6 m的细砂5 cm(网)和5 cm(底)实测凝结量对照。可以看出，5 cm(网)在18:00未观测到凝结量，20:00观测到凝结量。而5 cm(底)在20:00未观测到凝结量，在22:00才观测到凝结量，比5 cm(网)晚约2小时。这说明在18:00至20:00期间，在5 cm以下已产生了向上扩散的水汽，并在细砂表层5 cm厚度内形成凝结量。同时也说明，在此段时间内在地表之上并没有产生向下扩散的水汽，因此对5 cm(底)的水汽凝结并未产生影响。但是在20:00～22:00期间，已产生了向地面扩散的水汽，并形成水汽凝结。

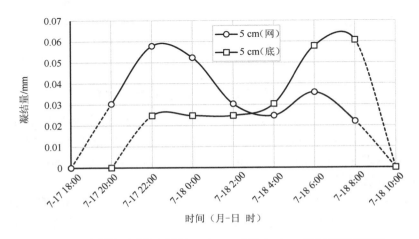

图11.40　实测细砂(潜水埋深2 m)5 cm(网)与5 cm(底)凝结量对照

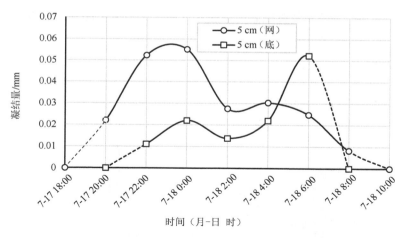

图 11.41 实测细砂（潜水埋深 4 m）5 cm（网）与 5 cm（底）凝结量对照

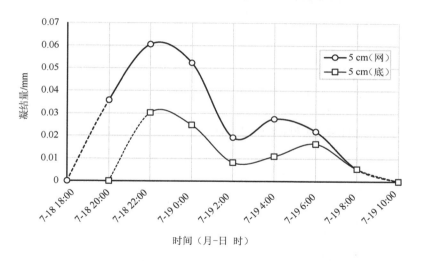

图 11.42 实测细砂（潜水埋深 6 m）5 cm（网）与 5 cm（底）凝结量对照

三、凝结量观测结果分析

1. 表层不同土层厚度所观测到的凝结量不同

例如，图 11.43～图 11.45 分别给出潜水埋深（2 m、4 m、6 m）细砂表层 5 个厚度（2 cm、5 cm、10 cm、15 cm 和 20 cm）的凝结量观测值，可以看出，获得最大凝结量的细砂层厚度为 5 cm；10 cm、15 cm 和 20 cm 细砂层厚度获得的凝结量依次减小。其主要原因是，表层开始形成水汽凝结时，土壤温度极大值面 $z_d(t)$ 位置还较浅，当极大值面 $z_d(t)$ 的位置还小于 10 cm（15 cm、20 cm）时，表层形成凝结水的来源于测量装置内 $z_d(t)$ 以上细砂中的水汽，并且装置内在 $z_d(t)$ 以下细砂内的水汽扩散到测量装置以下，因此在初期观测不到凝结量（图 11.37～图 11.39），只有 $z_d(t)$ 的位置迁移演化至测量装置以下细砂层后或空气中，水汽向下扩散进入装置细砂内形成水汽凝结后，才可能观测到凝结量。

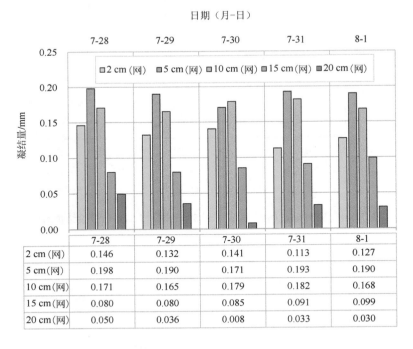

	7-28	7-29	7-30	7-31	8-1
2 cm（网）	0.146	0.132	0.141	0.113	0.127
5 cm（网）	0.198	0.190	0.171	0.193	0.190
10 cm（网）	0.171	0.165	0.179	0.182	0.168
15 cm（网）	0.080	0.080	0.085	0.091	0.099
20 cm（网）	0.050	0.036	0.008	0.033	0.030

图 11.43　实测细砂(潜水埋深 2 m)连续 5 日表层凝结量对照

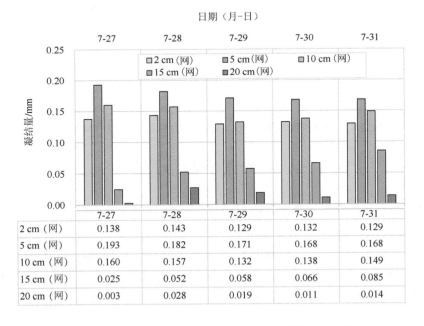

	7-27	7-28	7-29	7-30	7-31
2 cm（网）	0.138	0.143	0.129	0.132	0.129
5 cm（网）	0.193	0.182	0.171	0.168	0.168
10 cm（网）	0.160	0.157	0.132	0.138	0.149
15 cm（网）	0.025	0.052	0.058	0.066	0.085
20 cm（网）	0.003	0.028	0.019	0.011	0.014

图 11.44　实测细砂(潜水埋深 4 m)连续 5 日凝结量对照

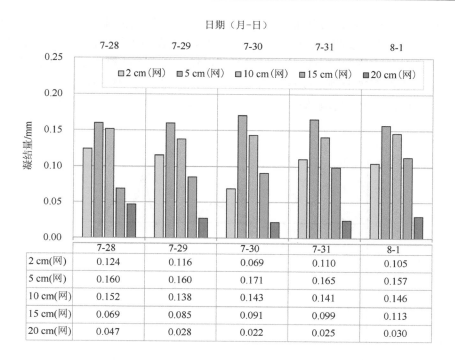

	7-28	7-29	7-30	7-31	8-1
2 cm(网)	0.124	0.116	0.069	0.110	0.105
5 cm(网)	0.160	0.160	0.171	0.165	0.157
10 cm(网)	0.152	0.138	0.143	0.141	0.146
15 cm(网)	0.069	0.085	0.091	0.099	0.113
20 cm(网)	0.047	0.028	0.022	0.025	0.030

图 11.45　实测细砂(潜水埋深 6 m)连续 5 日凝结量对照

2. 凝结量观测结果小于实际凝结量

由于凝结量的观测时间为 18:00～次日 10:00，观测时间间隔为 2 小时，因此 8:00～10:00 之间的凝结水量未进行测量，如图 11.37～图 11.39 中虚线所示，显然观测值明显小于实际凝结量。另外，也不包括土壤深部水汽扩散和水汽凝结形成水汽凝结量，如图 11.34 中 A、B、E 时段在温度极小值面附近的水汽凝结量。

四、水汽凝结-扩散(蒸发)作用交替进行

表层凝结量和水汽扩散量观测结果表明，从晚上 18:00～20:00 开始至次日 8:00～9:00，表层水汽凝结起主导作用；9:00～18:00，水汽扩散(蒸发)起主导作用。图 11.46 和图 11.47 分别是细砂(潜水埋深 2 m)和细砂(潜水埋深 6 m)实测连续 3 日 5 cm 细砂层的凝结-扩散量过程线。图中水汽扩散量为负值，包括土面蒸发量和向下进入土壤内部的水汽扩散量。

五、积雪条件下的水汽凝结

天山北麓平原在一年内有较长时间的积雪覆盖，例如试验区在 1997～1998 年度，从 1997 年 11 月 2 日到 1998 年 2 月 22 日，地表一直有积雪覆盖。通过积雪条件下的凝结

量和蒸发量观测试验表明，仍存在一定的水汽凝结量和蒸发损耗量。图 11.48 给出 1997 年 11 月 25～30 日雪面温度和露点（霜点）温度过程线。当在白天雪面温度高于露点温度时，就会引起雪面处的水汽向空中扩散，形成蒸发损耗。夜间雪面温度低于露点（霜点）温度时，空气中的水汽在雪面凝结成霜。图 11.49 给出了 11 月 25～30 日（积雪）实测凝结量与蒸发量。可以看出，日凝结量均高于日蒸发损耗量。关于冻结-冻融期水汽凝结参见第五章。

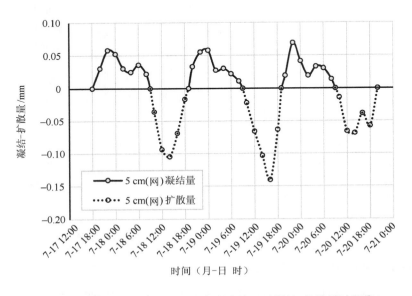

图 11.46　细砂（潜水埋深 2 m）实测连续 3 日凝结-扩散量过程线

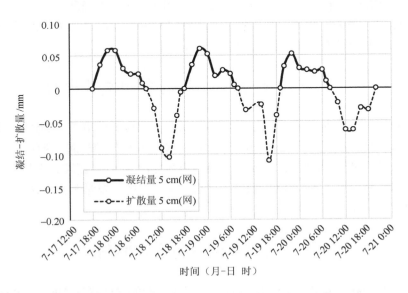

图 11.47　细砂（潜水埋深 6 m）连续 3 日凝结-扩散量过程线

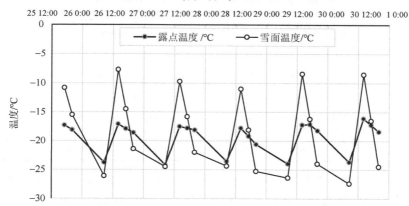

图 11.48　1997 年 11 月 25～30 日露点温度与雪面温度过程线

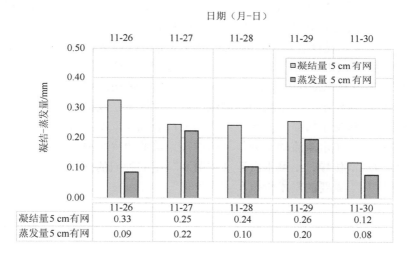

	11-26	11-27	11-28	11-29	11-30
凝结量5 cm有网	0.33	0.25	0.24	0.26	0.12
蒸发量5 cm有网	0.09	0.22	0.10	0.20	0.08

图 11.49　1997 年 11 月 25～30 日(积雪)实测凝结量与蒸发量

六、水汽凝结与水汽扩散的环境效应

根据凝结水观测资料，如表 11.5 所示，虽然玉米田和冬小麦田比细砂的日均凝结量明显高，对于灌溉农业而言，其量远不能与灌溉量相比，在水量平衡计算中完全可以忽略不计。尽管如此，但在干旱区的水汽凝结和水汽扩散对于生态环境仍有其特殊的意义（曹文炳等，2003；冯天骄等，2021）。

(1)夜间水汽的凝结使地表(或沙土表层)的湿度增加，超过砂土凋萎系数的下限，一些植物(如一年生浅根沙生植物)依赖凝结水仍能生存，这对防治沙漠化(荒漠化)的研究有重要意义。

(2)凝结水还可以调节植物体内的盐分浓度，夜间抑制土壤水分的蒸发，增加少量的土壤水，降低植物的蒸腾损耗量，减轻不利环境对植物的影响。

表 11.5　不同岩性、不同潜水埋深、表层不同土壤厚度在观测时段内日均凝结量　　（单位：mm）

土壤岩性		潜水埋深/m	观测时段（月-日）	表层土壤厚度				
				2 cm	5 cm	10 cm	15 cm	20 cm
细砂		2	7-17～8-2	0.14	0.19	0.12	0.05	0.02
		4	7-17～8-2	0.12	0.19	0.09	0.03	0.01
		6	7-17～8-2	0.11	0.16	0.09	0.07	0.02
粉质轻黏土	玉米田	16	7-23～7-31	0.39	0.34	0.17	0.15	0.05
	小麦田	16	10-2～10-31	0.35	0.39	0.28	0.21	0.17

（3）一年内，冬季是蒸发作用最小的时期，也是雪面水汽凝结作用最有利的时期，白天因蒸发作用使雪量减少，夜间水汽的凝结又使雪（霜）量增加，补充了雪的资源蒸发损耗，并且在一天内雪面凝结量高于雪面蒸发量，因此积雪能长期被保存，使冬小麦得以安全越冬。同时在 3 月下旬以后，积雪融化过程中大部分雪水转化为土壤水资源，为冬小麦的生长或荒漠区的植物生长提供了较好的水分条件。

（4）在冻土层形成发育过程中，非饱和带较深部位或埋深较浅的潜水的水汽向上运移，在冻结层下界面附近凝结，随着冻土层的向下发育（在研究区冻土层的最大发育深度可达 140 cm），大量水汽凝结，保存在冻结层中。在冻融期，这部分水转化为可利用的土壤水资源，同样对冬小麦的生长和春耕生产以及荒漠区植物的生长有重要意义。

本章所述非饱和带土壤温度与水汽运移的分析研究还表明，参照土壤水势函数动态分段单调性理论、土壤水渗流动态分带单向性理论等的研究思路和方法，拓展到非饱和带土壤温度场的热量传导、土壤水汽运移扩散和凝结的领域的探索研究中，对生态环境问题的研究同样具有重要的学术价值和应用价值。

参 考 文 献

曹文炳，万力，周训，等，2003. 西北地区沙丘凝结水形成机制及对生态环境影响初步探讨[J]. 水文地质工程地质，(2)：6-10.

常龙艳，戴长雷，商允虎，等，2014. 冻融和非冻融条件下包气带土壤墒情垂向变化的试验与分析[J]. 冰川冻土，36(4)：1031-1041.

常晓敏，王少丽，陈皓锐，等，2018. 河套灌区土壤盐分时空变化特征及影响因素[J]. 排灌机械工程学报，36(10)：1000-1005.

陈小兵，杨劲松，杨朝晖，等，2008. 渭干河灌区灌排管理与水盐平衡研究[J]. 农业工程学报，24(4)：59-65.

方静，2013. 凝结水的生态水文效应研究进展[J]. 中国沙漠，33(2)：583-589.

冯根祥，张展羽，方国华，等，2018. 暗管排水条件下微咸水灌溉对土壤盐分动态及夏玉米生长的影响[J]. 排灌机械工程学报，36(9)：880-885.

冯天骄，张智起，等，2021. 干旱半干旱区生态系统凝结水的影响因素及其作用研究进展[J]. 生态学报，41(2)：456-468.

高珊，杨劲松，姚荣江，等，2020. 改良措施对苏北盐渍土盐碱障碍和作物磷素吸收的调控[J]. 土壤学报，57(5)：1219-1229.

耿其明，闫慧慧，杨金泽，等，2019. 明沟与暗管排水工程对盐碱地开发的土壤改良效果评价[J]. 土壤通报，50(3)：617-624.

郭斌，陈亚宁，郝兴明，等，2011. 不同下垫面土壤凝结水特征及其影响因素[J]. 自然资源学报，26(11)：1963-1974.

郭占荣，韩双平，2002. 西北干旱地区凝结水试验研究[J]. 水科学进展，13(5)：623-628.

郭占荣，韩双平，荆恩春，等，2005. 西北内陆盆地冻结-冻融期的地下水补给与损耗[J]. 水科学进展，16(3)：321-325.

郭占荣，荆恩春，聂振龙，等，2002. 冻结期和冻融期土壤水分运移特征分析[J]. 水科学进展，13(3)：298-302.

郭占荣，荆恩春，聂振龙，等，2002. 种植条件下潜水入渗和蒸发机制研究[J]. 水文地质工程地质，(2)：42-68.

郭占荣，刘花台，荆恩春，2002. 西北内陆盆地潜水与土壤水转化关系研究[J]. 水文，22(2)：1-5.

韩冬梅，周田田，马英，等，2018. 干旱区重度和轻度盐碱地包气带水分运移规律[J]. 农业工程学报，34(18)：152-159.

韩双平，荆恩春，王新忠，等，2005. 种植条件下土壤水与地下水相互转化研究[J]. 水文，25(2)：9-14.

韩双平，荆继红，荆磊，等，2007. 温度场与凝结水的观测研究[J]. 地球学报，28(5)：482-487.

韩占涛，荆恩春，李向全，2011. 宁夏清水河平原农田包气带水分运移特征分析[J]. 干旱区资源与环境，25(4)：138-142.

汉克斯 R J，阿希克洛夫特 G L，1984. 应用土壤物理——土壤水和温度的应用，杨诗秀等译[M]. 北京：水利电力出版社，123-153.

华孟，王坚，1993. 土壤物理学[M]. 北京：中国农业大学出版社.

霍思远，靳孟贵，2015. 不同降水及灌溉条件下的地下水入渗补给规律[J]. 水文地质工程地质，(5)：6-13.

籍传茂，费瑾，尚若筠，等，1983. 关于美国和日本地下水资源勘察研究方法的几个问题[J]. 水文地质工程地质，(4)：54-58.

荆恩春，1987. WM-1 型负压计的研制及其初步应用[J]. 水文地质工程地质，(1)：21-25.

荆恩春，1992. 瞬时剖面法计算土壤水运移通量研究，地质矿产部环境地质开放实验室年报[M]. 北京：地震出版社.

荆恩春，2006. 土壤水分通量法实验研究进展[J]. 地球学报，27：12-16.

荆恩春，张孝和，等，1990. WM-1 型负压计系统[J]. 中国地质科学院水文地质工程地质研究所所刊，第 6 号，181-192.

荆恩春等，1994. 土壤水分通量法实验研究[M]. 北京：地震出版社.

荆继红，韩双平，王新忠，等，2007. 冻结-冻融过程中水分运移机理[J]. 地球学报，28(1)：50-54.

康绍忠，刘晓明，等，1994. 土壤-植物-大气连续体水分传输理论及其应用[M]. 北京：水利电力出版社.

雷志栋，胡和平，杨诗秀，1999. 土壤水研究进展与评述[J]. 水科学进展，10(3)：311-318.

雷志栋，杨诗秀，谢森传，1988. 土壤水动力学[M]. 北京：清华大学出版社.

李保国，龚元石，等，2000. 农田土壤水的动态模型及应用[M]. 北京：科学出版社.

李红强，姚荣江，杨劲松，等，2020. 盐渍化对农田氮素转化过程的影响机制和增效调控途径[J]. 应用生态学报，31(11)：3915-3924.

李红寿，汪万福，郭青林，等，2009. 敦煌莫高窟干旱地区水分凝聚机理分析[J]. 生态学报，29(6)：3198-3205.

李金刚，屈忠义，黄永平，等，2017. 微咸水膜下滴灌不同灌水下限对盐碱地土壤水盐运移及玉米产量的影响[J]. 水土保持学报，31(1)：217-223.

李韵珠，李保国，1998. 土壤水溶质运移[M]. 北京：科学出版社.

廖厚初，张滨，肖迪芳，2008. 寒区冻土水文特性及冻土对地下水补给的影响[J]. 黑龙江水专学报，(3)：123-126.

罗栋梁，金会军，吕兰芝，等，2014. 黄河源区多年冻土活动层和季节冻土冻融过程时空特征[J]. 科学通报，59(14)：1327-1336.

孟素花，费宇红，张兆吉，等，2013. 50 年来华北平原降水入渗补给量时空分布特征研究[J]. 地球科学进展，28(8)：923-929.

沈振荣，张瑜芳，杨诗秀，等，1992. 水资源科学实验与研究[M]. 北京：中国科学技术出版社.

石元春，李韵珠，陆锦文，等，1986. 盐渍土的水盐运动[M]. 北京：北京农业大学出版社.

宋亚新，张发旺，荆恩春，2008. 种植条件下降雨灌溉入渗试验研究[J]. 地球学报，29(4)：510-516.

汪顺义，冯浩杰，王克英，等，2019. 盐碱地土壤微生物生态特性研究进展[J]. 土壤通报，50(1)：233-239.

王少丽，周和平，瞿兴业，等，2013. 干旱区膜下滴灌定向排盐和盐分上移地表排模式研究[J]. 水利学报，44(5)：549-555.

魏丹，陈晓飞，王铁良，等，2007. 不同积雪覆盖条件下土壤冻结状况及水分的迁移规律[J]. 安徽农业科学，35(12)：3570-3572.

吴谋松，黄介生，谭霄等，2014. 不同地下水补给条件下非饱和砂壤土冻结试验及模拟[J]. 水科学进展，

25(1)：60-68.

吴谋松，王康，谭霄，黄介生，2013. 土壤冻融过程中水流迁移特性及通量模拟[J]. 水科学进展，24(4)：543-550.

熊伟，王彦辉，程积民，等，2005. 不同植被覆盖条件下土壤水分蒸发的比较[J]. 中国水土保持科学，3(3)：65-68.

杨邦杰，等，1997. 土壤水热运动模型及其应用[M]. 北京：中国科学技术出版社.

杨金凤，郑秀清，邢述彦，2008. 地表覆盖条件下冻融土壤水热动态变化规律研究[J]. 太原理工大学学报，39(3)：303-306 .

杨金忠，蔡树英，黄冠华，等，2000. 多孔介质中水分及溶质运移的随机理论[M]. 北京：科学出版社.

杨劲松，2008. 中国盐渍土研究的发展历程与展望[J]. 土壤学报，45(5)：837-845.

杨劲松，姚荣江，2015. 我国盐碱地的治理与农业高效利用[J]. 中国科学院院刊，30(S)：162-170.

尹瑞平，吴永胜，张欣，等，2013. 毛乌素沙地南缘沙丘生物结皮对凝结水形成和蒸发的影响[J]. 生态学报，33(19)：6173-6180.

于丹丹，史海滨，李祯，等，2020. 暗管排水与节水灌溉条件下盐渍化农田水盐分布特征[J]. 水资源与水工程学报，31(4)：252-260.

俞冰倩，朱琳，魏巍，2019. 我国盐碱土土壤微生物研究及其展望[J]. 土壤与作物，8(1)：60-69.

云雪雪，陈雨生，2020. 国际盐碱地开发动态及其对我国的启示[J]. 国土与自然资源研究，(1)：84-87.

张朝逢，郑太林，2019. 气候变化条件下咸阳市城区降水入渗补给时空分布特征研究[J]. 地下水，41(3)：1-4.

张蔚榛，等，1996. 地下水与土壤水动力学[M]. 北京：中国水利电力出版社.

张越，杨劲松，姚荣江，2016. 咸水冻融灌溉对重度盐渍土壤水盐分布的影响[J]. 土壤学报，53(2)：388-400.

赵国其，腾应，等，2019. 中国耕地轮作休耕制度研究[M]. 北京：科学出版社.

赵振勇，张科，王雷，等，2013. 盐生植物对重盐渍土脱盐效果[J]. 中国沙漠，33(5)：1420-1425.

中国科学院，2018. 中国学科发展战略 地下水科学[M]. 北京：科学出版社.

周建伟，苏丹辉，袁磊，等，2020. 岩质边坡非饱和带水汽运移机制及其生态学意义[J]. 地质科技通报，39(1)：53-59.

周幼吾，郭东信，程国栋，等，2000. 中国冻土[M]. 北京：科学出版社.

朱伟，2020. 基于专利视角的中国盐碱地化学改良技术研究现状与分析[J]. 热带农业科学，40(10)：113-120.

朱伟，杨劲松，姚荣江，等，2021. 黄河三角洲中重度盐渍土棉田水盐运移规律研究[J]. 土壤，53(4)：817-825.